职业院校电类"十三五"
微课版规划教材

U0742445

数字电子电路分析与应用

第2版 | 附微课视频

谢永超 / 主编

余娟 赵巧妮 罗丹 刘彤 / 副主编 // 张文初 / 主审

人民邮电出版社

北 京

图书在版编目（CIP）数据

数字电子电路分析与应用：附微课视频 / 谢永超主编. -- 2版. -- 北京 : 人民邮电出版社, 2021.7
职业院校电类"十三五"微课版规划教材
ISBN 978-7-115-53942-7

Ⅰ．①数… Ⅱ．①谢… Ⅲ．①数字电路－电路分析－高等职业教育－教材 Ⅳ．①TN79

中国版本图书馆CIP数据核字(2020)第075547号

内 容 提 要

本书以理论知识、验证性实验、项目制作为主线，对相关内容进行介绍。学生通过"读、做、想、练"，以及实物实验和计算机仿真等方法，在掌握数字电子电路知识的同时，又提高了分析与应用能力。本书主要内容有逻辑代数基础，门电路及其应用，组合逻辑电路及其应用，触发器及其应用，集成555定时器及其应用，时序逻辑电路及其应用和模/数、数/模转换器及其应用等。

本书既可作为职业院校应用电子技术、电子信息工程技术、电气自动化、电子仪器仪表与维修等专业的数字电子技术课程教材，也可作为电子信息产业类相关岗位的培训教材，还可作为从事电子技术专业的工程技术人员的参考书。

◆ 主　编　谢永超
　　副主编　余　娟　赵巧妮　罗　丹　刘　彤
　　责任编辑　刘晓东
　　责任印制　王　郁　彭志环
◆ 人民邮电出版社出版发行　　北京市丰台区成寿寺路 11 号
　　邮编　100164　电子邮件　315@ptpress.com.cn
　　网址　https://www.ptpress.com.cn
　　北京天宇星印刷厂印刷
◆ 开本：787×1092　1/16
　　印张：15.25　　　　　　　　2021 年 7 月第 2 版
　　字数：379 千字　　　　　　2024 年 8 月北京第 6 次印刷

定价：49.80 元

读者服务热线：(010)81055256　印装质量热线：(010)81055316
反盗版热线：(010)81055315
广告经营许可证：京东市监广登字 20170147 号

第 2 版前言

习近平总书记在党的二十大报告中深刻指出，"培养造就大批德才兼备的高素质人才，是国家和民族长远发展大计"，并且强调要大力弘扬劳模精神、劳动精神、工匠精神，激励更多劳动者特别是青年一代走技能成才、技能报国之路。本书全面贯彻党的二十大报告精神，以习近平新时代中国特色社会主义思想为指导，结合企业生产实践，科学选取典型案例题材和安排学习内容，在学习者学习专业知识的同时，激发爱国热情、培养爱国情怀，树立绿色发展理念，培养和传承中国工匠精神，筑基中国梦。

本书是编者在湖南铁道职业技术学院"数字电子电路分析与应用"课程改革与实施的基础上，为适应产业转型升级的需要，结合高等职业教育的办学定位、岗位能力的要求，以及学生的实际情况编写而成的。

本书针对高等职业教育的特点与要求，编写过程中在坚持以理论知识讲授为主的基础上，辅以相应的验证性实验和实际的制作型项目，真正体现"做中学、学中做"的教学理念。本书强调知识、技能与职业素养的有机结合，理论知识的编写以够用为度，重点培养学生运用理论知识解决实际问题的能力。

全书共 7 章，具体内容如下表所示。

序号	章	验证性实验	项目
1	第 1 章 逻辑代数基础		
2	第 2 章 门电路及其应用	集成逻辑门电路功能的测试与转换	声光控制开关电路的制作与调试
3	第 3 章 组合逻辑电路及其应用	组合逻辑电路的设计与测试，集成编码器、译码器的逻辑功能测试及应用	逻辑笔的设计与制作调试
4	第 4 章 触发器及其应用	触发器逻辑功能的测试与转换	四路抢答器的制作与调试
5	第 5 章 集成 555 定时器及其应用	555 定时器应用电路的测试	双路报警器的制作与调试
6	第 6 章 时序逻辑电路及其应用	计数器的测试与应用	测频仪的制作与调试
7	第 7 章 模/数、数/模转换器及其应用	ADC0804CN 芯片的应用实验	数显温度测试仪电路的制作与调试

本书由湖南铁道职业技术学院谢永超任主编，余娟、赵巧妮、罗丹、刘彤任副主编，张文初任主审。刘彤编写了第 7 章，赵巧妮、罗丹编写了第 2 章的实验一、第 3 章的实验二和实验三、第 4 章的实验四、第 5 章的实验五、第 6 章的实验六及本书的附录，余娟编写了第 2 章的项目一、第 3 章的项目二、第 4 章的项目三和第 6 章的项目五，其余部分由谢永超编写。在编写过程中，得到了唐亚平、肖辽亮、张文初、熊昇、粟慧龙等老师的大力帮助，在此向他们表示感谢。

由于编者水平有限，书中难免存在不足之处，恳请读者指正。

编者

2023 年 5 月

目　录

第 1 章　逻辑代数基础

教学目标

① 了解数字信号和模拟信号的概念。

② 掌握二进制数、八进制数、十进制数、十六进制数的表示方法，以及各种数制之间的转换。

③ 了解码制的概念，掌握几种常见码制的表示方法，并能熟练应用。

④ 掌握 3 种基本的逻辑关系。

⑤ 掌握逻辑代数的基本公式和定律。

⑥ 掌握逻辑函数的各种表示方法及相互转换。

⑦ 掌握逻辑函数的化简。

⑧ 了解逻辑函数的无关项的概念，了解具有无关项的逻辑函数的化简方法。

1.1　数字电子电路的基础知识

观察自然界中各种各样的物理现象时不难发现，尽管各种信号的性质各异，但就其变化规律而言，无外乎有连续变化和离散变化两大类，即所谓的模拟信号和数字信号。

1.1.1　数字信号和模拟信号

数字信号是指在时间上和幅度上都是断续变化而非连续变化的信号，也就是说这类信号只是在某些特定时间内出现，如图 1.1.1（a）所示。如自动点钞机，每通过一张钞票便给控制电路一个信号，计为 1；而没有钞票通过时给控制电路的信号为 0，不计数。由此可见，钞票的张数这个信号无论在时间上还是在数量上都是不连续的，因此它是一个数字信号。

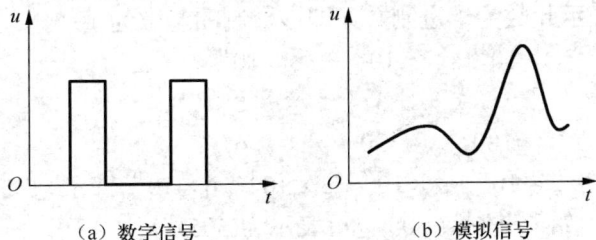

（a）数字信号　　　　　　（b）模拟信号

图 1.1.1　模拟信号和数字信号

模拟信号是指在时间上和幅度上都是连续变化的信号，如图 1.1.1（b）所示。如蓄电池在充电的过程中，其正、负极两端的电压信号就属于模拟信号，因为在任何情况下，蓄电池两端的电压都不能够突变，所以其两端的电压信号无论在时间上还是在数量上都是连续变化的。而且，这个电压信号在连续变化过程中的任何一个取值都有具体的物理意义，即表示一个相应的电压值。

1.1.2　数字电路的基本概念

在信号输入到输出的过程中，传递和处理数字信号的电子电路叫作数字电路；传递和处理模拟信号的电子电路称为模拟电路。与模拟电路相比，数字电路具有以下优点。

（1）结构简单，便于集成化、系列化生产，成本低廉，使用方便。

（2）抗干扰性强，可靠性好，精度高。

（3）处理功能强，不仅能实现数值运算，还可以实现逻辑运算和逻辑判断。

（4）可编程数字电路可容易地实现各种算法，具有很大的灵活性。

在数字电路中，将高电位称为高电平，低电位称为低电平。在实际的数字电路中，高电平通常为+3.5V左右，低电平通常为+0.3V左右。由于数字电路采用二进制数来进行信息的传输和处理，为了便于分析，分别用1和0来表示高电平和低电平。这种高电平对应逻辑1态、低电平对应逻辑0态的逻辑关系称为**正逻辑关系**。也可用高电平对应逻辑0态，低电平对应逻辑1态，这种关系称为**负逻辑关系**。本书中所采用的都是正逻辑关系。

在分析模拟电路的过程中，人们通常需要求解出电路输出信号与输入信号之间的关系。通常情况下，这两者之间的关系可以用一个普通的数学表达式来描述。数字电路输出信号与输入信号之间的关系是一种逻辑关系，所以在分析数字电路时，是以逻辑代数作为主要工具，利用真值表、逻辑表达式、波形图、卡诺图等表示方法来表示电路输入信号与输出信号之间的逻辑关系。

1.1.3　数制和码制

一、数制

数制就是计数的法则。在日常生活中，人们习惯采用十进制数。二进制数有时表示起来不太方便，位数太多，所以有时也采用八进制数和十六进制数。当然，任何一个数都可以用不同的进位制来表示。

1. 十进制数

十进制全称十进位计数制，是人们日常工作和生活中最熟悉、最常用的计数制。例如，一个十进制数$(2136)_{10}$，下标10表示此数为十进制数，即该数制的基数为10。

数位加权系数：	10^3	10^2	10^1	10^0
数值的数：	2	1	3	6
数值的值：	2000	100	30	6

即　　　　　　　　　　$(2136)_{10} = 2 \times 10^3 + 1 \times 10^2 + 3 \times 10^1 + 6 \times 10^0$

十进制也常用字母D来表示，如十进制数305也可表示为$(305)_D$。

2. 二进制数

二进制数的记数法表示形式为$(1011)_2$，下标2表示此数为二进制数，即该数制的基数为2。

数位加权系数：	2^3	2^2	2^1	2^0
数值的数：	1	0	1	1

即　　　　　　　　　　$(1011)_2 = 1 \times 2^3 + 0 \times 2^2 + 1 \times 2^1 + 1 \times 2^0$

二进制也常用字母 B 来表示，如二进制数 1011 也可表示为$(1011)_B$。

3. 八进制数

八进制数$(16)_8$可以写成：

$$(16)_8 = 1 \times 8^1 + 6 \times 8^0$$

八进制也常用字母 O 来表示，如八进制数 567 也可表示为$(567)_O$。

4. 十六进制数

十六进制数的计数规律为逢十六进一，其中数值取 0，1，…，8，9，A，B，C，D，E，F 这 16 个数字或字母之一。例如，一个十六进制数 7E6B 可以写成：

$$(7E6B)_{16} = 7 \times 16^3 + E \times 16^2 + 6 \times 16^1 + B \times 16^0$$

十六进制也常用字母 H 来表示，如十六进制数 A13 也可表示为$(A13)_H$。

二、不同数制之间的相互转换

1. 二进制数转换为十进制数

将二进制数转换成等值的十进制数时，可将二进制数写成多项式的形式，按加权系数展开相加即可。例如，将二进制数 1011 转换成十进制数：

$$(1011)_B = 1 \times 2^3 + 0 \times 2^2 + 1 \times 2^1 + 1 \times 2^0 = 8+2+1 = (11)_D$$

2. 十进制数转换成二进制数

十进制数转换成二进制数时，采用基数除法（除二取余法），十进制数除二进制数的基数 2，第一次所得余数为二进制数的最低位，把得到的商再除以基数 2，所得余数为二进制数的次低位，以此类推，直至商为零时，所得到的余数为二进制数的最高位，故此法叫作除二取余法。

【例 1.1.1】 将$(14)_D$转换成二进制数：

解：

$$
\begin{array}{lll}
 & 余数 & \\
14 \div 2 = 7 & \cdots\cdots 0 & 最低位 \\
7 \div 2 = 3 & \cdots\cdots 1 & \\
3 \div 2 = 1 & \cdots\cdots 1 & \\
1 \div 2 = 0 & \cdots\cdots 1 & 最高位
\end{array}
$$

得： $(14)_D = (1110)_B$

3. 各种数制之间的相互转换

【例 1.1.2】 完成八进制数对其他进制数的转换：$(317)_O = (\underline{\quad\quad})_H = (\underline{\quad\quad})_B = (\underline{\quad\quad})_D$。

解：步骤一：八进制数转换成二进制数（**方法**：将八进制数每个数位上的数分别用三位二进制代码表示）：

$$(317)_O = (\underline{011}\ \underline{001}\ \underline{111})_B$$

步骤二：二进制数转换成十六进制数（**方法**：将步骤一中转换完成的二进制数从最低位往最高位依次数 4 位，不够 4 位的填 0 补充，然后将每 4 位二进制数分别用一位十六进制代码表示）：

$$(\underline{1100}\ \underline{1111})_B = (\underline{C\ F})_H$$

步骤三：用二进制数、八进制数或十六进数制完成对十进制数的转换：

$$(317)_O = 3 \times 8^2 + 1 \times 8^1 + 7 \times 8^0 = (\underline{207})_D$$

所以：$(317)_O = (\underline{CF})_H = (\underline{11001111})_B = (\underline{207})_D$。

【例 1.1.3】 完成十六进制数对其他进制数的转换：$(A36)_H = (\underline{})_O = (\underline{})_B = (\underline{})_D$。

解：步骤一：十六进制数转换成二进制数（方法：将十六进制数每个数位上的数分别用 4 位二进制代码表示）：

$$(A36)_H = (\underline{\ 1010\ 0011\ 0110\ })_B$$

步骤二：二进制数转换成八进制数（方法：将步骤一中转换完成的二进制数从最低位往最高位依次数 3 位，不够 3 位的填 0 补充，然后将每 3 位二进制数分别用一位八进制代码表示）

$$(\ 101\ 000\ 110\ 110\ )_B = (\ 5066\ )_O$$

步骤三：用二进制数、八进制数或十六进制数完成对十进制数的转换：

$$(A36)_H = 10 \times 16^2 + 3 \times 16^1 + 6 \times 16^0 = (\underline{\ 2614\ })_D$$

所以：$(A36)_H = (\underline{\ 5066\ })_O = (\underline{\ 101000110110\ })_B = (\underline{\ 2614\ })_D$。

三、码制

计算机日常处理的信息除了数值信息外，还有文字、符号及一些特定的操作（例如表示确认的回车操作）等。为了处理这些信息，计算机必须将这些信息用二进制数来表示。为了便于记忆和查找，这些用来表示数、字母和符号的二进制数也必须遵循一定的规则，这个规则就是码制。这些特定的二进制数称为这些信息的代码，这些代码的编制过程称为编码。

1. 码制的类型

现在常用的编码类型有 BCD 码，可自动纠错、校正的可靠性编码（如奇偶检验码）及字符代码（如美国标准信息交换码 ASCII）。计算机将输入的信息符号，按一定的规则翻译成由 "0" 和 "1" 组成的二进制编码，再对二进制编码进行处理，最后将处理结果还原成人们可以识别的符号，输出相应的信息。目前，计算机内部普遍使用的信息编码是 ASCII 码。标准 ASCII 码由 7 位二进制数组成，用来表示 26 个英文字母及一些特殊符号。

2. 十进制数的二进制编码

数字电子计算机除了可以将十进制数转换成二进制数参加运算外，还可以直接将十进制数以二进制数的形式进行输入和运算，这样可以减少计算机的计算次数，提高计算机的运行速度。其方法是将十进制的 10 个数字符号分别用 4 位二进制代码来表示，这种编码称为二进码十进数，也称 BCD（Binary Coded Decimals）码。BCD 码有很多种形式，常用的有 8421 码、2421 码、5421 码、余 3 码、格雷（Gray）码等，如表 1.1.1 所示。

表 1.1.1　　　　　　　　　　　　　　常用的 BCD 码

十进制数	8421 码	2421 码	5421 码	余 3 码	格雷码
0	0000	0000	0000	0011	0000
1	0001	0001	0001	0100	0001
2	0010	0010	0010	0101	0011
3	0011	0011	0011	0110	0010
4	0100	0100	0100	0111	0110
5	0101	1011	1000	1000	0111
6	0110	1100	1001	1001	0101
7	0111	1101	1010	1010	0100
8	1000	1110	1011	1011	1100
9	1001	1111	1100	1100	1101
权	8421	2421	5421	无权码	无权码

（1）8421 码。BCD 码可以分为有权码和无权码。所谓**有权码**，即 4 位二进制代码中每一位数都有固定数值的权。有权码中用得最多的是 8421 BCD 码，该码共有 4 位，其位权值从高位到低位分别为 8、4、2、1，故称 8421 码，它属于恒权码。每个代码的各位数值之和就是它表示的十进制数。8421 码与十进制数之间的关系是 4 位二进制代码表示 1 位十进制数。如

$$(8)_D=(1000)_{8421BCD} \qquad (69)_D=(01101001)_{8421BCD}$$

（2）2421 码与 5421 码。2421 码也是一种有权码，也属于恒权码。该码从高位到低位的权值分别是 2、4、2、1，也是 4 位二进制代码表示 1 位十进制数。对于 5421 码，从高位到低位的权值分别是 5、4、2、1。

（3）余 3 码。余 3 码组成的 4 位二进制数，正好比它代表的十进制数多 3，故称余 3 码。两个余 3 码相加时，其和要比对应的十进制数之和多 6。余 3 码不能由各位二进制数的权值来决定某代码的十进制数，故属于无权码。

（4）格雷码。格雷码的特点是相邻两个代码之间仅有一位不同，其余各位均相同。计数电路按格雷码计数时，每次状态更新仅有一位代码变化，减少了出错的可能性。格雷码也属于无权码。

1.1.4　算术运算和逻辑运算

在数字电路中，1 位二进制数字的 0 和 1 不仅可以表示数量的大小，还可以表示两种不同的逻辑状态。比如，可以用 1 和 0 分别表示一件事情的真与伪、是和非、有与无、好和坏，或者表示电路的通和断、电灯的亮和暗等。这种只有两种对立的逻辑状态的逻辑关系称为二值逻辑。

当两个二进制数字表示两个数量大小时，它们之间可以进行数值运算，这种运算称为**算术运算**。二进制算术运算的规则和十进制基本相同，唯一的区别在于二进制是逢二进一而不是十进制数的逢十进一。

例如，两个二进制数 1001 和 0101 的算术运算有：

```
    加法运算          减法运算
     1001             1001
 +   0101         −   0101
    ─────            ─────
     1110             0100

    乘法运算          除法运算
     1001                   1.11…
 ×   0101         0101) 1001
 ────────               0101
     1001              ─────
     0000               1000
    1001                0101
    0000               ─────
 ────────               0110
    0101101             0101
                       ─────
                        0010
```

当两个二进制数表示不同的逻辑状态时，它们之间可以按照指定的某种因果关系进行所谓的**逻辑运算**。这种逻辑运算和算术运算有本质上的不同。下一节将重点介绍逻辑代数

中的 3 种基本逻辑运算。

1.2 逻辑代数中的 3 种基本逻辑运算

1854 年，英国数学家乔治·布尔在他的著作《思维规律的研究》中提出了描述客观事物逻辑关系的数学方法，该方法后来被称为布尔代数。由于布尔代数被广泛应用于解决开关电路和数字逻辑电路的分析与设计上，所以又把布尔代数叫作开关代数或者逻辑代数。本节所讲的逻辑代数就是布尔代数在二值逻辑电路中的应用。

逻辑代数中的 3 种基本逻辑运算

在逻辑代数中也用字母表示变量，这种变量称为**逻辑变量**。在二值逻辑中，每个变量只有 0 和 1 两种取值的可能。在这里，0 和 1 不再是数值的大小，而只表示两种不同的逻辑状态。

事物之间的因果关系称为逻辑关系，基本的逻辑关系有 3 种：**与逻辑、或逻辑和非逻辑**。任何一个复杂的逻辑关系都可以用这 3 个基本逻辑关系表示出来。为便于理解它们的含义，先来看 3 个简单的电路。

图 1.2.1 中给出了 3 个简单的、由开关控制的灯光控制电路。在图 1.2.1（a）中，只有当两个开关同时闭合时，白炽灯才会被点亮；在图 1.2.1（b）中，只要任何一个开关闭合，白炽灯就会亮；在图 1.2.1（c）中，当开关闭合时，白炽灯反而不亮。

如果把开关状态（断开或者闭合）作为条件（或称为导致事件结果的原因），把白炽灯的状态（亮或者不亮）作为结果，那么图 1.2.1 中的 3 个电路代表了 3 种不同的逻辑关系。

图 1.2.1（a）表明，只有当开关 A、B 均闭合时，白炽灯才会亮，这种开关状态与白炽灯状态之间的逻辑关系为**与逻辑**关系。其定义为：如果决定某事件结果的所有条件都具备，结果才发生；而只要其中一个条件不具备，结果就不发生，这种逻辑关系称为**与逻辑**关系。

图 1.2.1（b）表明，只要开关 A、B 中有一个闭合，白炽灯就会亮；只有当开关 A、B 均断开时，白炽灯才不会亮，这种开关状态与白炽灯状态之间的逻辑关系为**或逻辑**关系。其定义为：在 A、B 等多个条件中，只要具备一个条件，事件就会发生；只有所有条件均不具备时，事件才不发生，这种逻辑关系称为**或逻辑**关系。

图 1.2.1（c）表明，只要开关 A 闭合，白炽灯就不会亮；只有当开关 A 断开时，白炽灯才亮，这种开关状态与白炽灯状态之间的逻辑关系为**非逻辑**关系。其定义为：决定事件结果的条件只有一个，条件成立时，事件不发生；条件不成立时，事件发生，这种逻辑关系称为**非逻辑**关系。

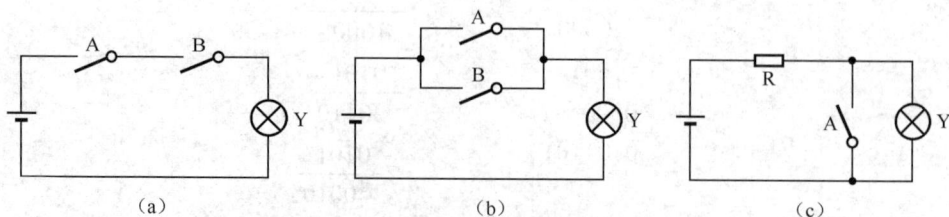

图 1.2.1 与、或、非 3 种逻辑关系示意图

若以 A、B 表示开关的状态，并以 1 表示开关闭合，0 表示开关断开；Y 表示白炽灯

的状态，并以 1 表示灯亮，0 表示不亮，则可以列出用 0 和 1 表示的与、或、非逻辑关系的图表，如表 1.2.1、表 1.2.2、表 1.2.3 所示。这种用 0 和 1 表示输入、输出状态关系的表称为**逻辑状态表**，也称真值表。

表 1.2.1 与逻辑真值表		
A	**B**	**Y**
0	0	0
0	1	0
1	0	0
1	1	1

表 1.2.2 或逻辑真值表		
A	**B**	**Y**
0	0	0
0	1	1
1	0	1
1	1	1

表 1.2.3 非逻辑真值表	
A	**Y**
0	1
1	0

在逻辑代数中，把与、或、非看作是输出逻辑变量 Y 与输入逻辑变量 A 和 B 间的 3 种最基本的逻辑运算，并以"·"表示与运算、"+"表示或运算、变量上的"‾"表示非运算。因此，与运算的逻辑表达式为

$$Y = A \cdot B = AB$$

由此可将表 1.2.1 中的内涵转化为如下 4 个表达式

$$0 \cdot 0 = 0,\ 0 \cdot 1 = 0,\ 1 \cdot 0 = 0,\ 1 \cdot 1 = 1。$$

或运算的逻辑表达式为

$$Y = A + B$$

由此可将表 1.2.2 中的内涵转化为如下 4 个表达式

$$0 + 0 = 0,\ 0 + 1 = 1,\ 1 + 0 = 1,\ 1 + 1 = 1。$$

非运算的逻辑表达式为

$$Y = \overline{A}$$

由此可将表 1.2.3 中的内涵转化为如下两个表达式

$$\overline{0} = 1,\ \overline{1} = 0。$$

同时，把实现与运算的单元电路称为**与门**，把实现或运算的单元电路称为**或门**，把实现非运算的单元电路称为**非门**（也叫作**反相器**）。3 个门对应的符号如图 1.2.2 所示，其中上边一行是目前国家标准规定的符号，下边一行的符号常见于国外一些书刊和资料上。

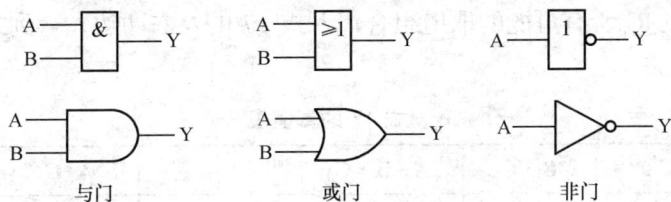

图 1.2.2　与门、或门、非门的电路符号

1.3　逻辑代数运算法则

逻辑函数遵循逻辑代数运算的法则。逻辑代数即布尔代数，是一种适用于逻辑推理，研究逻辑关系的数学工具。凭借这个工具，可以把逻辑要求用简洁的数学形式表示出来，

也可以方便地进行逻辑电路的分析和设计。

1.3.1 逻辑代数的基本规则和定律

一、基本运算规则

表 1.3.1 列出了逻辑代数的基本规则。

逻辑代数运算法则

表 1.3.1 逻辑代数的基本规则

序号	公　式	序号	公　式
1	$0 \cdot A = 0$	10	$\overline{0}=1$；$\overline{1}=0$
2	$1 \cdot A = A$	11	$1+A=1$
3	$A \cdot A = A$	12	$0+A=A$
4	$A + \overline{A} = 1$	13	$A + A = A$
5	$A \cdot B = B \cdot A$	14	$A \cdot \overline{A} = 0$
6	$A \cdot (B \cdot C) = (A \cdot B) \cdot C$	15	$A + B = B + A$
7	$A \cdot (B + C) = A \cdot B + A \cdot C$	16	$A + (B + C) = (A + B) + C$
8	$\overline{A \cdot B} = \overline{A} + \overline{B}$	17	$A + B \cdot C = (A + B) \cdot (A + C)$
9	$\overline{\overline{A}} = A$	18	$\overline{A + B} = \overline{A} \cdot \overline{B}$

表 1.3.1 中，式 1、式 2、式 11 和式 12 给出了变量与常量间的运算规则。

式 3 和式 13 是同一变量的运算规律，也称为重叠律。

式 4 和式 14 是变量与它的反变量之间的运算规律，也称为互补律。

式 5 和式 15 是交换律，式 6 和式 16 是结合律，式 7 和式 17 是分配律。

式 8 和式 18 是著名的摩根定律，也称为反演律，其实现了与运算和或运算之间的相互转换，常用于逻辑函数的化简与变换。

式 9 是反原律，也称非非律，表明一个逻辑变量经过两次求反后还原成其本身。

这些公式可以用列真值表的方法加以验证。如果等式成立，那么将任何一组变量的取值代入公式两边所得的结果应该相等。因此等式两边所对应的真值表也必然相等。

【例 1.3.1】 用真值表验证表 1.3.1 中式 17。

解： 将 A、B、C 所有可能的取值组合代入式 17 的左右两边，得到式 17 的真值表，如表 1.3.2 所示。

表 1.3.2 式 17 的真值表

A	B	C	B · C	A+ B · C	A+B	A+C	(A+B) · (A+C)
0	0	0	0	0	0	0	0
0	0	1	0	0	0	1	0
0	1	0	0	0	1	0	0
0	1	1	1	1	1	1	1
1	0	0	0	1	1	1	1
1	0	1	0	1	1	1	1
1	1	0	0	1	1	1	1
1	1	1	1	1	1	1	1

从表 1.3.2 可知，在每一种取值的情况下，等式两边对应的真值表相同，故等式成立。

二、常用的基本定律

表 1.3.3 中列出了几个常用的基本定律。这些定律都是由表 1.3.1 中的基本公式推导而来的，可直接用于逻辑函数的化简。

表 1.3.3　　　　　　　　　　　　常用的基本定律

序号	公　式	名　称
1	$A+A \cdot B=A$	原变量吸收公式
2	$A+\bar{A} \cdot B=A+B$	反变量吸收公式
3	$A \cdot B+\bar{A} \cdot C+B \cdot C=A \cdot B+\bar{A} \cdot C$	混合变量吸收公式

现证明表 1.3.3 中的基本定律。

式 1：$A+A \cdot B=A$

证明：左边 $=A+A \cdot B=A(1+B)=A \cdot 1=A=$ 右边。

结果表明在两个与项相或时，若其中一项以另一项为因子，则该项是多余项，可删除。

式 2：$A+\bar{A} \cdot B=A+B$

证明：左边 $=A+\bar{A} \cdot B=A+A \cdot B+\bar{A} \cdot B=A+B \cdot(A+\bar{A})=A+B \cdot 1=A+B=$ 右边

这一结果表明，两个与项相或时，如果一项取反后是另一项的因子，则此因子是多余的，可以删除。

式 3：$A \cdot B+\bar{A} \cdot C+B \cdot C \cdot D=A \cdot B+\bar{A} \cdot C$

证明：左边 $=A \cdot B+\bar{A} \cdot C+B \cdot C \cdot D=A \cdot B+\bar{A} \cdot C+(A+\bar{A}) B \cdot C \cdot D$

$\qquad =AB+ABCD+\bar{A}C+\bar{A}BCD$

$\qquad =AB(1+CD)+\bar{A}C(1+BD)=AB \cdot 1+\bar{A}C \cdot 1=AB+\bar{A}C=$ 右边

上式表明，若两个与项中分别包含 A 和 $\bar{A}$ 两个因子，而这两个与项的其余因子组成第三个与项时，则第三个与项是多余的，可以删除。

1.3.2　逻辑代数的基本定理

一、代入定理

代入定理就是指在任何一个包含逻辑变量 A 的逻辑等式中，若以另外一个逻辑表达式代入式中所有 A 的位置，则等式依然成立。

利用代入定理很容易把表 1.3.1 和表 1.3.2 中的常用公式推广为多变量的形式。

【例 1.3.2】 将摩根定律推广为三变量的应用情况。

解：已知二变量的摩根定律之一为：

$$\overline{A \cdot B}=\bar{A}+\bar{B}$$

现将（B•C）代入等式左边 B 的位置，于是得到：

$$\overline{A \cdot(B \cdot C)}=\bar{A}+\overline{(B \cdot C)}=\bar{A}+\bar{B}+\bar{C}$$

思考：如何将 $\overline{A+B}=\bar{A} \cdot \bar{B}$ 推广为三变量的应用情况？

此外，在对复杂的逻辑式进行运算时，仍需要遵守与普通代数一样的运算优先顺序，即先算括号里的表达式，其次进行与运算，最后进行或运算。

二、反演定理

对于任意一个逻辑式 Y，若将其中所有的"·"换成"+"，"+"换成"·"，0 换成 1，1 换成 0，原变量换成反变量，反变量变成原变量，得到的结果就是 $\overline{Y}$。这就是所谓的**反演定理**。

反演定理主要应用于求已知逻辑表达式的反逻辑式。在使用反演定理时还需注意以下两个原则。

（1）仍需遵守"先括号、然后与、最后或"的运算优先次序。

（2）不属于单个变量上的反号应该保留不变。

表 1.3.1 中的式 8 和式 18 只不过是反演定理应用的特例，正是由于这个原因，摩根定律又称为**反演律**。

【例 1.3.3】 已知 $Y=A(B+C)+CD$，求 $\overline{Y}$。

解：
$$\overline{Y} = (\overline{A}+\overline{B}\overline{C})(\overline{C}+\overline{D})$$
$$= \overline{A}\,\overline{C} + \overline{B}\,\overline{C} + \overline{A}\,\overline{D} + \overline{B}\,\overline{C}\overline{D}$$
$$= \overline{A}\,\overline{C} + \overline{B}\,\overline{C} + \overline{A}\,\overline{D}$$

三、对偶定理

对偶定理就是指若两个逻辑表达式相等，则它们的对偶式也相等。

对于任何一个表达式 Y，若将其中的"·"换成"+"，"+"换成"·"，0 换成 1，1 换成 0，得到一个新的表达式 Y'，这个 Y′ 就是 Y 的对偶式。例如：

若 $Y=\overline{AB}+\overline{CD}$，则 $Y'=(\overline{A}+\overline{B})(\overline{C}+\overline{D})$；若 $Y=AB+\overline{C}+D$，则 $Y'=(A+B)\overline{C}\overline{D}$。

根据对偶定理可知，要证明两个逻辑式相等，也可以通过证明它们的对偶式相等来完成。

【例 1.3.4】 试证明 $A + B \cdot C=(A + B) \cdot (A+C)$。

解： 首先写出等式两边的对偶式，即：

$$A \cdot (B+C) \text{ 和 } AB+AC$$

显然这两个对偶式是相等的，也就是说需要证明的等式是成立的。

如果仔细分析表 1.3.1 可知，其中式 1 和式 11、式 2 和式 12、式 3 和式 13、式 4 和式 14、式 5 和式 15、式 6 和式 16、式 7 和式 17、式 8 和式 18 均是互为对偶式，因此只要证明式 1 到式 8 成立，则式 11 到式 18 也是成立的。

1.4 逻辑函数及表示方法

1.4.1 逻辑函数的定义

从前面介绍过的各种逻辑关系中可以看到，如果以逻辑变量作为输入，以运算结果作为输出，那么当输入变量的取值确定后，输出的结果也随之确定。因此，输出与输入之间也是一种函数关系，这种函数关系就称为**逻辑函数**，写作：

$$Y=F(A,B,C,\cdots)$$

式中，A、B、C 为**输入逻辑变量**，Y 为**输出逻辑变量**。不管是输入逻辑变量，还是输出逻辑变量，它们的取值都只有 0 和 1 两种可能，这里的 0 和 1 已不再表示数量的大小，只代表两种不同的逻辑状态。

任何一个具体的因果关系都可以用一个逻辑函数来表达。例如，图 1.4.1 是一个三人裁判电路，竞赛规则为：主裁判和两名副裁判中，除主裁判外副裁判中至少有一人判是，结果有效，否则结果无效。

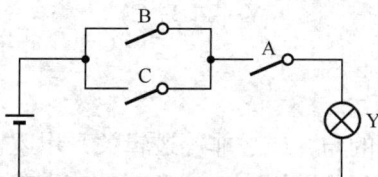

图 1.4.1　三人裁判电路

比赛时，主裁判掌握开关 A，两位副裁判掌握开关 B 和 C，当裁判判定有效时，就合上开关，否则不合。显然，白炽灯 Y 的状态是开关 A、B、C 状态的逻辑函数。

若以 1 表示开关闭合，0 表示开关断开；以 1 表示白炽灯亮，0 表示白炽灯不亮，则 Y 是 A、B、C 的二值逻辑函数，即：

$$Y=F(A,B,C)$$

1.4.2　逻辑函数的表示方法

常用的逻辑函数表示方法有逻辑真值表、逻辑函数式、逻辑图、波形图和卡诺图等。

一、逻辑真值表

用 0、1 表示输入逻辑变量各种可能取值的组合和对应的输出值排列成的表格，称为真值表。

还是以图 1.4.1 所示的三人裁判电路为例，根据竞赛规则不难看出，只有当 A=1，同时，B、C 中至少有一个等于 1 时，Y=1，于是就可以列出图 1.4.1 的真值表，如表 1.4.1 所示。

表 1.4.1　　　　　　　　　　　　　图 1.4.1 的真值表

输　　入			输　　出
A	**B**	**C**	**Y**
0	0	0	0
0	0	1	0
0	1	0	0
0	1	1	0
1	0	0	0
1	0	1	1
1	1	0	1
1	1	1	1

二、逻辑函数式

把输出与输入之间的逻辑关系写成与、或、非等运算的组合式，即逻辑代数式，就得到了所需的逻辑函数式。

在图 1.4.1 所示的三人裁判电路中，根据竞赛规则和与、或的逻辑定义，"B、C 中至少有一个等于 1"可表示为（B+C），"同时还要求 A=1"，则应该写作 A(B+C)。因此得到输出的逻辑函数表达式为

$$Y=A \cdot (B+C)$$

三、逻辑图

将逻辑函数中各变量之间的与、或、非等逻辑关系用逻辑图形符号表示出来，就可以画出表示函数关系的逻辑图。为了画出图 1.4.1 所示的三人裁判电路的逻辑图，只要用实现逻辑运算的门电路符号代替表达式 $Y=A \cdot (B+C)$ 中的逻辑运算符号，即可得到对应的逻辑图，如图 1.4.2 所示。

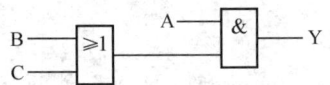

图 1.4.2　图 1.4.1 的逻辑图

四、波形图

将逻辑函数输入变量的每一种可能取值与对应的输出值按时间顺序依次排列起来，就得到了表示该逻辑函数的波形图，这种波形图也称为时序图。

要用波形图来描述 $Y=A \cdot (B+C)$，只需要将表 1.4.1 给出的输入变量与对应的输出变量结果按照时间顺序排列起来，就得到了对应的波形图，如图 1.4.3 所示。

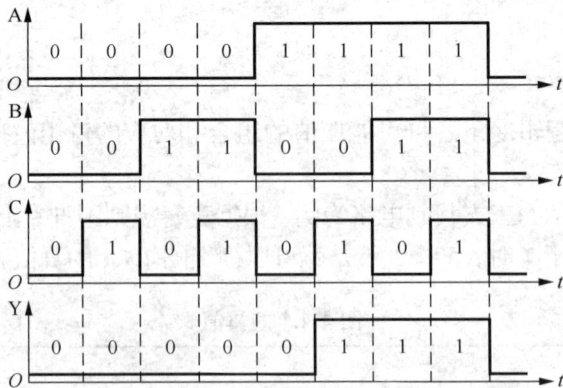

图 1.4.3　逻辑表达式 Y=A · (B+C)的波形图

五、卡诺图

卡诺图又称最小项方格图，是由表示逻辑变量的所有可能组合的小方格构成的平面图，它是一种用图形描述逻辑函数的方法，一般画成正方形或矩形。这种方法在逻辑函数的化简中十分有用，本书在后面将详细介绍。

1.4.3　逻辑函数表示方法之间的互换

一个逻辑函数可以有几种不同的描述方法，这几种方法之间必然是能够相互转换的，

常用的转换方式有以下几种。

一、根据逻辑真值表写逻辑表达式

下面通过实例来介绍根据逻辑真值表写出逻辑表达式的转换原理。

【例 1.4.1】 写出表 1.4.2 某逻辑电路的真值表所对应的逻辑表达式。

表 1.4.2　　　　　　　　　　　　　　某逻辑电路的真值表

输　入			输　出	
A	B	C	Y	
0	0	0	0	
0	0	1	0	
0	1	0	0	
0	1	1	1	$\overline{A}BC$
1	0	0	0	
1	0	1	1	$A\overline{B}C$
1	1	0	1	$AB\overline{C}$
1	1	1	0	

解：由表 1.4.2 可知，只有当 A、B、C 三个输入变量中两个同时为 1 时，Y 才为 1。因此，当 A=0、B=1、C=1；A=1、B=0、C=1；A=1、B=1、C=0 时，Y=1。

而当 A=0、B=1、C=1 时，使得 $\overline{A}BC=1$；

当 A=1、B=0、C=1 时，使得 $A\overline{B}C=1$；

当 A=1、B=1、C=0 时，使得 $AB\overline{C}=1$。

因此 Y 的逻辑函数应当是这三个与项的或，即：

$$Y=\overline{A}BC + A\overline{B}C + AB\overline{C}$$

通过例 1.4.1，总结出根据逻辑真值表写逻辑表达式的一般方法，具体内容如下。

（1）找出逻辑真值表中使逻辑函数 Y=1 的那些输入变量取值的组合。

（2）每组输入变量取值的组合对应一个与项，其中取值为 1 的写成原变量，取值为 0 的写成反变量。

（3）将这些与项进行或运算，就得到了 Y 的逻辑表达式。

二、根据逻辑表达式写逻辑真值表

将输入逻辑变量取值的所有组合状态逐一代入逻辑表达式进行逻辑运算，求出输出逻辑变量的值，列成表，就得到了与之对应的逻辑真值表。

【例 1.4.2】 已知逻辑函数 $Y=AB+\overline{B}C+\overline{A}B\overline{C}$，求其对应的逻辑真值表。

解：将 A、B、C 的各种取值逐一代入 Y 式中进行逻辑运算，将计算结果列表，就可得到表 1.4.3 所示的真值表。初学者可将 AB、$\overline{B}C$、$\overline{A}B\overline{C}$ 三项算出，然后再将 AB、$\overline{B}C$、$\overline{A}B\overline{C}$ 三项进行或运算，进而求出 Y 的值。

表 1.4.3   例 1.4.2 的真值表

输入			中间逻辑变量			输出
A	**B**	**C**	**AB**	**$\overline{BC}$**	**$\overline{AB}\overline{C}$**	**Y**
0	0	0	0	0	0	0
0	0	1	0	1	0	1
0	1	0	0	0	1	1
0	1	1	0	0	0	0
1	0	0	0	0	0	0
1	0	1	0	1	0	1
1	1	0	1	0	0	1
1	1	1	1	0	0	1

三、根据逻辑表达式画逻辑电路图

用逻辑门电路的符号代替逻辑表达式中的运算符号，就可以得到与表达式相对应的逻辑电路图。

【例 1.4.3】 已知逻辑函数 $Y=\overline{A+\overline{BC}}+\overline{AC}$，画出对应的逻辑电路图。

解： 将逻辑表达式中所有的与、或、非运算符号用与之对应的门电路图形符号代替，并根据运算优先顺序把这些门电路连接起来，就能得到图 1.4.4 所示的逻辑电路图。

四、根据逻辑电路图写出逻辑表达式

从输入端到输出端逐级写出每个图形符号对应的逻辑式，就可以得到对应的逻辑函数式。

【例 1.4.4】 已知函数的逻辑电路图如图 1.4.5 所示，试求它的逻辑函数式。

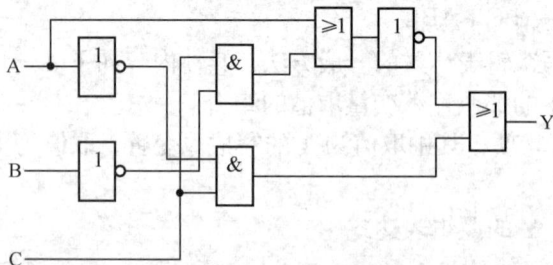

图 1.4.4 例 1.4.3 的逻辑电路图

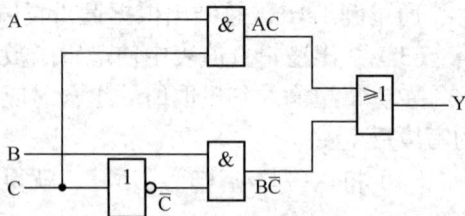

图 1.4.5 例 1.4.4 的逻辑电路图

解： 从输入端 A、B、C 开始逐个写出每个符号输出端的逻辑式，得到：

$$Y=AC+B\overline{C}$$

1.5 逻辑函数的公式化简法

通常见到的许多逻辑函数式或由真值表写出的逻辑函数式比较繁杂，直接按这些逻辑函数式设计电路既复杂又不经济。实际应用中通过化简的手段，得到逻辑函数的最简表达

式，按这种最简表达式设计电路，可以达到用最少的电子器件构建电路，既降低成本又能提高效率和可靠性。

化简逻辑函数的方法有多种，利用逻辑函数的基本公式对逻辑函数进行化简，得到逻辑函数的最简表达式的方法，就是逻辑函数的公式化简法。

1.5.1　逻辑函数的最简表达式

一个逻辑函数可能有多种不同的表达式，表达式越简单，则与之相对应的逻辑图越简单。逻辑函数表达式形式不同，其最简标准也不相同。通常以最常用的与-或表达式为例，介绍有关化简的标准。与-或表达式的最简标准有如下两点。

（1）表达式中所含与项的个数最少。

（2）每个与项中变量的个数最少。

1.5.2　常用的公式化简法举例

常用的公式化简法有并项法、吸收法和配项法。

1. 并项法

利用公式将两项合并成一项，消去一个变量。例如：

$$Y=A\overline{B}+\overline{A}\ \overline{B}+ACD+\overline{A}CD=\overline{B}+CD$$

$$Y=AB\overline{C}+AB\overline{C}+ABC+A\overline{B}C$$

$$=A\overline{B}(\overline{C}+C)+AB(\overline{C}+C)$$

$$=A\overline{B}+AB$$

$$=A(\overline{B}+B)$$

$$=A$$

2. 吸收法

利用吸收律吸收（消去）多余的乘积项或多余的因子。例如：

$$Y=AB+\overline{A}C+\overline{B}C=AB+(\overline{A}+\overline{B})C=AB+\overline{AB}C=AB+C$$

$$Y=\overline{A}+ABCD+C=\overline{A}+BCD+C=\overline{A}+BD+C$$

$$Y=A\overline{B}+AC+ADE+\overline{C}D=A\overline{B}+AC+\overline{C}D+ADE=A\overline{B}+AC+\overline{C}D$$

$$Y=A+\overline{\overline{A}\cdot\overline{BC}}(A+\overline{\overline{BC}}+D)+BC$$

$$=A+BC+(A+BC)(\overline{A+\overline{BC}+D})$$

$$=A+BC$$

3. 配项法

利用重叠律 $A+A=A$、互补律 $A+\overline{A}=1$ 和吸收律 $AB+\overline{A}C+BC=AB+\overline{A}C$，先配项或添加多余项，然后逐步化简。例如：

$$Y=AC+\overline{A}D+\overline{B}D+B\overline{C}$$

$$=AC+B\overline{C}+(\overline{A}+\overline{B})D$$

$$=AC+B\overline{C}+AB+\overline{AB}D$$

$$=AC+B\overline{C}+AB+D$$

$$=AC+B\overline{C}+D$$

1.6　逻辑函数的卡诺图化简

1.6.1　逻辑函数的卡诺图表示法

设有 n 个逻辑变量，由它们组成具有 n 个变量的与项，每个变量以原变量或者反变量的形式在与项中仅出现一次，则称这个与项为**最小项**。n 个变量共有 2^n 个最小项。

例如，A、B、C 3 个逻辑变量可以组成 $2^3=8$ 个最小项，如表 1.6.1 所示。

表 1.6.1　　　　　　　　　　3 个变量逻辑函数的最小项

A	B	C	最小项	最小项编号
0	0	0	$\overline{A}\,\overline{B}\,\overline{C}$	m_0
0	0	1	$\overline{A}\,\overline{B}C$	m_1
0	1	0	$\overline{A}B\overline{C}$	m_2
0	1	1	$\overline{A}BC$	m_3
1	0	0	$A\overline{B}\,\overline{C}$	m_4
1	0	1	$A\overline{B}C$	m_5
1	1	0	$AB\overline{C}$	m_6
1	1	1	ABC	m_7

表 1.6.1 中 m_0，m_1，…，m_7 为最小项的编号。

任意一个最小项只有一组变量取值使它的值为 1，而变量的其他取值组合都使它为 0。表 1.6.1 中列出了每个最小项取值为 1 时各变量的取值组合。

任何逻辑函数都可表示成唯一的一组最小项之和，把它称为逻辑函数的**标准与-或式**，亦称**最小项表达式**。任意一个逻辑函数经过变换，都能变成唯一的最小项表达式。

【例 1.6.1】　将逻辑函数 $Y=AB+B\overline{C}+\overline{A}\,B\overline{C}$ 表示为最小项表达式。

解：这是一个包含 A、B、C 3 个变量的逻辑函数，与项 AB 中缺少变量 C，则用（$C+\overline{C}$）与 AB；$B\overline{C}$ 中缺少变量 A，用（$A+\overline{A}$）与 $B\overline{C}$。然后利用分配律公式展开，就得到最小项表达式。

$$Y=AB+B\overline{C}+\overline{A}\,B\overline{C}$$
$$=AB(C+\overline{C})+B\overline{C}(A+\overline{A})+\overline{A}\,B\overline{C}$$
$$=ABC+AB\overline{C}+\overline{A}\,B\overline{C}$$
$$=m_7+m_6+m_2$$

在逻辑函数的真值表中，输入变量的每一种组合都和一个最小项相对应，这种真值表也称为**最小项真值表**。卡诺图也称为**最小项方格图**，是将最小项按一定规则排列而成的方格阵列。3 变量和 4 变量的卡诺图如图 1.6.1 和图 1.6.2 所示。

由图 1.6.1 和图 1.6.2 可以看出，卡诺图具有如下特点。

（1）n 变量的卡诺图有 2^n 个方格，对应表示 2^n 个最小项。每当变量数增加一个，卡诺图的方格数就扩大一倍。

（2）卡诺图中任何几何位置相邻的两个最小项，在逻辑上都是相邻的。由于变量取值的顺序按格雷码排列，保证了各相邻行（列）之间只有一个变量取值不同，从而保证画出来的最小项方格图具有这一重要特点。

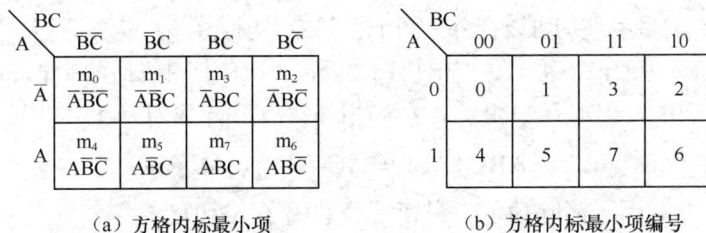

A\BC	$\overline{B}\,\overline{C}$	$\overline{B}C$	BC	$B\overline{C}$
$\overline{A}$	m_0 $\overline{A}\,\overline{B}\,\overline{C}$	m_1 $\overline{A}\,\overline{B}C$	m_3 $\overline{A}BC$	m_2 $\overline{A}B\overline{C}$
A	m_4 $A\overline{B}\,\overline{C}$	m_5 $A\overline{B}C$	m_7 ABC	m_6 $AB\overline{C}$

（a）方格内标最小项

A\BC	00	01	11	10
0	0	1	3	2
1	4	5	7	6

（b）方格内标最小项编号

图 1.6.1　3 变量卡诺图

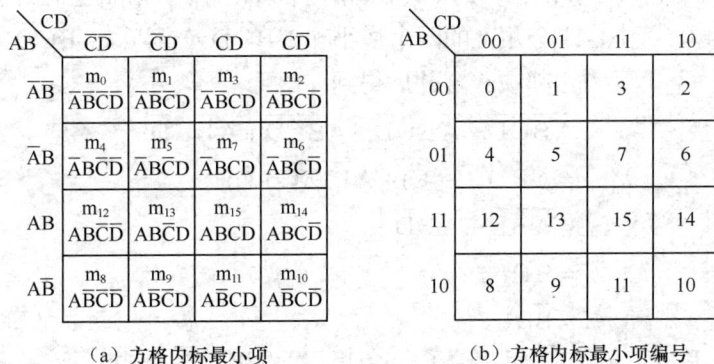

AB\CD	$\overline{C}\,\overline{D}$	$\overline{C}D$	CD	$C\overline{D}$
$\overline{A}\,\overline{B}$	m_0 $\overline{A}\,\overline{B}\,\overline{C}\,\overline{D}$	m_1 $\overline{A}\,\overline{B}\,\overline{C}D$	m_3 $\overline{A}\,\overline{B}CD$	m_2 $\overline{A}\,\overline{B}C\overline{D}$
$\overline{A}B$	m_4 $\overline{A}B\overline{C}\,\overline{D}$	m_5 $\overline{A}B\overline{C}D$	m_7 $\overline{A}BCD$	m_6 $\overline{A}BC\overline{D}$
AB	m_{12} $AB\overline{C}\,\overline{D}$	m_{13} $AB\overline{C}D$	m_{15} $ABCD$	m_{14} $ABC\overline{D}$
$A\overline{B}$	m_8 $A\overline{B}\,\overline{C}\,\overline{D}$	m_9 $A\overline{B}\,\overline{C}D$	m_{11} $A\overline{B}CD$	m_{10} $A\overline{B}C\overline{D}$

（a）方格内标最小项

AB\CD	00	01	11	10
00	0	1	3	2
01	4	5	7	6
11	12	13	15	14
10	8	9	11	10

（b）方格内标最小项编号

图 1.6.2　4 变量卡诺图

所谓几何相邻，一是相接，即紧挨着；二是相对，即任意一行或一列的两头；三是相重，即对折起来位置重合。

所谓逻辑相邻，是指除了一个变量不同外其余变量都相同的两个与项。

由于卡诺图中的方格同最小项或真值表中某一行是一一对应的，所以根据逻辑函数最小项表达式画卡诺图时，式中有哪些最小项，就在相应的方格中填 1，而其余的方格则填 0。如果根据函数真值表画卡诺图，凡使 Y =1 的逻辑变量二进制取值组合，在相应的方格中填 1；而对于使 Y =0 的逻辑变量二进制取值组合，则在相应的方格中填 0。

【例 1.6.2】　用卡诺图表示函数

$$Y=A\overline{B}C+\overline{A}\,\overline{B}C+D+AD$$

解： 先确定使每个与项为 1 的输入变量取值，然后在该输入变量取值所对应的方格内填 1，如图 1.6.3 所示。

若逻辑函数不是与-或式，应先将逻辑函数变换成与-或式（不必变换成最小项表达式），然后把含有各个与项的最小项在对应小方格内填 1，即得函数的卡诺图。

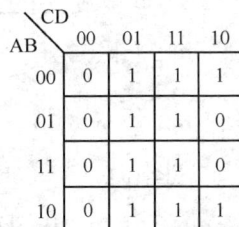

AB\CD	00	01	11	10
00	0	1	1	1
01	0	1	1	0
11	0	1	1	0
10	0	1	1	1

图 1.6.3　例 1.6.2 的卡诺图

1.6.2　用卡诺图化简逻辑函数

利用卡诺图化简逻辑函数的方法称为卡诺图化简法，化简依据的原理是相邻最小项合并后消去不同的因子。根据 1.6.1 小节的介绍，在卡诺图上几何位置相邻与逻辑相邻性是一致的，因而可以从卡诺图上直观地找出那些具有相邻性的最小项，并将其化简。

一、最小项合并规则

（1）两个相邻项合并为一项后，消除一对因子，留下公共因子。也就是说，在卡诺图中，凡是几何位置相邻的最小项均可以合并。两个相邻最小项合并为一项，消去一个互补变量。

在图 1.6.4（a）和图 1.6.4（b）中画出了两种一个卡诺圈包括两个相邻最小项的情况。例如图 1.6.4（b）中，$A\overline{B}\overline{C}$（$m_4$）和 $AB\overline{C}$（m_6）相邻，故可合并为

$$A\overline{B}\overline{C}+AB\overline{C}=A\overline{C}(\overline{B}+B)=A\overline{C}$$

合并后将 B 和 $\overline{B}$ 一对因子消除掉了，只留下公共因子 A 和 $\overline{C}$。

（2）若四个相邻项合并为一项后，消除两对因子，留下公共因子。

例如，在图 1.6.4（c）和图 1.6.4（d）中画出了四种一个卡诺圈包括四个相邻最小项的情况。如图 1.6.4（d）中，四个角上的四个最小项 $\overline{A}\overline{B}\overline{C}\overline{D}$（$m_0$）、$\overline{A}\overline{B}C\overline{D}$（$m_2$）、$A\overline{B}\overline{C}\overline{D}$（$m_8$）、$A\overline{B}C\overline{D}$（$m_{12}$）互为相邻项，合并后得到

$$\overline{A}\overline{B}\overline{C}\overline{D}+\overline{A}\overline{B}C\overline{D}+A\overline{B}C\overline{D}+A\overline{B}\overline{C}\overline{D}$$
$$=\overline{A}\overline{B}\overline{D}(\overline{C}+C)+A\overline{B}\overline{D}(\overline{C}+C)$$
$$=\overline{A}\overline{B}\overline{D}+A\overline{B}\overline{D}$$
$$=\overline{B}\overline{D}(\overline{A}+A)$$
$$=\overline{B}\overline{D}$$

合并后消除了 A 和 $\overline{A}$、C 和 $\overline{C}$ 两对因子，留下了公共因子 $\overline{B}$ 和 $\overline{D}$。

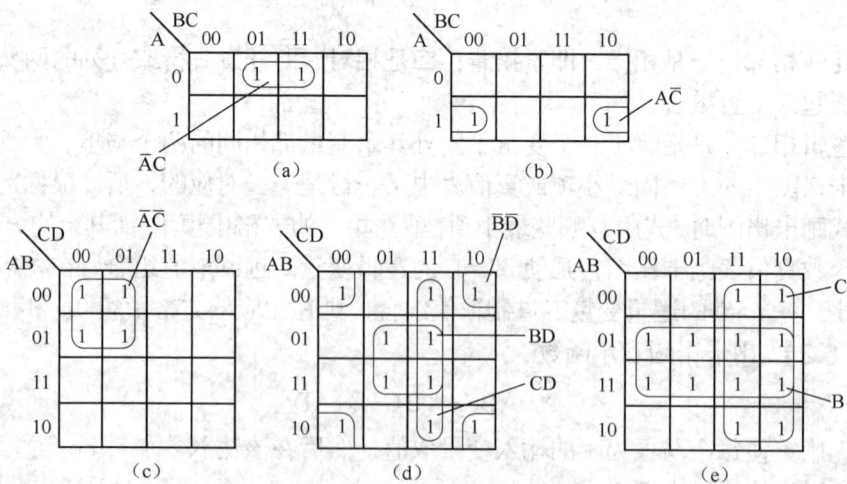

图 1.6.4　最小项合并规律

（3）若八个相邻项合并为一项后，消除三对因子，留下公共因子。

在图 1.6.4（e）中画出了两种一个卡诺圈包括八个相邻最小项的情况。合并后得到

$$\overline{A}\overline{B}C\overline{D}+\overline{A}BCD+ABCD+AB\overline{C}\overline{D}+A\overline{B}C\overline{D}+AB\overline{C}D+ABCD+ABC\overline{D}$$
$$=\overline{A}\overline{B}C+\overline{A}BC+AB\overline{C}+ABC$$
$$=\overline{A}B+AB$$
$$=B$$

合并后消除了 A 和 $\overline{A}$、C 和 $\overline{C}$、D 和 $\overline{D}$ 三对因子，留下了公共因子 B。

至此，可以归纳出合并最小项的一般规则如下：

如果有 $2^n(n=1,2,\cdots)$ 个最小项相邻，则它们合并后可以消除 n 对因子，合并后的结果中只包含这些最小项的公共因子。

二、卡诺图化简的一般步骤

在卡诺图上以最少的卡诺圈数和尽可能大的卡诺圈覆盖所有填 1 的方格，即满足最小覆盖，就可以求得逻辑函数的最简与-或式。化简步骤如下所述。

（1）画出逻辑函数的卡诺图。

（2）先从只有一种圈法的最小项开始圈起，卡诺圈的数目应最少（与项的项数最少），卡诺圈应尽量大（对应与项中变量数最少）。

（3）将每个卡诺圈写成相应的与项，并将它们相或，便得到最简与-或式。圈卡诺圈时应注意，根据重叠律（A+A=A），任何一个 1 格可以多次被圈用，但如果在某个单元圈中所有的 1 格均已被别的卡诺圈圈过，则该圈为多余圈。为了避免出现多余圈，应保证每个圈内至少有一个 1 格只被圈一次。

【例 1.6.3】 求 Y =∑ m(1, 3, 4, 5, 10, 11, 12, 13) 的最简与-或式。

解：（1）画出 Y 的卡诺图（见图 1.6.5）。

（2）画卡诺圈。按照最小项合并规律，将可以合并的最小项分别圈起来。

根据化简原则，应选择最少的卡诺圈和尽可能大的卡诺圈覆盖所有的 1 格。首先选择只有一种圈法的 $B\overline{C}$，剩下 4 个 1 格（m_1、m_3、m_{10}、m_{11}）用两个卡诺圈覆盖。可见一共只要用 3 个卡诺圈即可覆盖全部 1 格。

图 1.6.5 例 1.6.3 的卡诺图

（3）写出最简式。

$$Y=B\overline{C}+\overline{A}\,\overline{B}D+A\overline{B}C$$

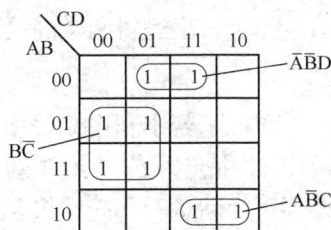

1.6.3 具有无关项的逻辑函数及其化简

一、约束项、任意项和逻辑函数式中的无关项

无关项是指那些与所讨论的逻辑问题没有关系的变量取值组合所对应的最小项。这些最小项有两种，一种是某些变量取值组合不允许出现，如 8421BCD 码中，1010～1111 这 6 种变量取值组合是不允许出现的，是受到约束的，故称为**约束项**。另一种是某些变量取值组合在客观上不会出现，如在联动互锁开关系统中，几个开关的状态是互相排斥的，每次只闭合一个开关。其中一个开关闭合时，其余开关必须断开，因此在这种系统中，2 个以上开关同时闭合的情况客观上是不存在的，这样的开关组合又称为随意项。约束项是一种不会在逻辑函数中出现的最小项，所以对应这些最小项的变量取值组合，函数值视为 0 或 1 都可以（因为实际上不存在这些变量取值），这样的最小项统称为无关项。

二、无关项在逻辑函数化简中的应用

化简具有无关项的逻辑函数时，如果能合理利用这些无关项，一般都可得到更加简单的化简结果。

为达到此目的，加入的无关项应与函数式中尽可能多的最小项（包括原有的最小项和

已写入的无关项）具有逻辑相邻性。

在合并最小项时，究竟把卡诺图中的×作为 1（即认为函数式中包含了这个最小项），还是作为 0（即认为函数式中不包含这个最小项）对待，应以得到的相邻最小项矩形组合最大，而且矩形组合数目最少为原则。

【例 1.6.4】 用卡诺图化简含有无关项的逻辑函数。

$$Y=\sum m(0,1,2,3,4,7,15)+\sum d(8,9,10,11,12,13,14)，式中$$

$\sum d(8,9,10,11,12,13,14)$ 表示最小项 m_8、m_9、m_{10}、m_{11}、m_{12}、m_{13}、m_{14} 为无关项。

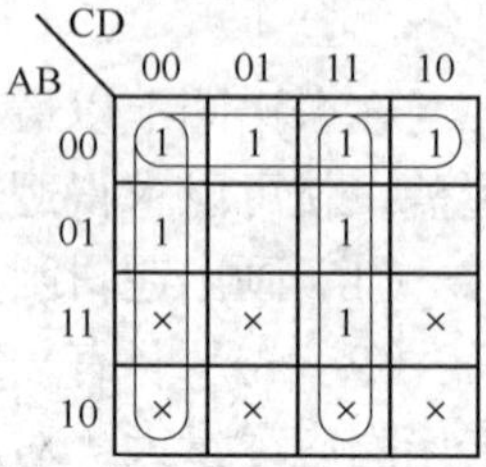

解：（1）画四变量逻辑函数卡诺图，如图 1.6.6 所示，在最小项方格中填 1，在无关项方格中填×。

图 1.6.6 例 1.6.4 的卡诺图

（2）合并相邻最小项，与 1 方格圈在一起的无关项被作为 1 方格，没有圈的无关项可视作 0（1 方格不能遗漏，"×"方格可以丢弃）。

（3）写出逻辑函数的最简与-或式。

$$Y=\overline{C}\,\overline{D}+CD+\overline{A}\,\overline{B}$$

该例题若不利用无关项，便不能得到如此简化的与-或式。无关项可以视作 0，也可以视作 1，把它视作 0 或 1 对逻辑函数值没有影响，应充分利用这一特点化简逻辑函数，以得到更为满意的化简结果。

本章小结

（1）电信号是完成某种有用功能的电流变量或电压变量的总称。电子电路所传递和处理的有两类基本的电信号——模拟信号和数字信号。传递和处理模拟信号的电路，称为模拟电路；传递和处理数字信号的电路称为数字电路。时间上和幅值上不连续的信号是数字信号，矩形脉冲是一种典型的数字信号。

（2）数制和码制。

（3）3 种基本逻辑关系：与逻辑、或逻辑和非逻辑。

（4）逻辑函数遵循逻辑代数运算的法则。逻辑代数即布尔代数，是一种适用于逻辑推理，研究逻辑关系的主要数学工具。凭借这个工具，可以把逻辑要求用简洁的数学形式表示出来，并进行逻辑电路的设计。逻辑函数反映的不是量与量之间的数量关系，而是逻辑关系。逻辑函数中的自变量和因变量只有 0 和 1 两种状态。

（5）逻辑代数的基本公式和定律，在实际化简逻辑函数式中十分有用，必须熟练掌握和运用。

（6）逻辑函数有 5 种表示方法：逻辑真值表、逻辑函数式、逻辑图、波形图、卡诺图。5 种表示方法之间是可以相互转换的，在逻辑电路的分析和设计中经常会用到这些方法。

（7）逻辑函数的最简与-或式：若逻辑函数式中包含的乘积项已经最少，而且每个乘积项里的变量数也不能再减少时，称这样的逻辑函数表达式为最简与-或式。

（8）逻辑函数公式化简的实质是应用逻辑函数的基本公式不断地消去多余的与项和每个与项里多余的变量，以求得逻辑函数的最简表达式。按逻辑函数最简表达式设计电路，可以达到用最少的电子器件构建电路的目的，既能降低成本又能提高效率和可靠性。

（9）卡诺图化简法是将逻辑函数填入卡诺图，然后按一定的规则对所有1方格进行合并，从而得到最简与-或式的方法。卡诺图化简法步骤确定，对最小项合并处理规则明确，容易掌握，一举可得逻辑函数的最简与-或式，是逻辑电路设计的有力工具。

习　题

一、填空题

1. 数字电路主要研究电路的输出和输入之间的_____，故数字电路又可称为_____电路。

2. 二进制数只有_____和_____2种数码，计数基数是_____，进位关系是_____进一。

3. BCD 码是用_____位二进制数来表示_____位十进制数。

4. 3种基本的逻辑关系是_____、_____、_____。

5. 产生某一个结果的条件中只要有_____不具备，结果就不能发生，只有_____条件都具备时，结果才发生，_____之间的关系是与逻辑关系。

6. 产生某一个结果的条件中只要有_____具备，结果就发生，只有_____条件都不具备时，结果才不发生，_____之间的关系是或逻辑关系。

7. 决定某一个结果的条件只有_____，只要条件具备，结果就不发生，只有该条件不存在时，结果才发生，这是_____逻辑关系。

8. 逻辑代数中的3种基本运算是_____、_____和_____。

二、判断题

1. 一个 n 位的二进制数，最高位的权是 2^{n-1}。 （　　）
2. 8421BCD、2421BCD、5421BCD 码均属有权码。 （　　）
3. BCD 码即 8421 码。 （　　）
4. 在数字电路中，逻辑值 1 只表示高电平，0 只表示低电平。 （　　）
5. 因为 A+AB=A，所以 AB=0。 （　　）
6. 因为 A(A+B)=A，所以 A+B=1。 （　　）
7. 任何一个逻辑函数都可以表示成若干个最小项之和的形式。 （　　）
8. 真值表能反映逻辑函数最小项的所有取值。 （　　）
9. 对于任何一个确定的逻辑函数，其函数表达式和逻辑图的形式是唯一的。
 （　　）
10. 逻辑 0 只表示 0 V 电位，逻辑 1 只表示+5 V 电位。 （　　）
11. 高、低电平是一个相对的概念，它和某点的电位不是一回事。 （　　）

三、选择题

1. 完成"有 0 出 0，全 1 出 1"的逻辑关系是_____。
   A. 与 　　　　　　B. 或

2. 下列逻辑运算式，等式成立的是_____。

    A. A+A=2A   B. $A \cdot A=A^2$ C. A+A=1   D. A+1=1

3. 一个确定的逻辑函数，其真值表的形式有_____。

    A. 多种   B. 一种

4. 一个确定的逻辑函数，其逻辑图的形式有_____。

    A. 多种   B. 一种

四、综合题

1. 举出在实际生活中所遇到的与数字信号有关的 3～5 个例子，及其相应的数字式实用装置。

2. 完成下列互换运算。

（1）11011101_2 = (   )$_{10}$ = (   )$_8$ = (   )$_{16}$

（2）207_8 = (   )$_2$ = (   )$_{16}$ = (   )$_{10}$

（3）$A36_{16}$ = (   )$_2$ = (   )$_8$ = (   )$_{10}$

3. 完成下列运算。

（1）$1+0+0 \cdot 1$

（2）$\overline{\overline{1 \cdot 0}} + \overline{1} \cdot 0 + 1 \cdot 1$

4. 用代数法化简下列逻辑函数，并用最简的与-或式表示出来。

（1）$Y = \overline{A}B\overline{C} + B\overline{C} + A\overline{C}$ （2）$Y = \overline{A}C + A(\overline{C} + A\overline{B}C) + AB\overline{C}$

（3）$Y = (A + BC)(B + \overline{CD})$

5. 用卡诺图化简逻辑函数。

（1）$Y(A，B，C) = B\overline{C} + \overline{A}\ \overline{B}\ \overline{C} + A\overline{C} + A\overline{B}C$

（2）$Y(A，B，C，D) = \overline{A}\ \overline{C}D + \overline{A}B\overline{D} + ABD + A\overline{C}D$

（3）$Y(A，B，C，D) = \sum m(0, 4, 6, 8, 10, 12, 14)$

（4）$Y(A，B，C，D) = \sum m(3, 5, 7, 8, 9, 11, 13, 14, 15)$

（5）$Y(A，B，C) = \sum m(1, 3, 4, 5, 6)$

（6）$Y(A，B，D) = \sum m(0, 2, 4, 6, 7)$

第 2 章　门电路及其应用

教学目标

① 了解半导体二极管、半导体三极管、MOS 管的开关特性。

② 理解分立元件构成的与、或、非门电路的工作原理,掌握 5 种常用的复合逻辑门电路的门电路符号、表达式、真值表,并能够熟练应用。

③ 学会读懂集成逻辑门电路的逻辑功能表,学会利用互联网查询门电路芯片的技术资料,并通过查阅技术资料,了解集成逻辑门电路的外特性及性能参数,了解 TTL 和 CMOS 集成逻辑门电路使用时的注意事项。

④ 了解不同类型门电路的接口问题。

⑤ 能够进行集成逻辑门电路功能转换实验的设计与验证。

⑥ 能够理解声光控制开关电路的工作原理。

⑦ 学会使用基本的数字电路调试仪器,掌握声光控制开关电路的调试方法。

2.1　逻辑门电路概述

实现基本逻辑运算的单元电路统称为门电路。与第 1 章所介绍的基本逻辑运算相对应的常用基本门电路有与门、或门和非门。另外还有实现复合逻辑运算的与非门、或非门、与或非门、异或门和同或门等。**门电路是构成组合电路的基本逻辑单元。**

在数字电子电路中,用高、低电平来表示二值逻辑中的 1 和 0 两种逻辑状态。获得高、低电平的基本原理可以用图 2.1.1 所示的电路实现。当开关 S 闭合时,输出电压 V_O 为低电平;当开关 S 断开时,输出电压 V_O 等于电源电压 V_{CC},则为高电平。开关 S 可以用半导体二极管、三极管和 MOS 管等半导体开关器件代替。只要通过控制输入信号 V_I 就可以控制半导体开关器件的通断。

门电路的输入和输出都只有两种状态,即高电平和低电平。这里所讲的高电平和低电平是一个相对值,即表征的是一个电压范围,在低电平范围内的任意电压值都属于低电平,在高电平范围内的任意电压值都属于高电平。正因为如此,在数字电路中无论是对元、器件参数精度的要求还是对芯片工作电源的稳定度要求,都比模拟电路要求低些。数字高、低电平范围的定义在每个集成逻辑门电路的技术资料中都有详细的描述。

在用高电平和低电平分别表示二值逻辑 1 或 0 时,有两种表示方法,即正逻辑和负逻辑。所谓正逻辑就是指用高电平表示逻辑 1,用低电平表示逻辑 0;负逻辑就是指用低电平表示逻辑 1,用高电平表示逻辑 0。本书中如果没有特别说明,那么采用的就是正逻辑,如图 2.1.2 所示。

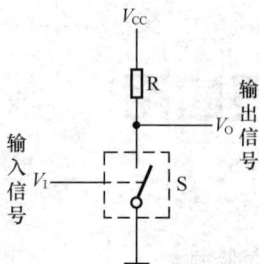

图 2.1.1　开关电路的基本原理

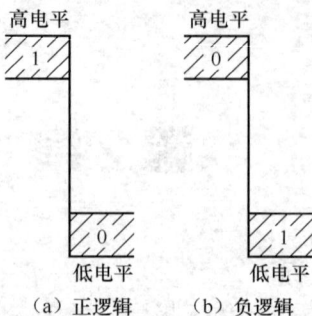

（a）正逻辑　　（b）负逻辑

图 2.1.2　正逻辑和负逻辑的示意图

2.2　半导体元器件的开关特性

门电路是以半导体二极管（以下简称二极管）、半导体三极管（以下简称三极管）、MOS 管的开关特性为基础工作的，所以首先介绍二极管、三极管的开关特性。由 2.1 节可知，高、低电平所代表的数字量，可以很方便地用开关的通断来实现。因此数字电路是一系列的开关电路，这种电路简单，容易实现。应用二极管、三极管、MOS 管就可以构成开关电路。

2.2.1　二极管的开关特性

由于二极管具有单向导电性，就是说二极管在外加正向电压时导通，外加反向电压时截止，所以它就相当于一个受外加电压极性控制的开关。用它取代图 2.1.1 中的开关 S，就可以得到图 2.2.1 所示的二极管开关电路。

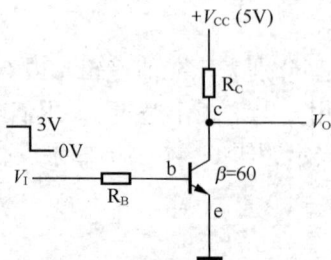

当输入信号为高电平，即 $V_I=V_{CC}$ 时，VD 截止，$V_O=V_{CC}$ 为高电平；当输入信号为低电平，即 $V_I=0$ 时，VD 导通，$V_O=0.7V$ 为低电平。

因此，可以用 V_I 的高、低电平控制二极管的开关状态，并在输出端得到相应的高、低电平输出信号。

2.2.2　三极管的开关特性

当三极管工作在饱和状态时，三极管的集电极（简写为 c）与发射极（简写为 e）之间的压降近似等于 0.3V，相当于开关闭合；当三极管工作在截止状态时，三极管的集电极与发射极之间的电阻近似于无穷大，相当于开关断开。就是说可以通过控制三极管的基极（简写为 b）电压，控制三极管的通断，所以它就相当于一个受外加电压大小控制的开关。用它取代图 2.1.1 中的开关 S，就可以得到图 2.2.2 所示的三极管开关电路。

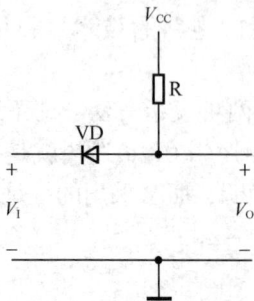

图 2.2.1　二极管开关电路

图 2.2.2　三极管开关电路

半导体元器件的
开关特性

当输入信号为高电平，即 V_I=3V 时，三极管工作在饱和状态，这时三极管 c 和 e 间相当于一个闭合的开关，$V_O \approx 0.3$V 为低电平；当输入信号为低电平，即 V_I=0V 时，三极管工作在截止状态，这时三极管 c 和 e 间相当于一个断开的开关，V_O=5V 为高电平。

因此，可以用 V_I 的高、低电平控制三极管的开关状态，并在输出端得到相应的高、低电平输出信号。

2.2.3　MOS 管的开关特性

用 MOS 管取代图 2.1.1 中的开关 S，便得到了图 2.2.3 所示的 MOS 管开关电路。

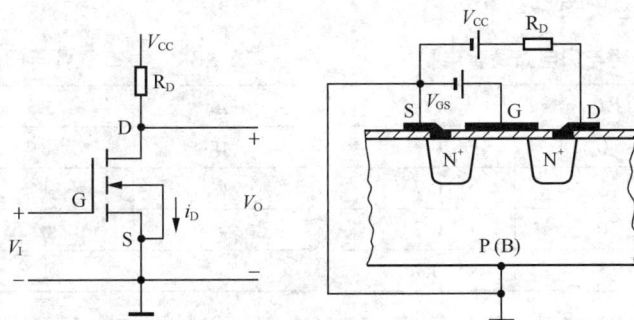

图 2.2.3　MOS 管开关电路

当 $V_I = V_{GS} < V_{GS(TH)}$ 时，MOS 管工作在截止区，这时 MOS 管 D 和 S 间相当于一个断开的开关，只要负载电阻 $R_D < R_{OFF}$（MOS 管截止内阻），$V_O = V_{CC}$，输出为高电平；当 $V_I > V_{GS(TH)}$，且 V_I 持续升高以后，MOS 管的导通内阻 R_{ON} 变得很小（在 1kΩ以内），只要 $R_D > R_{ON}$，则开关电路的输出端将变为低电平，这时 MOS 管 D 和 S 间相当于一个闭合的开关。

因此，只要电路参数选择合理就可以做到输入为低电平时，MOS 管截止，开关电路输出高电平；输入为高电平时，MOS 管导通，开关电路输出低电平。

2.3　分立元件逻辑门电路

从电路组成上划分，门电路可以分为两大类：分立元件逻辑门电路和集成逻辑门电路。由于集成门逻辑电路发展较快，所以分立元件逻辑门电路在具体应用中已近淘汰。分立元件逻辑门电路是集成门电路的基础，而且分立元件逻辑门电路结构简单，可以直观地分析其逻辑功能，了解其工作原理和特性，对于深入了解和应用集成逻辑门电路是有帮助的，所以在此对分立元件逻辑门电路做简单介绍。

2.3.1　最简单的与、或、非门电路

一、二极管与门电路

图 2.3.1 所示为用二极管构成的最简单的、有两个输入端的与门电路，其中 A、B 为输入信号，Y 表示输出信号。假定二极管 VD_1、VD_2 的正向导通压降 V_F=0.7V，利用二极管的开关特性分析图中的电路，可得出可能的 3 种输入、输出对应关系。

当 A、B 全为 0V 时，VD_1、VD_2 都导通，Y=0.7V，电路输出低电平。

分立元件逻辑门电路

当 A、B 中任意一个为 0V，假定 B 为 0V，A 为 3V，显然，VD$_2$ 优先导通，输出 Y 的电位被钳制在 0.7V，VD$_1$ 截止，则 Y=0.7V，电路输出低电平。

当 A、B 全为 3V 时，A、B 都导通，Y=3.7V，电路输出高电平。

将输入与输出逻辑电平的关系列表，即得表 2.3.1。如果规定 3V 以上为高电平，用逻辑 1 状态表示；0.7V 及以下为低电平，用逻辑 0 状态表示，即可将表 2.3.1 改写成真值表，如表 2.3.2 所示。显然 Y 和 A、B 是与逻辑关系。

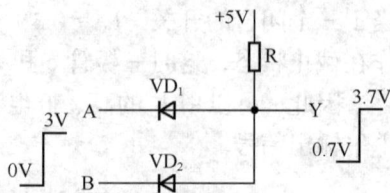

图 2.3.1 二极管与门电路

表 2.3.1　二极管与门电路逻辑电平

A/V	B/V	Y/V
0	0	0.7
0	3	0.7
3	0	0.7
3	3	3.7

表 2.3.2　二极管与门电路逻辑真值表

A	B	Y
0	0	0
0	1	0
1	0	0
1	1	1

这种二极管与门电路虽然结构简单，容易实现，但是却存在严重的缺陷。首先，输出的高、低电平数值和输入的高、低电平数值不相等，相差一个二极管的导通压降。如果把这个门的输出作为下一级门电路的输入，将产生信号高、低电平的偏移。其次，当输出端对地接上负载电阻时，负载电阻的改变有时会影响输出的高电平。因此，这种二极管与门电路仅用作集成电路内部的逻辑单元，而不用它直接驱动负载电路。

二、二极管或门电路

图 2.3.2 所示为用二极管构成的最简单的、有两个输入端的或门电路，其中 A、B 为输入信号，Y 表示输出信号。假定二极管 VD$_1$、VD$_2$ 的正向导通压降 V_F=0.7V。

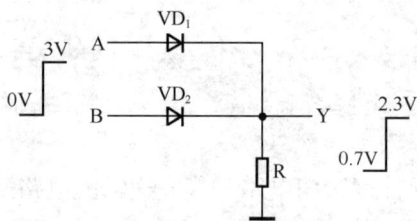

图 2.3.2 二极管或门电路

当 A、B 全为 0V 时，VD$_1$、VD$_2$ 都截止，Y=0V，电路输出低电平。

当 A、B 中任意一个为 0V，假定 B 为 0V，A 为 3V。显然，VD$_1$ 优先导通，输出 Y 的电位被钳制在 2.3V，VD$_2$ 截止，则 Y=2.3V，电路输出高电平。

当 A、B 全为 3V 时，A、B 都导通，Y=2.3V，电路输出高电平。

将输入与输出逻辑电平的关系列表，即得表 2.3.3。如果规定 2.3V 以上为高电平，用逻辑 1 状态表示；0.7V 以下为低电平，用逻辑 0 状态表示，即可将表 2.3.3 改写成真值表，如表 2.3.4 所示。显然 Y 和 A、B 是或逻辑关系。

表 2.3.3　二极管或门电路逻辑电平

A/V	B/V	Y/V
0	0	0
0	3	2.3
3	0	2.3
3	3	2.3

表 2.3.4　二极管或门电路逻辑真值表

A	B	Y
0	0	0
0	1	1
1	0	1
1	1	1

二极管或门电路同样存在着输出电平偏移的问题,所以这种电路结构也只适用于作集成电路内部的逻辑单元。

三、三极管非门电路

图 2.3.3 所示为用三极管构成的非门电路,电路中输入变量为 A,输出变量为 Y。

该电路实际上是一个反相器,当输入变量为高电平时,三极管饱和导通,输出近似为 0V;当输入变量为低电平时,三极管截止,输出近似为 5V。用 1 表示高电平,用 0 表示低电平,显而易见,电路利用三极管的开关特性,在输入变量做高、低电平跳变时,输出量呈现与输入量相反的变化。电路满足非逻辑运算功能,简称非门。

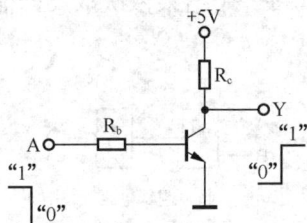

图 2.3.3 三极管非门电路

2.3.2　5 种常用的复合逻辑及其门电路

与门、或门、非门是数字电路中的 3 种基本逻辑门,称与、或、非是一个完备集,任何复杂的逻辑电路系统都可以用与、或、非 3 种基本逻辑门组合构成。但是用 3 种不同规格的逻辑门构成完备集显然不及只用一个规格的逻辑门构成完备集方便,与非、或非、与或非 3 种复合逻辑门应运而生。它们都是由基本门同非门简单组合并以非门做输出的电路,其中每一个复合门都是一个完备集,即使用它们中的任何一种都可以完成与、或、非功能,这给应用和具体的设计工作带来了很大的方便。事实上,3 种由基本逻辑门组成的常用复合门——与非门、或非门及与或非门都是构成数字系统的基本元件。下面介绍这三种常用的复合门及另外两个重要的复合门——异或门和同或门。

一、与非门

与非门为先与后非,其逻辑电路如图 2.3.4(a)所示,图 2.3.4(b)所示是与非门符号。

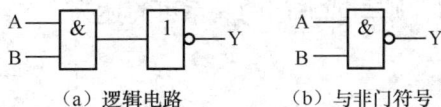

(a)逻辑电路　　　　(b)与非门符号

图 2.3.4　与非门逻辑电路及符号

常用的复合逻辑及其
门电路

与非门的表达式为　　　　$Y=\overline{AB}$

与非门的输出是与门的输出取反,因此,与非门的真值表可以在与门真值表的基础上对其每一个结果依次取反即能得到。与非门真值表如表 2.3.5 所示。

表 2.3.5　　　　　　　　　　　　　　与非门真值表

A	B	Y
0	0	1
0	1	1
1	0	1
1	1	0

与非门的逻辑关系可简述为"有 0 出 1,全 1 出 0"。

二、或非门

或非门为先或后非，其逻辑电路如图 2.3.5（a）所示，图 2.3.5（b）所示是或非门符号。

或非门的表达式为　　$Y=\overline{A+B}$

或非门的输出是或门的输出取反，因此，或非门真值表可以在或门真值表的基础上对其每一个结果依次取反即能得到。或非门真值表如表 2.3.6 所示。

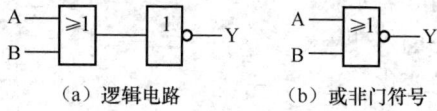

（a）逻辑电路　　（b）或非门符号

图 2.3.5　或非门逻辑电路及符号

表 2.3.6　　　　或非门真值表

A	B	Y
0	0	1
0	1	0
1	0	0
1	1	0

或非门的关系可简述为"有 1 出 0，全 0 出 1"。

三、与或非门

与或非门由与门、或门、非门组合而成，其逻辑电路如图 2.3.6（a）所示，图 2.3.6（b）所示是与或非门符号。

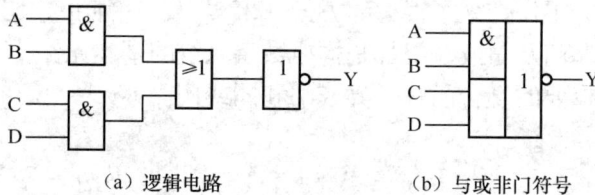

（a）逻辑电路　　　　（b）与或非门符号

图 2.3.6　与或非门逻辑电路及符号

与或非门的表达式为　　$Y=\overline{AB+CD}$

若将 A、B 和 C、D 各视为一组，则与或非门的关系可简述为"一组全 1 出 0，各组有 0 出 1"。

四、异或门

异或门的逻辑电路如图 2.3.7（a）所示，图 2.3.7（b）所示是异或门符号。

列出 A、B 两个变量的全部取值组合，和与之对应的异或门输出变量的取值，即可得到异或门的真值表如表 2.3.7 所示。

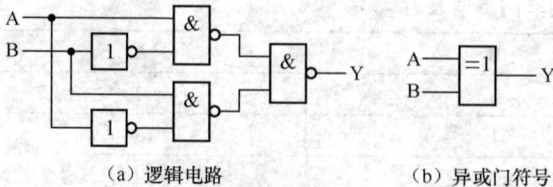

（a）逻辑电路　　　　（b）异或门符号

图 2.3.7　异或门逻辑电路及符号

表 2.3.7　　　　异或门真值表

A	B	Y
0	0	0
0	1	1
1	0	1
1	1	0

异或门的表达式为　　$Y=A\overline{B}+\overline{A}B=A\oplus B$

异或门的关系可简述为"异出 1，同出 0"。

五、同或门

同或门的逻辑电路如图 2.3.8（a）所示，图 2.3.8（b）所示是同或门符号。

列出 A、B 两个变量的全部取值组合，和与之对应的同或门输出变量的取值，即可得到同或门的真值表，如表 2.3.8 所示。

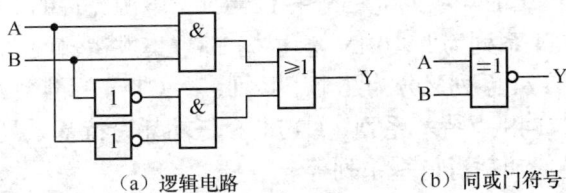

（a）逻辑电路　　　　（b）同或门符号

图 2.3.8　同或门逻辑电路及符号

表 2.3.8　　　同或门真值表

A	B	Y
0	0	1
0	1	0
1	0	0
1	1	1

同或门的表达式为　　　　$Y=\overline{A}\,\overline{B}+AB=A\odot B$

同或门的关系可简述为"同出 1，异出 0"。

对异或门的逻辑函数表达式求反，可得：

$$\overline{Y}=\overline{A\overline{B}+\overline{A}B}$$

$$=\overline{A\overline{B}}\cdot\overline{\overline{A}B}$$

$$=\left(\overline{A}+B\right)\cdot\left(A+\overline{B}\right)$$

$$=\overline{A}A+\overline{A}\,\overline{B}+AB+B\overline{B}$$

$$=\overline{A}\,\overline{B}+AB$$

这就是说同或逻辑是异或逻辑的反。同样可以证明异或逻辑是同或逻辑的反。

2.4　集成逻辑门电路

半导体元件组成的分立门电路经过一定的工艺集成在一块硅片上，即可制成集成逻辑门电路。

集成逻辑门电路按集成度大小分为：小规模集成逻辑门电路（Small Scale Integration，SSI），每片组件内包含 10～100 个元件（或 10～20 个等效门）；中规模集成逻辑门电路（Medium Scale Integration，MSI），每片组件内含 100～1 000 个元件（或 20～100 个等效门）；大规模集成逻辑门电路（Large Scale Integration，LSI），每片组件内含 1 000～100 000 个元件（或 100～1 000 个等效门）；超大规模集成逻辑门电路（Very Large Scale Integration，VLSI），每片组件内含 100 000 个以上元件（或 1 000 个以上等效门）。

集成逻辑门电路按其内部有源器件的不同可以分为双极型电路和单极型电路。其中，双极型电路主要有晶体管-晶体管逻辑（Transistor Transistor Logic，TTL）、射极耦合逻辑（Emitter Coupled Logic，ECL）和集成注入逻辑（Integrated Injection Logic，IIL）等几种类型；单极型电路主要有 NMOS、PMOS 和 CMOS 等几种类型。

2.4.1 常用的 TTL 与 CMOS 集成逻辑门电路芯片

一、TTL 集成逻辑门电路

TTL 集成逻辑门电路是双极型电路，它是一个很大的产品系列。TTL 集成逻辑门电路国际上通用的标准型号为 74 系列，我国 TTL 集成逻辑门电路分为 CT54 系列和 CT74 系列两大类。这两类电路结构和电气性能参数相同，主要区别在于 CT54 系列比 CT74 系列的工作温度范围更宽（CT74 系列为 0～70℃，CT54 系列为−55～+125℃），电源允许的工作范围也更大（CT74 系列为 5 ± 0.05V，CT54 系列为 5 ± 0.1V）。根据 TTL 集成逻辑门电路的平均传输延迟时间和平均功耗的不同，CT74 系列又分为几个子系列，即 CT74 标准系列、CT74H 高速系列、CT74L 低功耗系列、CT74S 肖特基系列、CT74LS 低功耗肖特基系列、CT74AS 先进肖特基系列、CT74ALS 先进低功耗肖特基系列等。

从功能上看，集成逻辑门电路包括与门、或门、非门、与非门、与或非门、异或门、同或门等。它们的共同特点是同属 TTL 集成逻辑门电路产品系列，特性相似，但逻辑功能各异。因此，在讨论 TTL 集成逻辑门电路时，只要弄清有代表性的一种，其他便可依此类比。

集成逻辑门电路的类别可从其型号给出大致上的区分。例如，型号 CT74LS00 各部分的含义如图 2.4.1 所示。下面主要介绍集成与非门、与门、或门、非门、与或非门。

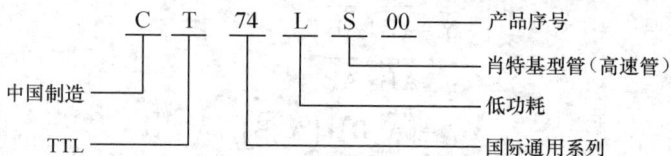

图 2.4.1 CT74LS00 各部分的含义

1. 集成与非门

集成与非门是集成逻辑门系列中应用最普遍、特性上最具代表性的一种。
TTL 集成与非门的典型电路如图 2.4.2 所示。

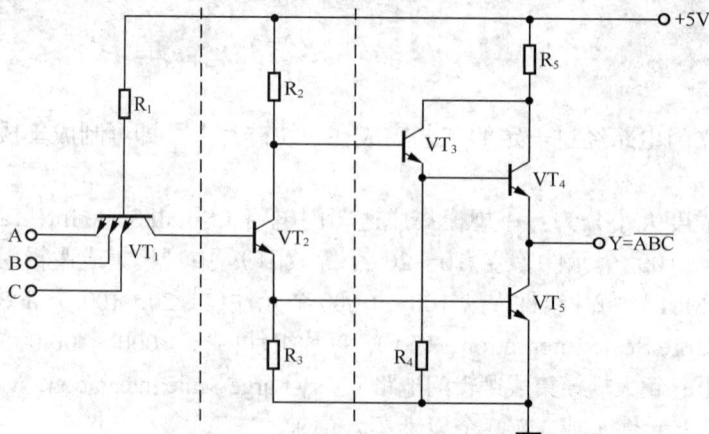

图 2.4.2 TTL 集成与非门的典型电路

电路分为输入极，中间级和输出级三部分。

输入级：由一个多发射极三极管 VT_1 和电阻 R_1 组成，相当于一个与门。

中间级：由三极管 VT_2 和电阻 R_2、R_3 组成，起倒相作用，在 VT_2 的集电极和发射极

各提供一个电压信号，两者相位相反，供给推拉式结构的输出级。

输出级：由三极管 VT_3、VT_4、VT_5 和电阻 R_4、R_5 组成推拉式结构的输出电路，其作用是实现反相，并降低输出电阻，提高带负载能力。

集成与非门电路的主要参数包括以下几项。

① 输出高电平 U_{OH}：$U_{OH} \geqslant 3.4V$，$U_{OHmin}=2.4V$。

② 输出低电平 U_{OL}：$U_{OL} \leqslant 0.4V$。

③ 阈值电压 U_T：$U_T=1.4V$。

④ 输入低电平电流 I_{IL}：$I_{IL} \approx -1.4mA$。

⑤ 输入高电平电流 I_{IH}：数十微安。

⑥ 输出低电平电流 I_{OL}：由负载流入输出端的电流，也称为灌电流，I_{OL} 约为十几毫安。

⑦ 输出高电平电流 I_{OH}：流出输出端的电流，称为拉电流，I_{OH} 约为十几毫安。

⑧ 扇出系数 N：带动同类门的最大数目，一般 $N \leqslant 10$。

⑨ 平均传输延迟时间 t_{pd}：指前沿传输延迟时间 t_{PHL} 和后沿传输延迟时间 t_{PLH} 的平均值，$3 \sim 10ns$。

⑩ 噪声容限：低电平噪声容限 U_{NL}，允许的最大正向噪声电压（0.7V）；高电平噪声容限 U_{NH}，允许的最大负向噪声电压（1.8V）。

图 2.4.3 为 4 个 2 输入与非门 74LS00 外引脚排列及外引脚功能图。在此集成电路中有 4 个 2 输入与非门，这 4 个 2 输入与非门共用一个电源，其中每一个与非门均可单独使用。

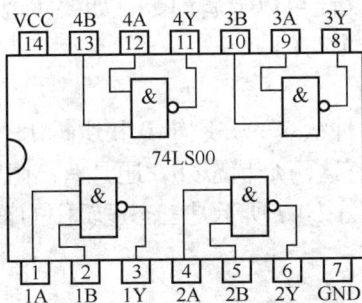

图 2.4.3　74LS00 外引脚排列及外引脚功能图

为了拓宽 TTL 集成与非门的应用领域，许多其他类型的 TTL 集成与非门先后涌现，如集电极开路与非门（OC 门）、三态输出与非门（TSL 门）等。

一般 TTL 与非门使用时，其输出端不能直接和地线或电源线（+5V）相连，两个 TTL 门的输出端不能直接并联在一起。集电极开路门和三态门是允许输出端直接并联在一起的两种 TTL 门，并且用它们还可以构成线与逻辑及线或逻辑。

（1）OC 门

集电极开路（Open Collector，OC）门，其电路如图 2.4.4（a）所示，其符号如图 2.4.4（b）所示。在电路中，起非门作用的三极管的集电极是悬空的，可以直接与工作电压高于 5V 的负载相连。对于负载电压高于 5V 的负载，普通与非门无法直接驱动，OC 门可以发挥其作用驱动负载。图 2.4.5 是用 OC 门直接驱动负载电压高于 5V 的继电器负载的电路图。

通常情况下，与非门是以非门——反相器作输出的电路结构，而反相器输出电阻很小，因此，两个与非门的输出端是不能直接并联的。当两个与非门的输出端直接相连时，如果一个门输出高电平，另一个门输出低电平，就会有一个很大的电流从一个门的输出流向另一个门的输出端，这不仅抬高了导通门的输出低电平电位，而且会因功耗过大而损坏门电路。OC 门中集电极是开路的，需要将集电极经外接负载电阻接至外加电源后，电路才能实现与非逻辑功能。由于这个特点 OC 门可以实现线与的功能。

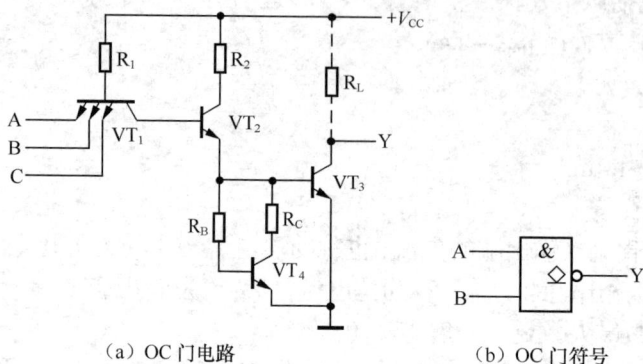

（a）OC 门电路

（b）OC 门符号

图 2.4.4　OC 门电路和电路符号

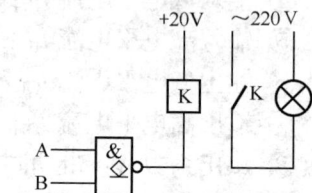

图 2.4.5　用 OC 门直接驱动负载电压高于 5V 的继电器

在图 2.4.6 所示的电路中，2 个 OC 门中只要有 1 个输出为 0，则输出 Y 为 0。只有当 2 个 OC 门输出均为 1 时，输出 Y 才为 1，实现了线与的功能。其逻辑函数表达式为

$$Y=\overline{AB} \cdot \overline{CD}$$

显然，应用 OC 门的线与功能可以节省门数，如要实现以上线与的逻辑表达式，用一般的 TTL 门，至少还要增加一个与门。

（2）TSL 门

普通 TTL 门的输出只有两种状态——逻辑 0 和逻辑 1，这两种状态都是低阻输出。三态逻辑（TSL）输出门除了具有这两个状态外，还具有高阻输出的第三状态（或称禁止状态），这时输出端相当于悬空。图 2.4.7 所示是三态逻辑门的符号，其真值表如表 2.4.1 所示。

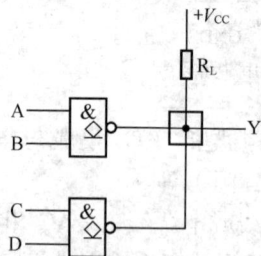

图 2.4.6　用 OC 门实现线与的功能

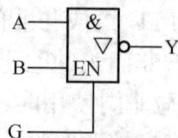

图 2.4.7　三态门符号

表 2.4.1　　　　　三态门真值表

EN	A	B	Y
1	×	×	高阻状态
0	0	0	1
0	0	1	1
0	1	0	1
0	1	1	0

注："×"代表任意电平。

三态门的主要用途是可以实现在同一个公用通道上轮流传送 n 个不同的信息，如图 2.4.8 所示，这个公共通道通常称为总线，各个三态门可以在控制信号的控制下与总线相连或脱离。挂接总线的三态门任何时刻只能有一个控制端有效，即一个门传输数据，因此特别适用于将不同的输入数据分时传送给总线的情况。

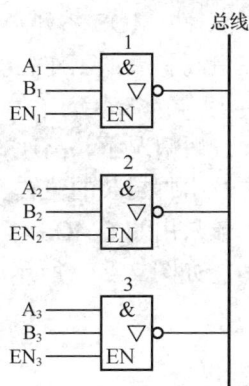

图 2.4.8　用三态门构成单向总线

2. 集成与门

实现与功能的集成逻辑门称为集成与门，例如 74LS08 是 4 个 2 输入与门，其外引脚排列及外引脚功能如图 2.4.9 所示。

3. 集成或门

74LS32 是 4 个 2 输入或门，其外引脚排列及外引脚功能如图 2.4.10 所示。

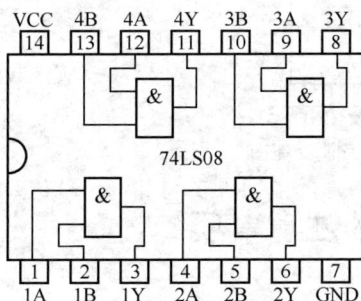

图 2.4.9　74LS08 外引脚排列及外引脚功能图

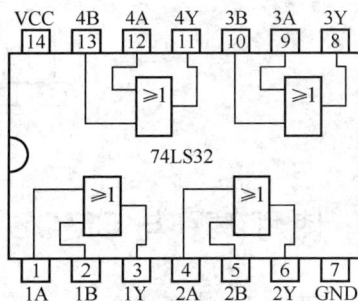

图 2.4.10　74LS32 外引脚排列及外引脚功能图

4. 集成非门

74LS04 是六非门（六反相器），其外引脚排列及外引脚功能如图 2.4.11 所示。

5. 集成与或非门

74LS51 为双 2 路 2-2/2-3 输入与或非门，其外引脚排列及外引脚功能如图 2.4.12 所示。

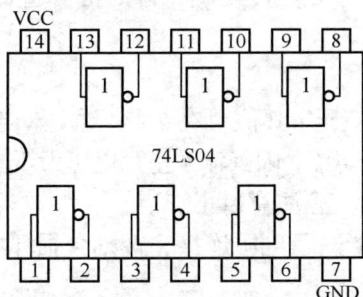

图 2.4.11　74LS04 外引脚排列及外引脚功能图

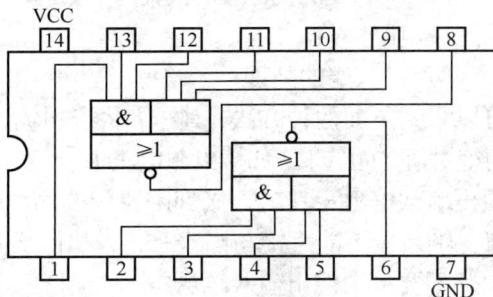

图 2.4.12　74LS51 外引脚排列及外引脚功能图

二、CMOS 集成逻辑门电路

CMOS 集成逻辑门电路是当前应用十分广泛的逻辑电路之一。CMOS 集成逻辑门电路便于集成，集成度可以非常高，功耗几乎为 0。

CMOS 集成逻辑门电路有两个大的系列，分别为 CMOS4000 系列和高速 CMOS 系列（简称 HCMOS）。两者主要在速度和工作频率上存在差别：HCMOS 系列的速度比 CMOS4000 系列的速度高出 5 倍以上，平均延迟时间约为 8ns，超过 TTL74LS 系列；

CMOS4000 系列的最高工作频率是 5MHz，HCMOS 系列的最高工作频率高达 50MHz。

高速 CMOS 系列又分 54 系列和 74 系列（简称 54HC 和 74HC）两个大类。两者之间仅在最高和最低工作温度上有所差别，54 系列的工作温度为−55～125℃，74 系列的工作温度为−40～85℃。

一般情况下，高速 CMOS 集成逻辑门可与 74LS00 代换，只是代换时要注意使用 5V 电源及引脚封装的位置。

最常用的 CMOS 集成逻辑门 CD4011 集成 34 个 2 输入与非门，其外引脚排列及外引脚功能如图 2.4.13 所示。

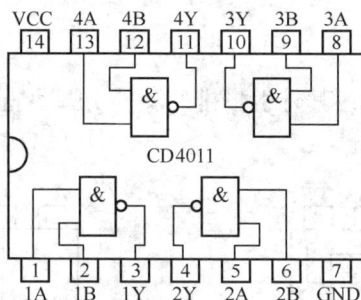

图 2.4.13　CD4011 外引脚排列及外引脚功能图

2.4.2　使用 TTL 与 CMOS 集成逻辑门的注意事项

一、使用 TTL 门的注意事项

1. 电源及电源干扰的消除

电源电压 V_{CC} 应满足 5 ± 0.05V（对 I、III 类电路），5 ± 0.1V（对 II 类电路）的要求。考虑到电源通断瞬间或其他原因会在电源线上产生冲击电压，外界干扰或电路间相互干扰会通过电源引入，故必须对电源进行滤波，即在印制电路板上每隔 5 块左右的集成电路加接一个 0.01～0.1μF 的高频滤波电容。电源 VCC 和地线一定不能颠倒，否则将引起大电流流过而造成电路失效。

2. 不用输入端的处理

可以采用下面两种方法：其一，将未用输入端接上电压，其值可在 2.4V 至输入电压最大值的绝对值之间选取，如接电源电压 V_{CC}，对于 LSTTL 电路，因其输入击穿电压大于 7.0V，故无须再串联电阻；其二，接到闲置门的高电平输出端。应注意以下三点。

（1）输入端不能直接与高于+5.5V 和低于−0.5V 的低内阻电源连接，否则会损坏电路。

（2）不要将未使用输入端悬空，否则易受到外界干扰。

（3）不要将 LSTTL 电路的未使用输入端接到其他有同样与非、或者与功能的输入端，因为这种 TTL 电路推荐采用的处理方法会增加输入端的电容，削弱芯片的抗交流噪声干扰性能。

3. 输出端

具有有源推拉输出结构的 TTL 门不允许输出端直接连接。输出端不能过载，更不允许对地短路，也不允许直接接电源。当输出端接容性负载时，电路从断开到接通的瞬间有很大的冲击电流流过输出管，会导致输出管的损坏。为防止这一情况的发生，应接入限流电阻，一般当容性负载 C_L 大于 100pF 时，限流电阻取 180Ω。

4. 其他

为了避免损坏电路,在焊接时最好选用中性焊剂、45W 以下烙铁。焊接后严禁将电路连同印制电路板放入有机溶液浸泡清洗,只允许用少量酒精轻微擦洗引脚上的焊剂。

二、使用 MOS 门的注意事项

(1)焊接时,电烙铁外壳应接地。

(2)器件插入或拔出插座时,所有电源均需除去。

(3)不用的输入端应根据逻辑要求或接电源 VCC(与非门),或接地(或非门),或与其他输入端连接。

(4)输出级所接电容负载不能大于 500pF,否则会因输出级功率过大而损坏电路。

2.4.3 不同类型门电路的接口问题

一、TTL 电路驱动 CMOS 电路

用 TTL 电路驱动 CMOS 电路时,主要考虑 TTL 电路输出的电平是否符合 CMOS 电路输入电平的要求。TTL 电路输出低电平 U_{OL} 上限值小于 CMOS 电路所要求输入低电平上限值,因此,它们之间可直接相连。但 TTL 电路输出高电平的下限值为 $U_{OH}=2.7V$,典型值也只有 3.6V,不能满足 CMOS 电路要求的输入电平下限值(3.6V 以上),即两者不能匹配,常用的方法有以下几种。

(1)在 TTL 电路输出端和电源之间接一个上拉电阻 R_U(4.7~12kΩ)如图 2.4.14 所示。

(2)若 CMOS 电路的电源电压大于 5V,可使标准 TTL 电路通过 OC 门来驱动 CMOS 电路,如图 2.4.15 所示。

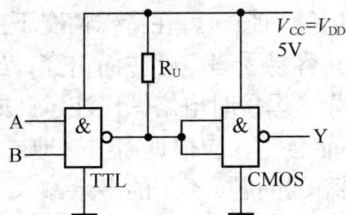

图 2.4.14 电源电压同为 5V 的接口

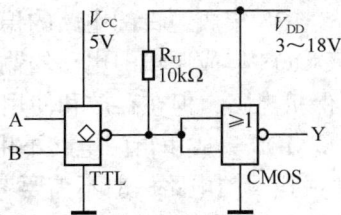

图 2.4.15 OC 门与 CMOS 门的接口

(3)TTL 和 CMOS 电路之间的接口也可采用 CMOS 电平转换器来实现,如图 2.4.16 所示。

二、CMOS 电路驱动 TTL 电路

用 CMOS 电路驱动 TTL 电路时,首先要解决电流驱动能力不够的问题,其次是逻辑电平的匹配,一般有以下几种处理方法。

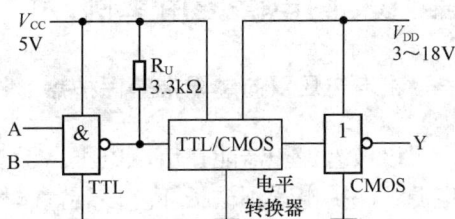

图 2.4.16 采用电平转换器的接口

(1)将同一芯片上的多个 CMOS 电路并联使用。图 2.4.17(a)为同一个芯片上的两个 CMOS 与非门并联使用驱动 TTL 门电路。同一个芯片的多个或非门、多个非门也可以并联使用。

(2)在 CMOS 电路输出端和 TTL 电路输入端之间接入 CMOS 驱动器,如图 2.4.17(b)所示。

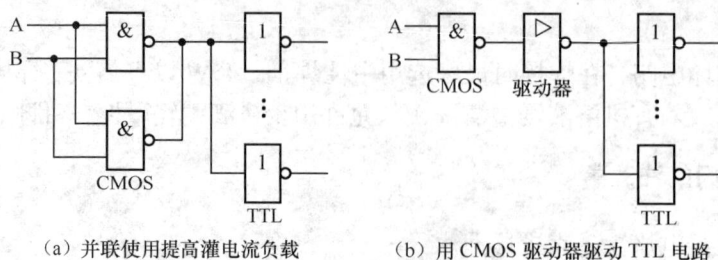

(a) 并联使用提高灌电流负载　　　(b) 用 CMOS 驱动器驱动 TTL 电路

图 2.4.17　CMOS 电路驱动 TTL 电路

2.4.4　TTL 与 CMOS 集成逻辑门电路性能比较

具有相同逻辑功能的 TTL 集成逻辑门电路和 CMOS 集成逻辑门电路由于电路结构不同，性能上也有很大差异，具体比较如下。

（1）CMOS 集成逻辑门电路的输入阻抗很高，可达 $10^8\Omega$ 以上，且在频率不高的情况下，电路的带负载能力比 TTL 集成逻辑门电路强。

（2）CMOS 集成逻辑门电路的导通电阻比 TTL 集成逻辑门电路的导通电阻大得多，所以 CMOS 集成逻辑门电路的工作速度比 TTL 集成逻辑门电路慢。

（3）CMOS 集成逻辑门电路的电源电压范围为 3～18V，这使它们的输出电压摆幅大，因此其抗干扰能力比 TTL 集成逻辑门电路强，这与严格限制电源电压的 TTL 集成逻辑门电路比要优越得多。

（4）由于 CMOS 集成逻辑门电路静态时栅极电流几乎为 0，因此其功耗比 TTL 集成逻辑门电路功耗小。

（5）由于 CMOS 集成逻辑门电路内部功耗小，发热量小，所以 CMOS 集成逻辑门电路的集成度比 TTL 集成逻辑门电路的集成度高。

（6）CMOS 集成逻辑门电路的稳定性能好，抗辐射能力强，可在特殊情况下工作。

（7）CMOS 集成逻辑门电路的输入阻抗很高，使其容易受静电感应而击穿，虽然其内部设置了保护电路，但在存放和使用时应注意静电屏蔽，焊接时电烙铁应注意良好接地，尤其注意 CMOS 集成逻辑门电路不用的多余输入端不能悬空，应根据需要接地或接电源。而 TTL 集成逻辑门电路一般不需要考虑静电感应和屏蔽的问题，不用的多余输入端可以悬空，悬空时相当于接高电平，即逻辑 1。

2.4.5　门电路应用举例

一、市电电压双向越限报警保护器

该报警保护器能在市电电压高于或低于规定值时，进行声光报警，同时自动切断电器电源，保护电器不被损坏。该装置体积小、功能全、制作简单、实用性强。

1. 电路的工作原理

电路如图 2.4.18 所示。

市电电压的一路由 C_3 降压，VW 稳压，VD_6、VD_7、C_2 整流滤波输出 12V 稳定的直流电压供给电路。另一路由 VD_1 整流，R_1 降压，C_1 滤波，在 R_{P1}、R_{P2} 上产生约 10.5V 电压检测市电电压变化输入信号。门 IC1A、IC1B 组成过压检测电路，IC1C 为欠压检测，IC1D 为开关，IC1E、IC1F 及压电陶瓷片 YD 等组成音频脉冲振荡器。三极管 VT 和继电器 J 等组成保护动作电路。红色发光二极管 LED$_1$ 做市电过压指示，绿色发光二极管 LED$_2$ 做市电欠压指示。市电正常时，IC1A 输出高电平，IC1B、IC1C 输出低电平，LED$_1$、LED$_2$ 均截止不发光，VT 截止，J 不动作，电器正常供电，此时 B 点为高电平，IC1D 输出低电平，VD$_5$ 导通，C 点为低电平，音频脉冲振荡器停振，YD 不发声。当市电过压或欠压时，IC1B、IC1C 其中有一个输出高电平，使 A 点变为高电位，VT 饱和导通，J 通电吸合，断开电器电源，此时 B 点变为低电平，IC1D 输出高电平，VD$_5$ 截止，反向电阻很大，相当于开路，音频脉冲振荡器起振，YD 发出报警声，同时相应的发光二极管（简称 LED）发光指示。

2. 选择元器件

集成芯片 IC 可选用 CD74HC04 六反相器，二极管 VD$_1$～VD$_6$ 选择 1N4007 和 1N4148，电容 C$_1$～C$_6$ 均选择铝电解电容，耐压 400V，稳压管选用 12V 稳压，继电器 J 选用一般的 6V 直流继电器即可，电阻选用普通的 1/8W 或 1/4W 碳膜电阻器，阻值可按图 2.4.18 所示选取。

3. 制作和调试方法

调试时，用一台调压器供电，调节电压为正常值（220V），用一个白炽灯做负载，使 LED$_1$、LED$_2$ 均熄灭，白炽灯亮，然后将调压器调至上限值或下限值，调 R$_{P1}$ 或 R$_{P2}$ 使 LED$_1$ 或 LED$_2$ 刚好发光，白炽灯熄灭，即调试成功。全部元件可安装于一个小塑料盒中，将盒盖上打两个孔固定发光二极管，打一个较大一点的圆孔固定压电陶瓷片，并用一个合适的瓶盖给压电片做一个助声腔，使其有较响的鸣叫声。

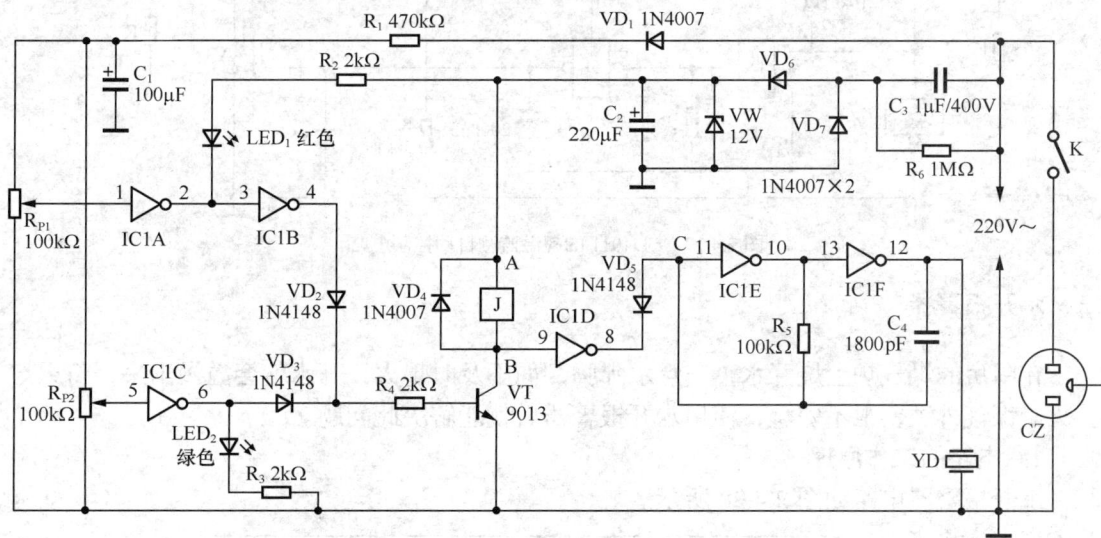

图 2.4.18　市电电压双向越限报警保护器电路

二、采用 CD4011 的超温监测自动控制电路

该电路结构简单，制作容易，由一只与非门和一只热敏电阻组成测控电路和警笛声发声电路，由一只继电器作为执行电路。

1. 电路的工作原理

CD4011 的超温监测自动控制电路如图 2.4.19 所示。

测温电阻 R$_T$ 接在控制门 D$_1$ 的输入端，它和电阻 R$_2$ 及 R$_P$ 通过 R$_P$ 的分压调节，使门 D$_1$ 的输入电平为高电平，使 D$_1$ 的输出为低电平。使用时，热敏电阻 R$_T$ 安置于被控设备上，当被控设备温度超过最高设定温度时，由于 R$_T$ 阻值小，通过分压电路的分压，使 D$_1$ 输入端的电压变为低电平，经 D_1 反相为高电平。该高电平一方面加至多谐振荡器的控制端，使多谐振荡器起振，通过放大管放大后，由扬声器发出警笛声，同时也加至 VT_1 的基极使其导通，继电器吸和，通过继电器的常闭触点将被控设备的工作电源断开；另一方面经 D_2 反相为低电平后，与发光管 LED 构成通路，LED 发光指示。

2. 选择元器件

图 2.4.19 中由 D_1、D_2、D_3、D_4 组成的集成芯片 IC1 可选用 CD4011；VD 选用 1N4001；VS 为稳压 10V 的稳压管；VT_1 选用 9013，VT_2 选用 V40AT；电容 C 为 2000pF 的陶瓷片电容；继电器 K 为 4099 型继电器；R_P 选用 470kΩ 普通可调电位器；电阻选用 1/8W 或 1/4W 金属膜电阻器，BL 选用 8Ω、0.5W 电动扬声器。

3. 制作与调试方法

将测温电阻 R_T 置于最高限制温度下，调整 R_P，使其监测电路发出警笛声并使继电器吸和工作，然后使 R_T 降温，警笛声应当停止。否则应反复调节 R_P，直至符合要求为止。

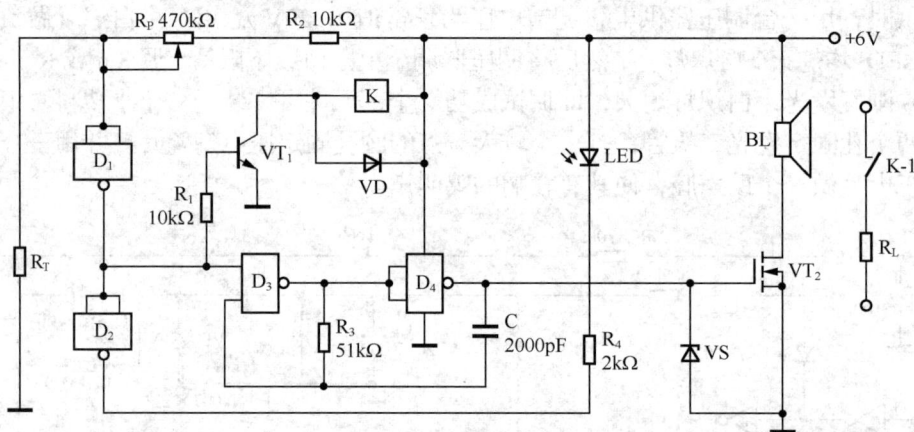

图 2.4.19　CD4011 的超温监测自动控制电路

三、水开报警器

在厨房的煤气炉上烧开水，一旦水沸腾，如不及时熄火，开水就会溢漫出来，将火焰扑灭，煤气外溢，很不安全，使用水开报警器后就能解决此问题。

1. 电路的工作原理

水开报警器电路如图 2.4.20 所示。

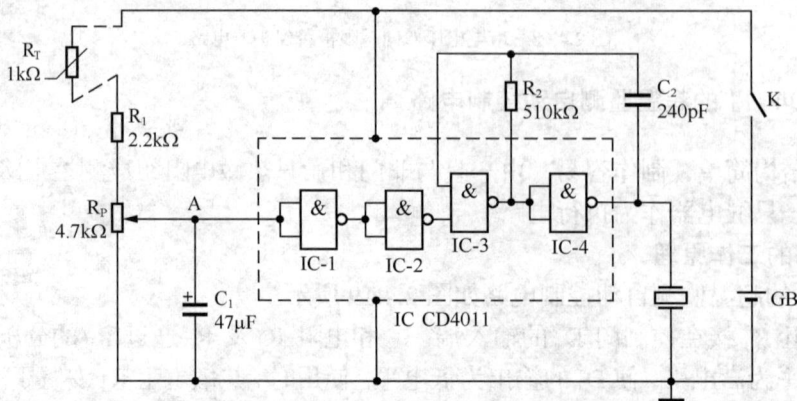

图 2.4.20　水开报警器电路

该电路采用热敏电阻作为温度传感元件，当水温升高后，热敏电阻的阻值减小，A 点电位增高，当 A 点电位高于 IC-1 反相器转换电压时，IC-1 将输出低电平，IC-2 输出高电平，使 IC-3、IC-4 组成的音频振荡器工作，压电陶瓷片发声。在 IC-2 输出低电平时，IC-3、IC-4 组成的音频振荡器不工作，压电陶瓷片无声。

2. 选择元器件

IC 选用 CD4011 4 个 2 输入与非门，工作电压为 3～18V，在该电路中电源为 3～6V；R_T 选用阻值为 1kΩ 左右的热敏电阻；压电陶瓷片选用直径为 27mm；电阻选用普通的 1/8W 或 1/4W 金属膜电阻器。

3. 制作与调试方法

找两只废日光灯启辉器壳子，用铁皮做夹子，把两只启辉器顶部贴紧，并用螺钉紧固。其中一只启辉器可套在水壶口上，以取得水的温度。热敏电阻两只引脚焊接在另一只启辉器盖子上，并装入壳内，注意热敏电阻一定要紧贴在内壳壁上，这样便于传热。焊上热敏电阻的外引线，温度传感器就做好了。将全部元件焊好，检查无误后，即可接通电源调试。将温度传感器套在水壶口上，等水沸腾时调 R_P，使压电陶瓷片正好发声，反复调试几次，就可以正式使用。如要改变发声频率，可改变 C_2 的容量。如果觉得发声音量不够，可在 IC-4 输出端外接三极管，放大发声效果。

2.5　实验一　集成逻辑门电路功能的测试与转换

2.5.1　实验目的

（1）熟悉数字逻辑实验箱的功能及使用方法。
（2）熟悉并掌握 TTL 与非门逻辑功能的测试。
（3）学会用与非门组成其他门电路的方法。

2.5.2　实验箱技术与知识

1. 数字逻辑实验箱介绍

数字逻辑实验箱如图 2.5.1 所示。数字逻辑实验箱有"便携实验室"之称，无须焊接，实

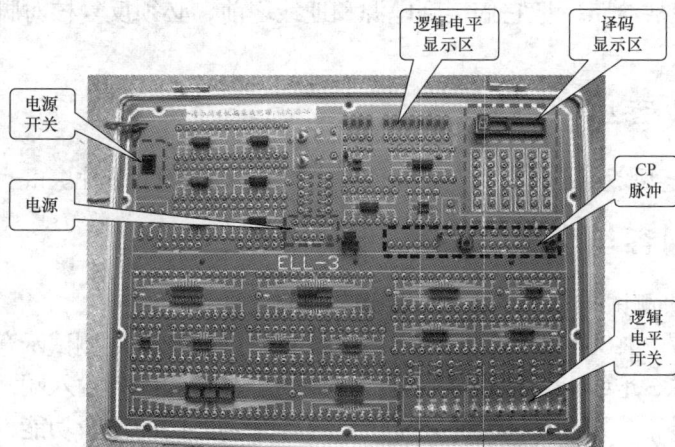

图 2.5.1　数字逻辑实验箱

验效率高，适用于标准双列直插式封装的中、大规模集成电路及各种分立元件，不仅可做各种逻辑电路实验，还可以进行较大规模的组合实验和微处理器扩充实验及各种线性电路实验。

2. 数字逻辑实验箱功能介绍

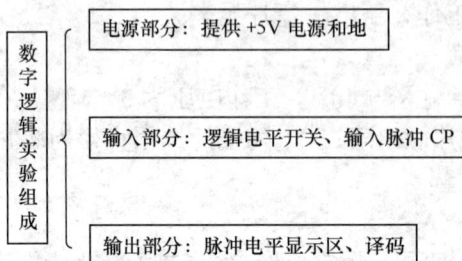

```
              ┌─  电源部分：提供 +5V 电源和地
 数
 字
 逻
 辑  ┤
 实         ┌─ 输入部分：逻辑电平开关、输入脉冲 CP
 验
 组
 成  
              └─  输出部分：脉冲电平显示区、译码
```

（1）电源部分：打开电源开关后，红灯显示为电源（+5V），绿灯显示为地。

（2）输入部分：分为逻辑电平开关和输入脉冲 CP 两部分。

有 K1 至 K8 共计 8 个逻辑电平开关，开关上拨对应孔输出高电平"1"，开关下拨对应孔输出低电平"0"。

输入脉冲 CP 共有 3 种不同的输出：1 Hz、10Hz、1kHz。

（3）输出部分：分为脉冲电平显示区、译码显示区。

脉冲电平显示区分为高低电平显示，红灯亮表示高电平，绿灯亮表示低电平。

译码显示区利用共阴数码管进行 8421BCD 码的十进制显示，可以同时显示 6 位数，其中共有 6 行插孔，由高到低依次接最高位 D、C、B、A，然后是点 dp，最后是公共端。

（4）数字实验接线技巧及注意事项。

为了便于布线和检查故障，最好所有集成电路按同一个方向插入，一般将集成电路标记朝左。

拆卸集成电路应用 U 型夹，夹住组件的两头，把组件拔出来。切勿用手拔组件，否则易把引脚弄弯，甚至损坏。

整齐的布线极为重要，它不但方便检查、更换组件，而且使电路可靠。布线时，应在组件周围布线，应注意导线不要跨过集成电路，同时应设法使引线尽量不去覆盖不用的孔，且应贴近插座板的表面。

布线的顺序通常是首先接电源和地线，再接输入线、输出线、控制线。尤其要注意对那些尚未熟悉的集成电路，把它们接到电源和地线之前，必须反复核对脚连线图，以免损坏组件。

2.5.3　实验仪器与芯片

1 台数字逻辑实验装置；2 片 74LS00 芯片；2 片 CD4011 芯片。

2.5.4　实验内容与步骤

【实验内容 1】测试与非门 74LS00 的逻辑功能

图 2.5.2 所示是 74LS00 外引线排列图，图 2.5.3 所示是 74LS00 测试示意图。按图 2.5.3 接好集成电路的电源、地线。用逻辑电平开关控制一个与非门的各输入端，用逻辑电平显示器显示输出端信号，分别测试一片 74LS00 上的 4 个与非门的逻辑功能，将测试结果记录于表 2.5.1 中。

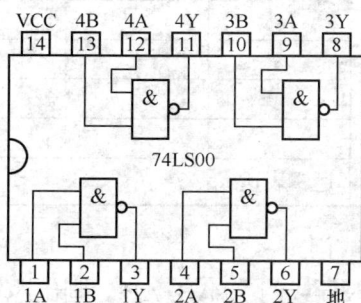

图 2.5.2 74LS00 外引线排列图

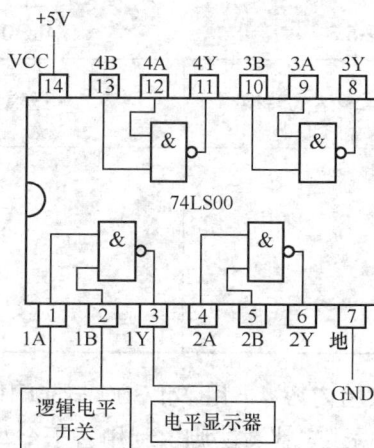

图 2.5.3 74LS00 测试示意图

表 2.5.1 74LS00 各与非门逻辑功能测试记录

A	B	Y	A	B	Y	A	B	Y	A	B	Y
0	0		0	0		0	0		0	0	
0	1		0	1		0	1		0	1	
1	0		1	0		1	0		1	0	
1	1		1	1		1	1		1	1	
	1Y=			2Y=			3Y=			4Y=	

【实验内容2】用与非门转换成其他逻辑功能的门电路

1. 用 74LS00 实现

根据逻辑代数法则，利用一个与非门实现非门 $Y = \overline{A}$ 。画出逻辑电路图，测试其逻辑功能，将结果填入表 2.5.2 中（提示：有 3 种方法）。

表 2.5.2 74LS00 构成非门测试

方　法	依据的逻辑法则	逻辑电路图	逻辑功能测试	
			A	Y
1				
2				
3				

比较这 3 种方法的异同和应用条件。

2. 用 CD4011 实现

（1）思考：若用 CD4011 实现非门，以上哪些方法可行，哪些方法不可行，为什么?

（2）在实验箱上用 CD4011 实现非门，理解与用 74LS00 的异同之处。

【实验内容3】用 74LS00 与非门构成 2 输入端或门

根据逻辑代数法则，利用若干个与非门构成 2 输入或门 Y=A+B。画出逻辑电路图，测试其逻辑功能，将结果填入表 2.5.3 中。

表 2.5.3 74LS00 构成 2 输入端或门测试

逻辑表达式转换	逻辑电路图	逻辑功能测试		
		A	B	Y
		逻辑表达式：Y=		

【实验内容 4】用 74LS00 与非门构成 2 输入端异或门

根据逻辑代数法则，利用若干个与非门实现 2 输入异或门 $Y=\overline{A}B+A\overline{B}$。画出逻辑电路图，测试其逻辑功能，将结果填入表 2.5.4 中。

表 2.5.4 74LS00 构成 2 输入端异或门测试

逻辑表达式转换	逻辑电路图	逻辑功能测试		
		A	B	Y
		逻辑表达式：Y=		

2.5.5 实验总结

（1）使用任何集成电路器件都应当首先检查其逻辑功能。总结判断 TTL 与非门电路逻辑功能好坏的方法与步骤。

（2）如何处理 TTL 与非门的多余输入端？

（3）如图 2.5.4 所示，电路已连好，写出逻辑表达式 Y=_____，实现_____逻辑功能。

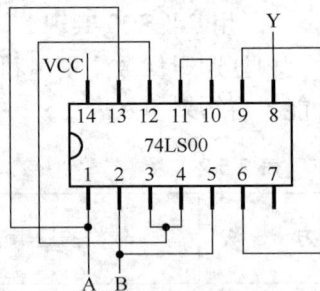

图 2.5.4 验证电路

2.6 项目一 声光控制开关电路的制作与调试

用声光控制延时开关代替住宅小区楼道灯的开关，只有在天黑以后，当有人走过楼梯通道，发出脚步声或其他声音时，楼道灯才会自动点亮，提供照明；当人们进入家门或走出公寓，楼道灯延时几分钟后会自动熄灭。在白天，即使有声音，楼道灯也不会亮，可以达到节能的目的。声光控制延时开关不仅适用于住宅区的楼道，而且也适用于工厂、办公楼、教学楼等公共场所，它具有体积小、外形美观、制作容易、工作可靠等优点。

2.6.1 项目概述

本次工作任务是根据给定声光控制延时开关电路的结构与指标，制作一个采用集成与非门构成的声光控制延时开关。

声光控制延时开关电路图如图 2.6.1 所示。

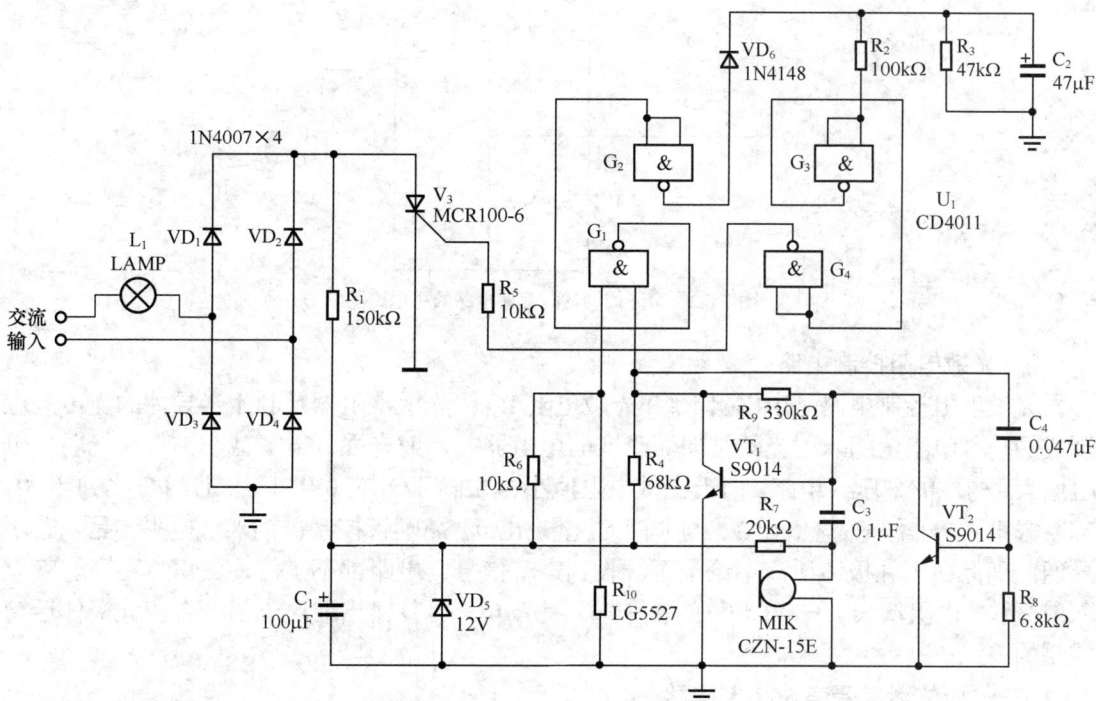

图 2.6.1 声光控制延时开关电路图

其功能指标如下。

① 白天电路不工作。

② 天黑后,当发出声音时,白炽灯点亮。

2.6.2 声光控制开关电路的工作原理

一、主回路

该电路的主回路由白炽灯 L_1,二极管 VD_1、VD_2、VD_3、VD_4,晶闸管 V_3 组成,如图 2.6.2 所示。二极管 VD_1、VD_2、VD_3、VD_4 构成桥式全波整流电路,为晶闸管 V_3 提供正向电压,只要晶闸管 V_3 被触发导通,就会形成通电回路,点亮白炽灯。在交流输入的正半周,信号通过白炽灯 L_1、二极管 VD_1、晶闸管 V_3、二极管 VD_4 形成回路;在交流输入的负半周,信号通过二极管 VD_2、晶闸管 V_3、二极管 VD_3、白炽灯 L_1 形成回路。根据晶闸管的导通条件,在每次交流信号过零的时刻,晶闸管关断,主回路断开,但是若触发信号没有撤销,晶闸管在下半个周期重新导通。

二、晶闸管控制电路

1. 控制电路的电源电路

控制电路的电源电路由 220V 交流电压源、二极管 VD_1、VD_2、VD_3、VD_4、电阻 R_1、电容 C_1 和稳压二极管 VD_5 构成并联型直流稳压电源,为控制电路提供 12V 的直流电压。

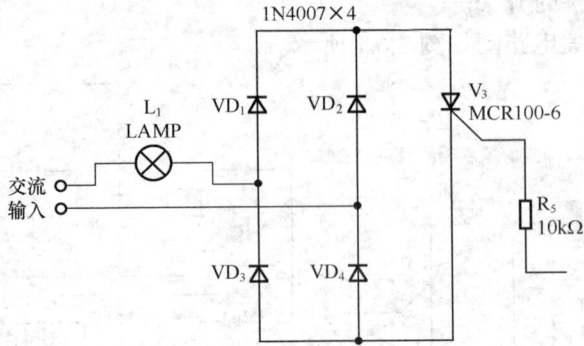

图 2.6.2　声光控制延时开关电路的主电路图

2. 光敏电阻控制电路

光敏电阻控制电路是由电阻 R_6 和光敏电阻 R_{10}（光敏电阻器是利用半导体的光电效应制成的一种电阻值随入射光的强弱而改变的电阻器。入射光强，电阻减小；入射光弱，电阻增大）构成的分压式电路。白天光敏电阻值小，与非门 G_1 有 0 出 1，与非门 G_2 全 1 出 0，VD_6 截止；与非门 G_3 全 0 出 1，与非门 G_4 全 1 出 0，晶闸管控制极输入低电平，晶闸管不导通。确保白天驻极体话筒不论是否接收到声音信号，电路都不工作，白炽灯不亮。晚上入射光弱，电阻增大，与非门 G_1 的 1 个输入为高电平，其输出取决于另一个由驻极体话筒控制的输入。

3. 驻极体话筒受声波控制电路

驻极体话筒受声波控制电路如图 2.6.3 所示，晚上当声光控制开关周围有声音信号发出，驻极体话筒采集到的声音信号经过 C_3 耦合到三极管 VT_1 放大，至 G_1 的输入端，给输入端一个高电平信号，G_1 的另外一个输入端也接收到高电平信号（该信号由光敏电阻控制信号提供），G_1 输出低电平，G_2 同高出低，VD_6 导通，给 G_3 的两个输入端提供高电平信号，G_3 输出为低电平，G_4 同低出高，给晶闸管 V_3 提供高电平触发信号，晶闸管导通，白炽灯亮。没有声音信号的时候，三极管 VT_1 集电极的电位为 1.12V，该电平相对于 CD4011 来说，为其输入端提供了一个低电平信号，与非门 G_1 有低出高，G_2 同高出低，VD_6 截止，此时 G_3 的两个输入端为低电平信号，G_3 输出为高电平，G_4 同高出低，晶闸管 V_3 截止，白炽灯不亮（参考图 2.6.1）。

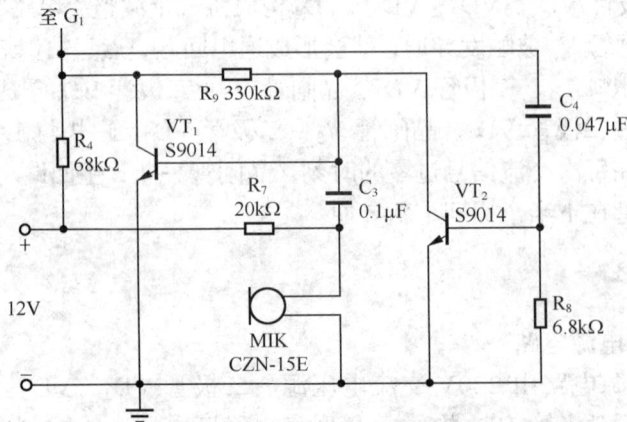

图 2.6.3　驻极体话筒受声波控制电路图

三极管 VT_2 构成正反馈电路，保证三极管 VT_1 集电极的电位迅速升高至高电平，提高声光控制开关的灵敏度。

4. 延时电路

延时电路由电阻 R_3 和电容 C_2 构成，当驻极体话筒接收到声音信号后，G_2 输出高电平，VD_6 导通，此时电容 C_2 充电，当声音信号消失后，G_2 输出低电平，VD_6 截止，电容 C_2 放电，给 G_3 的两个输入端提供高电平信号，G_3 输出为低电平，G_4 同低出高，给晶闸管 V_3 提供高电平触发信号，晶闸管导通，白炽灯亮，达到延时的目的。

2.6.3 声光控制开关电路的调试

一、调试准备

1. 技术准备

为了保证调试工作的顺利进行，在电路调试之前，应进行相关的技术准备，主要内容如下。

① 理解电路的工作原理，了解电路发生动作时的工作状态。

② 准备好调试方案，即调试的步骤和方法。

③ 准备好维修方案，即电路调试不正常时，如何分析和排除故障的方法。

（1）电路工作情况分析

为了检查学生是否理解电路的工作原理，请独立思考并回答以下问题。

① 白天通电后，白炽灯应该亮还是不亮，发出声音时，白炽灯是否会点亮？

_____

② 桥式整流电路是否有直流输出？如果有直流输出，是多少？_____

③ 稳压管两端的电压为多少？_____

④ 模拟天黑，白炽灯应该亮还是不亮？_____

⑤ 发出声音，白炽灯应该亮还是不亮？会马上熄灭吗？_____

⑥ 为了不出现通电短路现象，通电之前应进行什么测量？_____

（2）电路调试方案

为了保证调试工作的顺利进行，在电路调试之前，应准备好调试方案。本电路的调试分为通电前检查和通电调试两部分。

① 通电前检查的注意事项。

首先，使用目测法检查电路板。检查的主要内容包括元器件的参数，极性是否正确，走线是否正确、合理，焊点是否良好等。

其次，为了确保电路不短路，通电之前，还应用万用表测试电源与地线之间的电阻，至少不为 0 才可以通电。

② 通电调试的注意事项。

通电时，电源极性千万不能接错！否则有可能烧坏集成电路等元器件。

调试的步骤如下。

a. 电路上电状态测试。

b. 光控功能测试。

c. 声控功能测试。

当测试的某一个工作状态和理论分析不一致，说明此状态工作不正常，需进行电路维修，分析并排除相关故障。

（3）电路维修方案

电路维修包含故障现象描述、故障原因分析及故障处理三个部分。

① 故障现象描述。

故障现象是指观察并记录故障现象。

② 故障原因分析。

故障原因分析是指结合电路原理图分析故障产生的可能原因，并采用合理的方法，正确选择、使用工具、仪表、设备，寻找故障点。

故障原因分析是建立在熟悉电路原理及集成电路功能的基础上，这样才能准确、快速地找到故障点。若有故障，不要心急，先准备电路原理图及集成电路引脚图，再备好逻辑测试笔、万用表、电烙铁等工具。依照电路原理图和集成电路功能表，查找输入与输出之间的逻辑关系是否正常。

故障分析的常用方法有直观检查法、信号寻迹法、分割测试法、对半分割法、替代法等。

③ 故障处理。

故障处理是指按正确的流程与方法进行检修，排除故障，使电路正常工作。

2. 设备准备

本次电路调试需要准备的仪器仪表有万用表、逻辑笔、数字示波器等，请做好相关准备。

二、电路调试

1. 通电前检查

（1）请使用目测法检查电路板。

（2）请测试电路板上电源和地之间的阻值＿＿＿＿＿＿＿＿Ω。

2. 通电调试

请参照以下流程进行电路调试，并做好记录。

（1）在确认元器件安装及走线无误后，加入规定的+5V 直流电源（注意极性！）。

（2）电路上电状态测试。

① 上电后，先观察电路是否有冒烟、发热等现象。＿＿＿＿＿＿

② 观察白炽灯是否有点亮的现象。＿＿＿＿＿＿

若以上回答为"否"，表明电路上电正常，可继续进行后续测试；否则说明电路上电不正常，需要进入相关电路维修步骤。

（3）光控功能测试。

白天发出声音，观察白炽灯是否点亮？＿＿＿＿＿＿

若以上回答为"否"，表明光控功能正常，可继续进行后续测试；否则说明电路上电不正常，需要进入相关的电路维修步骤。

（4）声控功能测试。

将光线遮盖，发出声音，观察白炽灯是否点亮？＿＿＿＿＿＿

若以上回答为"是"，表明声控功能正常；否则，需要进入相关的电路维修步骤。

三、电路维修

1. 上电状态

故 障 现 象	故 障 分 析	故 障 处 理

2. 光控功能

故 障 现 象	故 障 分 析	故 障 处 理

3. 声控功能

故 障 现 象	故 障 分 析	故 障 处 理

本章小结

门电路是构成各种复杂数字电路的基本单元，掌握各种门电路的逻辑功能和电气特性，对正确使用数字集成电路是十分必要的。

本章重点介绍了目前广泛应用的 TTL 和 CMOS 两类集成逻辑门电路及其应用。在学习这些集成电路时应将重点放在它们的外部特性上。外部特性主要包括两个方面：一是输出与输入之间的逻辑关系，即逻辑功能，如表一所示；二是外部电气特性，包括电压传输特性、输入特性、输出特性和动态特性等，如表二所示。

表一　　　　　　　　　　常用门电路和复合门电路对照表

名　　称	正逻辑符号	逻辑表达式	逻 辑 功 能	负逻辑符号
与门	A—&—Y B	$Y=A \cdot B$	有 0 出 0，全 1 出 1	A—≥1—Y B
或门	A—≥1—Y B	$Y=A+B$	有 1 出 1，全 0 出 0	A—&—Y B
非门	A—1○—Y	$Y=\overline{A}$	入 0 出 1，入 1 出 0	A—○1—Y

续表

名　称	正逻辑符号	逻辑表达式	逻 辑 功 能	负逻辑符号
与非门	A B &—Y	$Y=\overline{A \cdot B}$	有 0 出 1，全 1 出 0	A B ≥1—Y
或非门	A B ≥1—Y	$Y=\overline{A+B}$	有 1 出 0，全 0 出 1	A B &—Y
异或门	A B =1—Y	$Y=A\overline{B}+\overline{A}B$	入同出 0，入异出 1	A B =1—Y
同或门	A B =1—Y	$Y=AB+\overline{A}\,\overline{B}$	入异出 0，入同出 1	A B =1—Y
三态门	A B $\overline{EN}$ & ▽ EN—Y	$\overline{EN}=0,\ Y=\overline{A \cdot B}$ $\overline{EN}=1,\ Y$ 高阻状态	$\overline{EN}=0$，执行与非功能 $\overline{EN}=1$，输出高阻状态	A B $\overline{EN}$ ≥1 ▽ EN—Y
	A B EN & ▽ EN—Y	$EN=1,\ Y=\overline{A \cdot B}$ $EN=0,\ Y$ 高阻状态	$EN=1$，执行与非功能 $EN=0$，输出高阻状态	A B EN ≥1 ▽ EN—Y

表二　　　　　　　　常用门电路系列电气特性表

参数名称与符号	系　　列					
	74	74S	74LS	74AS	74ALS	74F
输入低电平最大值 $V_{IL(max)}$/V	0.8	0.8	0.8	0.8	0.8	0.8
输出低电平最大值 $V_{OL(max)}$/V	0.4	0.5	0.5	0.5	0.5	0.5
输入高电平最大值 $V_{IH(max)}$/V	2.0	2.0	2.0	2.0	2.0	2.0
输出高电平最大值 $V_{OH(max)}$/V	2.4	2.7	2.7	2.7	2.7	2.7
输入低电平电流最大值 $I_{IL(max)}$/mA	−1.0	−2.0	−0.4	−0.5	−0.2	−0.6
输出低电平电流最大 $I_{OL(max)}$/mA	16	20	8	20	8	20
输入高电平电流最大值 $I_{OH(max)}$/μA	40	50	20	20	20	20
输出高电平电流最大值 $I_{OH(max)}$/mA	−0.4	−1.0	−0.4	−2.0	−0.4	−1.0
传输延迟时间 t_{pd}/ns	9	3	9.5	1.7	4	3
每个门的功耗/mW	10	19	2	8	1.2	4
延迟-功耗积 P_d/pJ	90	57	19	13.6	4.8	12

习　　题

一、选择题

1. 三态门输出高阻状态时，＿＿＿＿＿＿＿是正确的说法。
　 A. 用电压表测量指针不动　　　　　B. 相当于悬空
　 C. 电压不高不低　　　　　　　　　D. 测量电阻指针不动

2. 以下电路中可以实现"线与"功能的有_____。

    A. 与非门　　　　　B. 三态输出门　　C. 集电极开路门　　D. 漏极开路门

3. 以下电路中常用于总线应用的有_____。

    A. TSL 门　　　　　B. OC 门　　　　　C. 漏极开路门　　　D. CMOS 与非门

4. 逻辑表达式 Y=AB 可以用_____实现。

    A. 正或门　　　　　B. 正非门　　　　　C. 正与门　　　　　D. 负或门

5. TTL 电路在正逻辑系统中，以下各种输入中_____相当于输入逻辑"1"。

    A. 悬空　　　　　　　　　　　　　B. 通过电阻 2.7kΩ 接电源

    C. 通过电阻 2.7kΩ 接地　　　　　D. 通过电阻 510Ω 接地

6. 对于 TTL 与非门闲置输入端的处理，可以_____。

    A. 接电源　　　　　　　　　　　　B. 通过电阻 3kΩ 接电源

    C. 接地　　　　　　　　　　　　　D. 与有用输入端并联

7. 要使 TTL 与非门工作在转折区，可使输入端对地外接电阻 R_I_____。

    A. $> R_\mathrm{ON}$　　　　B. $< R_\mathrm{OFF}$　　C. $R_\mathrm{OFF} < R_\mathrm{I} < R_\mathrm{ON}$　　D. $> R_\mathrm{OFF}$

8. 三极管作为开关使用时，要提高开关速度，可_____。

    A. 降低饱和深度　　　　　　　　　B. 增加饱和深度

    C. 采用有源泄放回路　　　　　　　D. 采用抗饱和三极管

9. CMOS 数字集成电路与 TTL 数字集成电路相比突出的优点是_____。

    A. 微功耗　　　　　B. 高速度　　　　　C. 高抗干扰能力　　　D. 电源范围宽

10. 与 CT4000 系列相对应的国际通用标准型号为_____。

    A. CT74S 肖特基系列　　　　　　　B. CT74LS 低功耗肖特基系列

    C. CT74L 低功耗系列　　　　　　　D. CT74H 高速系列

二、判断题

1. TTL 与非门的多余输入端可以接固定高电平。　　　　　　　　　　　（　　）

2. 当 TTL 与非门的输入端悬空时相当于输入为逻辑 1。　　　　　　　（　　）

3. 普通的逻辑门电路的输出端不可以并联在一起，否则可能会损坏器件。（　　）

4. 4 个 2 输入与非门器件 74LS00 与 7400 的逻辑功能完全相同。　　（　　）

5. CMOS 或非门与 TTL 或非门的逻辑功能完全相同。　　　　　　　　（　　）

6. 三态门的 3 种状态分别为：高电平、低电平、不高不低的电压。　　（　　）

7. TTL 集电极开路门输出为 1 时，由外接电源和电阻提供输出电流。　（　　）

8. 一般 TTL 门电路的输出端可以直接相连，实现线与。　　　　　　　（　　）

9. CMOS OD 门（漏极开路门）的输出端可以直接相连，实现线与。　（　　）

10. TTL OC 门（集电极开路门）的输出端可以直接相连，实现线与。（　　）

三、填空题

1. 集电极开路门的英文缩写为_____门，工作时必须外加_____和_____。

2. OC 门称为_____门，多个 OC 门输出端并联到一起可实现_____功能。

3. TTL 与非门电压传输特性曲线分为_____区、_____区、_____区、_____区。

4. 国产 TTL 电路_____相当于国际 SN54/74LS 系列，其中 LS 表示_____。

第 3 章　组合逻辑电路及其应用

教学目标

① 了解组合逻辑电路的组成和特点。

② 熟悉、掌握组合逻辑电路的分析和设计的方法与步骤。

③ 了解编码器、译码器、加法器、数据选择器等常用组合逻辑电路的功能与应用。

④ 掌握译码器及 LED 功能的测试方法与技巧。

⑤ 掌握集成组合逻辑电路 74LS148、CD4511 逻辑功能的测试方法。

⑥ 理解逻辑测试笔电路的电路组成、工作原理及应用，掌握逻辑测试笔电路的调试方法。

3.1　组合逻辑电路概述

在数字电路中根据逻辑功能的不同特点，可将其分为两大类：一类是组合逻辑电路，另一类是时序逻辑电路。组合逻辑电路是指逻辑电路的输出状态在任何时刻只取决于同一时刻的输入状态，与电路原来的状态无关的逻辑电路。组合逻辑电路的应用十分广泛，如编码器、译码器、加法器、数据选择器等，都是常用的组合逻辑电路。

3.1.1　组合逻辑电路的特点

图 3.1.1 所示就是一个组合逻辑电路。它有 3 个输入逻辑变量 A、B、C，2 个输出逻辑变量 S 和 CO。由图 3.1.1 可知，在任意时刻，只要 A、B、C 的状态确定了，则 S、CO 的状态也随之确定，与该时刻以前电路的状态无关。

根据组合逻辑电路，我们将组合逻辑电路的特点归纳如下。

（1）构成组合逻辑电路的基本单元是门电路（包括基本门电路和复合逻辑门电路）。

（2）在电路连接上，没有从输出端到输入端的反馈回路。

（3）在逻辑功能上，任意时刻的输出状态仅取决于该时刻的输入状态，与电路原来的状态无关。

3.1.2　组合逻辑电路的功能描述

组合逻辑电路概述与分析

从理论上讲，逻辑电路本身就是实现逻辑功能的一种方式。但是逻辑电路不能直观地反映逻辑功能，需要将其转换成逻辑函数式或逻辑真值表的形式。例如，将图 3.1.1 所示的组合逻辑电路写成逻辑函数式的形式，即可得到：

$$\begin{cases} S = A \oplus (B \oplus C) \\ CO = (B \oplus C)A + BC \end{cases}$$

（3.1.1）

对于任何一个多输入、多输出的组合逻辑电路，都可以用图 3.1.2 所示的框图表示。图中有 n 个输出端，m 个输入端，输出与输入间的逻辑关系则可用下列逻辑函数描述。

$$Y_i = f_i(X_0, X_1, \cdots, X_m) \quad (i = 0, 1, \cdots, n) \tag{3.1.2}$$

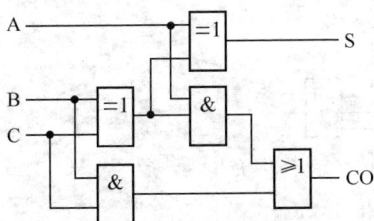

图 3.1.1　组合逻辑电路举例

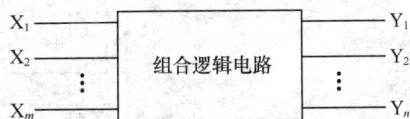

图 3.1.2　组合逻辑电路框图

当然，描述一个组合逻辑电路逻辑功能的方法很多，通常有逻辑函数表达式、逻辑真值表、逻辑图、卡诺图、波形图 5 种。它们各有特点，既相互联系，又可以相互转换。

从组合逻辑电路的逻辑功能的特点不难想到，既然它的输出与电路的历史状态无关，那么电路中就不能含有存储单元，这就是组合逻辑电路在电路结构上的共同特点。

3.2　组合逻辑电路的分析

所谓组合逻辑电路分析，就是通过分析找出给定组合逻辑电路的输出逻辑变量与输入逻辑变量之间的逻辑关系，分析出其实现的逻辑功能。

3.2.1　组合逻辑电路的分析方法

组合逻辑电路的分析方法有一套相对固定的步骤，如下所示。

（1）根据给定组合逻辑电路的逻辑图，从输入端开始，逐级推导出输出端的逻辑函数表达式。

（2）化简输出函数表达式。

（3）由输出函数表达式，列出它的真值表（该步骤依据具体情况而定）。

（4）从逻辑函数表达式或真值表，概括出给定组合逻辑电路的逻辑功能。

对于典型的组合逻辑电路，可直接说出其功能，对于非典型的组合逻辑电路，应根据真值表中逻辑变量和逻辑函数的取值规律来说明，即指出输入为哪些状态时，输出为 1 或 0。

3.2.2　组合逻辑电路的分析举例

【例 3.2.1】　分析图 3.2.1 所示电路的逻辑功能。

解：（1）写出逻辑函数表达式。

$$Y = \overline{\overline{\overline{A}B} \cdot \overline{A\overline{B}}} \tag{3.2.1}$$

（2）化简逻辑函数表达式。

$$Y = \overline{\overline{\overline{A}B} \cdot \overline{A\overline{B}}} = \overline{A}B + A\overline{B} \tag{3.2.2}$$

（3）分析逻辑功能。

从逻辑函数表达式中可以看出，该电路具有"同或"功能。

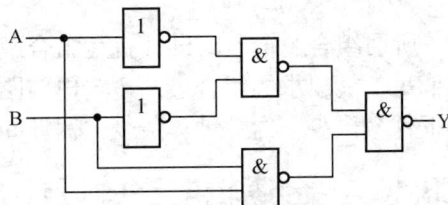

图 3.2.1　例 3.2.1 的电路图

【例 3.2.2】 分析图 3.2.2 所示电路的逻辑功能。

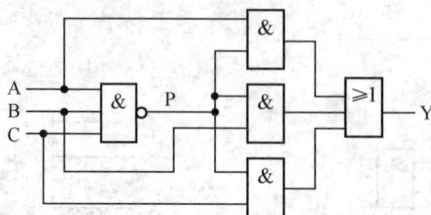

图 3.2.2　例 3.2.2 的电路图

解：（1）写出逻辑函数表达式。

$$\begin{cases} P=\overline{ABC} \\ Y=AP+BP+CP=A\overline{ABC}+B\overline{ABC}+C\overline{ABC} \end{cases} \tag{3.2.3}$$

（2）化简与变换逻辑函数表达式。

$$Y=\overline{ABC}(A+B+C)=\overline{\overline{ABC}+\overline{A+B+C}}=\overline{ABC+\overline{A}\ \overline{B}\ \overline{C}} \tag{3.2.4}$$

（3）列出逻辑真值表，如表 3.2.1 所示。

表 3.2.1　　　　　　　　　　　　　　　例 3.2.2 的逻辑真值表

输　　　入			输　　出
A	**B**	**C**	**Y**
0	0	0	0
0	0	1	1
0	1	0	1
0	1	1	1
1	0	0	1
1	0	1	1
1	1	0	1
1	1	1	0

（4）概括逻辑功能。

当 A、B、C 3 个变量不一致时，电路输出为 "1"，所以这个电路称为 "不一致电路"。

3.3　组合逻辑电路的设计

　　所谓组合逻辑电路设计就是组合逻辑电路分析的逆过程，即最终画出满足功能要求的组合最简逻辑电路图。所谓 "最简"，就是指电路所用的器件数最少，器件种类最少，器件间的连线也最少。

组合逻辑电路的设计

3.3.1　组合逻辑电路的设计方法

1. 进行逻辑抽象

将给定的实际逻辑问题通过抽象方法，用一个逻辑函数表达式来描述。其具体方法为：分析事件的因果关系，确定输入变量和输出变量，并对输入、输出变量进行逻辑赋值。

（1）通常把引起事件的原因作为输入变量，而把事件的结果作为输出变量，并用逻辑 0、逻辑 1 分别代表输入变量和输出变量的两种不同状态。这里的逻辑 0、逻辑 1 的具体含义是人为规定的。

（2）根据给定的实际逻辑问题中的因果关系列出真值表。

（3）根据真值表写出逻辑函数表达式。

至此便将一个实际的逻辑问题抽象成一个逻辑函数表达式。

2. 选择器件种类

根据对电路的具体要求和器件资源情况决定采用哪一种类型的器件。

3. 将逻辑函数表达式进行化简或进行适当的形式变换

对逻辑函数进行化简得到最简的函数表达式，若对所用器件的种类有所限制，还需将最简逻辑函数表达式变换为与器件种类相适应的形式。

4. 根据化简或变换后的逻辑函数表达式画出逻辑图

略。

3.3.2　组合逻辑电路的设计举例

【例 3.3.1】设计一个 3 人表决电路。要求当 3 个人中有 2 个或 3 个表示同意，则表决通过，否则不通过，用与非门实现。

解：（1）进行逻辑抽象。

确定输入变量和输出变量，并赋值。

分析命题，设 3 个人为输入变量，分别用 A、B、C 表示，且为 1 时表示同意，为 0 时表示不同意。表决的结果为输出变量，用 Y 表示，且为 1 时表示通过，为 0 时表示不通过。

根据命题列真值表，如表 3.3.1 所示。

表 3.3.1　　　　　　　　　　　　例 3.3.1 的逻辑真值表

输　　入			输　　出
A	**B**	**C**	**Y**
0	0	0	0
0	0	1	0
0	1	0	0
0	1	1	1
1	0	0	0
1	0	1	1
1	1	0	1
1	1	1	1

根据真值表写出逻辑函数表达式

$$Y=\overline{A}BC+A\overline{B}C+AB\overline{C}+ABC \tag{3.3.1}$$

（2）选定逻辑器件，用与非门集成器件。

（3）化简、变换逻辑函数。

$$Y=\overline{A}BC+A\overline{B}C+AB\overline{C}+ABC \tag{3.3.2}$$

$$=AB+BC+AC=\overline{\overline{AB+BC+AC}} \tag{3.3.3}$$

$$=\overline{\overline{AB}\cdot\overline{BC}\cdot\overline{AC}} \tag{3.3.4}$$

（4）根据逻辑函数式画出逻辑图，如图 3.3.1 所示。

【例 3.3.2】试设计一个 3 输入、3 输出灯光控制电路，当 A=1，B=C=0 时，红、绿灯亮；B=1，A=C=0 时，黄、绿灯亮；C=1，A=B=0 时，红、黄灯亮；当 A=B=C=0 时，3 个灯全亮。

解：（1）进行逻辑抽象。

确定输入变量、输出变量，并赋值。

分析命题，3 个输入变量分别用 A、B、C 表示，3 个输出变量分别用 R、G、Y 表示，其中红灯为 R、绿灯为 G、黄灯为 Y。灯亮时各输出变量为 1，灯灭时各输出变量为 0。

根据命题列真值表，如表 3.3.2 所示。

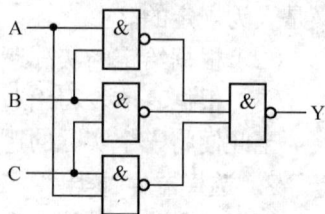

图 3.3.1　例 3.3.1 的逻辑图

表 3.3.2　　　　　　　　　例 3.3.2 的逻辑真值表

输　入			输　出		
A	**B**	**C**	**R**	**G**	**Y**
0	0	0	1	1	1
0	0	1	1	0	1
0	1	0	0	1	1
0	1	1	0	0	0
1	0	0	1	1	0
1	0	1	0	0	0
1	1	0	0	0	0
1	1	1	0	0	0

根据真值表写出逻辑函数表达式：

$$\begin{cases} R=\overline{A}\,\overline{B}\,\overline{C}+\overline{A}\,\overline{B}C+\overline{A}\,B\,\overline{C} \\ G=\overline{A}\,\overline{B}\,\overline{C}+\overline{A}B\overline{C}+A\,\overline{B}\,\overline{C} \\ Y=\overline{A}\,\overline{B}\,\overline{C}+\overline{A}B\overline{C}+\overline{A}\,\overline{B}C \end{cases}$$ （3.3.5）

（2）选定逻辑器件。用与、或、非门集成器件。

（3）化简逻辑函数。

$$\begin{cases} R=\overline{A}\,\overline{B}\,\overline{C}+\overline{A}\,\overline{B}C+\overline{A}\,B\,\overline{C}=\overline{A}\,\overline{B}\,\overline{C}+\overline{A}\,\overline{B}C+\overline{A}\,B\,\overline{C}+\overline{A}\,\overline{B}\,\overline{C}=\overline{B}\,\overline{C}+\overline{A}\,\overline{B} \\ G=\overline{A}\,\overline{B}\,\overline{C}+\overline{A}B\overline{C}+A\,\overline{B}\,\overline{C}=\overline{B}\,\overline{C}+\overline{A}\,\overline{C} \\ Y=\overline{A}\,\overline{B}\,\overline{C}+\overline{A}B\overline{C}+\overline{A}\,\overline{B}C=\overline{A}\,\overline{B}+\overline{A}\,\overline{C} \end{cases}$$ （3.3.6）

（4）根据逻辑函数表达式画出逻辑图，如图 3.3.2 所示。

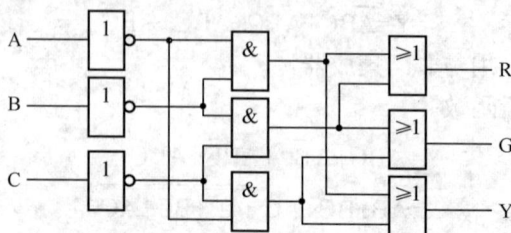

图 3.3.2　例 3.3.2 的逻辑图

3.4 常用的组合逻辑电路

常用的组合逻辑电路有加法器、译码器、编码器、数据选择器等多种。这些功能电路都有 TTL 和 COMS 系列的中规模集成电路产品，可按需要选用。由于逻辑电路的应用广泛性和系列产品的多样性，熟悉一些常用组合逻辑电路的功能、结构特点及工作原理是十分必要的，这对正确、合理地使用这些集成电路是十分有用的。

3.4.1 编码器和译码器

一、编码器

所谓编码就是将具有特定含义的信息（如数字、文字、符号等）用二进制代码来表示的过程，实现编码功能的电路称为编码器。

编码器的输入是被编信号，输出为二进制代码。

编码器按编码方式不同可分为普通编码器和优先编码器两大类。编码器按输出代码的种类不同可分为二进制编码器、二-十进制编码器等。

1. 二进制普通编码器

普通编码器对输入要求比较苛刻，任何时刻只允许一个输入信号有效，即输入信号之间是有约束的。用 n 位二进制代码对 2^n 个信息进行编码的电路称为二进制编码器，如图 3.4.1 所示。图 3.4.2 所示的电路为由与非门及非门组成的三位二进制普通编码器的逻辑图，它有 7 个编码输入端 $I_1 \sim I_7$，有 3 个二进制代码输出端 $Y_0 \sim Y_2$。

图 3.4.1 二进制编码器示意图

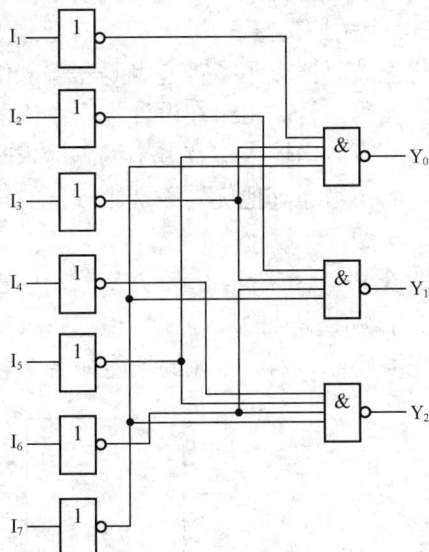

图 3.4.2 三位二进制普通编码器电路的逻辑图

由图 3.4.2 可写出编码器各输出端的逻辑函数表达式为

$$\begin{cases} Y_2 = I_4 + I_5 + I_6 + I_7 \\ Y_1 = I_2 + I_3 + I_6 + I_7 \\ Y_0 = I_1 + I_3 + I_5 + I_7 \end{cases} \qquad (3.4.1)$$

由上述逻辑函数表达式可列出该编码器的功能表，如表 3.4.1 所示。

表 3.4.1 三位二进制普通编码器的功能表

输 入							输 出		
I_1	I_2	I_3	I_4	I_5	I_6	I_7	Y_2	Y_1	Y_0
0	0	0	0	0	0	1	1	1	1
0	0	0	0	0	1	0	1	1	0
0	0	0	0	1	0	0	1	0	1
0	0	0	1	0	0	0	1	0	0
0	0	1	0	0	0	0	0	1	1
0	1	0	0	0	0	0	0	1	0
1	0	0	0	0	0	0	0	0	1

下面根据 3 位二进制普通编码器的功能表对其逻辑功能说明如下。

（1）$I_1 \sim I_7$ 为 7 个输入端，输入高电平有效。

高电平有效即输入信号为高电平，表示有编码请求；输入信号为低电平，表示无编码请求。当 $I_1 \sim I_7$ 全为低电平，即 $I_1 \sim I_7$ 无编码请求时，输出 $Y_2 \sim Y_0$ 全为低电平，此时相当于对 I_0 进行编码。所以该编码器能为 8 个输入信号编码。

（2）$Y_2 \sim Y_0$ 为 3 个二进制代码输出端。输出高电平有效。

3 个二进制代码从高位到低位的顺序为 Y_2、Y_1、Y_0，输出为二进制码原码。

（3）任何时刻只允许对 1 个输入信号编码。

此编码器任何时刻都不允许有两个或两个以上输入信号同时请求编码，否则输出将发生混乱。因此这种编码器的输入信号是相互排斥的。

2. 优先编码器

优先编码器克服了普通编码器输入信号相互排斥的问题，它允许同时输入两个或两个以上的编码信号。由于在设计优先编码器时已经预先对所有编码信号按优先顺序设置了优先级别，所以当输入端有多个编码请求时，编码器只对其中优先级别最高的输入信号进行编码，而不考虑其他优先级别比较低的输入信号。常用的优先编码集成器件有 74LS147、74LS148 等。

图 3.4.3 所示给出了三位二进制优先编码器 74LS148 的逻辑符号图和外引线排列图。它有 8 个编码信号输入端 $\overline{I_7} \sim \overline{I_0}$，3 个二进制代码输出端 $\overline{Y_2} \sim \overline{Y_0}$，为此又把它叫作 8 线-3 线优先编码器。74LS148 的功能如表 3.4.2 所示。

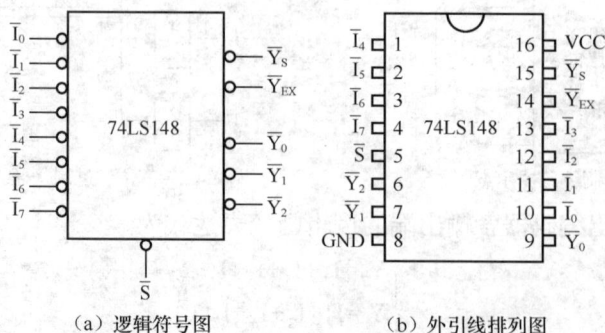

（a）逻辑符号图 （b）外引线排列图

图 3.4.3 优先编码器 74LS148 的逻辑符号图和外引线排列图

表 3.4.2　　　　　　　　　　　　74LS148 的功能表

输　入									输　出				
$\overline{S}$	$\overline{I}_0$	$\overline{I}_1$	$\overline{I}_2$	$\overline{I}_3$	$\overline{I}_4$	$\overline{I}_5$	$\overline{I}_6$	$\overline{I}_7$	$\overline{Y}_2$	$\overline{Y}_1$	$\overline{Y}_0$	$\overline{Y}_{EX}$	$\overline{Y}_S$
H	×	×	×	×	×	×	×	×	H	H	H	H	H
L	H	H	H	H	H	H	H	H	H	H	H	H	L
L	×	×	×	×	×	×	×	L	L	L	L	L	H
L	×	×	×	×	×	×	L	H	L	L	H	L	H
L	×	×	×	×	×	L	H	H	L	H	L	L	H
L	×	×	×	×	L	H	H	H	L	H	H	L	H
L	×	×	×	L	H	H	H	H	H	L	L	L	H
L	×	×	L	H	H	H	H	H	H	L	H	L	H
L	×	L	H	H	H	H	H	H	H	H	L	L	H
L	L	H	H	H	H	H	H	H	H	H	H	L	H

表中 H 表示高电平，L 表示低电平，×表示任意电平。

下面根据 74LS148 的功能表对其逻辑功能进行说明。

（1）$\overline{I}_7 \sim \overline{I}_0$ 为 8 个编码输入端，低电平有效。$\overline{I}_7$ 优先级别最高，优先级别依次降低，$\overline{I}_0$ 优先级别最低。例如，在编码器工作时，若 $\overline{I}_7\overline{I}_6\overline{I}_5\overline{I}_4\overline{I}_3\overline{I}_2\overline{I}_1\overline{I}_0$=LHLLHLHL，即 $\overline{I}_7$、$\overline{I}_5$、$\overline{I}_4$、$\overline{I}_2$、$\overline{I}_0$ 有编码请求，$\overline{I}_6$、$\overline{I}_3$、$\overline{I}_1$ 无编码请求时，编码器只对 $\overline{I}_7$ 的输入信号进行编码。对应的输出代码为 $\overline{Y}_2\overline{Y}_1\overline{Y}_0$=LLL。

（2）$\overline{Y}_2 \sim \overline{Y}_0$ 为 3 个二进制代码输出端，低电平有效。三位二进制代码从高位到低位的排列为 $\overline{Y}_2$、$\overline{Y}_1$、$\overline{Y}_0$，且输出代码为二进制码的反码。

（3）$\overline{S}$ 为选通输入端，低电平有效。

当 $\overline{S}$ =H 时，禁止编码器工作。此时，不管编码输入端有无编码请求，输出 $\overline{Y}_2\overline{Y}_1\overline{Y}_0$=HHH，此时 $\overline{Y}_s$ =H，$\overline{Y}_{EX}$ =H。

当 $\overline{S}$ =L 时，允许编码器工作。当所有的编码输入端无编码请求时，输出 $\overline{Y}_2\overline{Y}_1\overline{Y}_0$=HHH，此时 $\overline{Y}_s$ =L，$\overline{Y}_{EX}$ =H。当编码输入端有编码请求时，编码器按优先级别为优先权高的输入信号编码，输出 $\overline{Y}_2\overline{Y}_1$ 为与被编的输入信号相对应的二进制代码，此时 $\overline{Y}_s$ =H，$\overline{Y}_{EX}$ =L。

（4）$\overline{Y}_s$ 为选通输出端，$\overline{Y}_{EX}$ 为扩展输出端，用于扩展编码功能。

74LS148 的功能表中出现的 3 种 $\overline{Y}_2\overline{Y}_1\overline{Y}_0$=HHH 情况，可以用 $\overline{Y}_s$ 和 $\overline{Y}_{EX}$ 的不同状态加以区分。

二、译码器

译码是编码的逆过程，即把编码的特定含义"翻译"过来。

译码器是将代表特定信息的二进制代码翻译成对应的输出信号，以表示其原来含义的电路。

译码器按其功能特点可以分为二进制译码器、二-十进制译码器和显示译码器。在这里主要介绍显示译码器中的数字显示译码器。

在各种数字系统中，常常需要将数字量以十进制数码直观地显示出来，供人们直接读取结果或监视数字系统的工作状况。因此，数字显示电路是许多数字设备中不可缺少的部分。数字显示电路通常由显示译码器和数字显示器两部分组成，下面分别对数字显示器和显示译码器的电路结构和工作原理加以简单介绍。

1. 七段字符显示器

七段字符显示器是由发光二极管构成的，亦称半导体数码管。将条状发光二极管按照共阴极（负极）或共阳极（正极）的方法连接，组成"8"字，再把发光二极管另一个电极作为笔段电极，就构成了 LED 数码管。若按规定使某些笔段上的发光二极管发光，字符显示器就能显示从 0～9 的系列数字。其中的发光二极管是由磷砷化钾或砷化钾半导体材料制成的，且杂质浓度很高。当外加电压时，导带中大量的电子跃迁回价带与空穴复合，把多余的能量以光的形式释放出来，成为一定波长的可见光，清晰可见。

半导体数码管结构如图 3.4.4 所示。图 3.4.4（a）是共阳极七段数码管的结构图；图 3.4.4（b）是共阴极七段数码管的结构图。

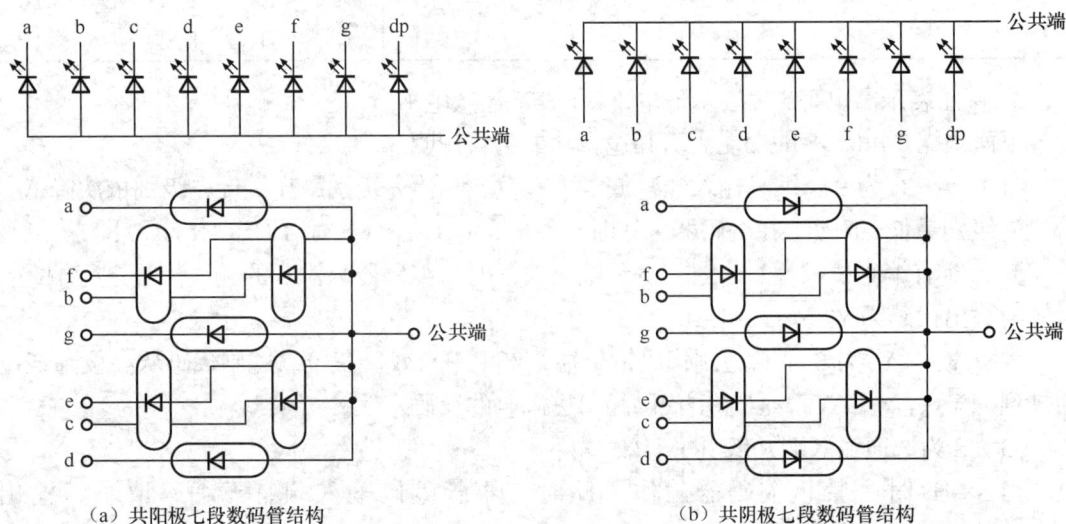

（a）共阳极七段数码管结构　　　　　　　　（b）共阴极七段数码管结构

图 3.4.4　半导体数码管结构

LED 数码管能在低电压、小电流条件下驱动发光，能与 CMOS、TTL 电路兼容；发光响应时间极短（<0.1μs）、高频特性好；单色性好，亮度高、体积小，质量小；抗冲击性能好、寿命长，使用寿命在 10 万小时以上，甚至可达 100 万小时；成本低。因此它被广泛用作数字仪器仪表、数控装置、计算机的数字显示器件。

📚　**知识拓展　数码管的认识与测试**

（1）LED 数码管的外形结构。

常用的 LED 数码管外形如图 3.4.5 所示。

图 3.4.5　常用的 LED 数码管外形

（2）LED 数码管的性能检测。

检测方法一般有以下 3 种，现分别介绍。

① 用 3V 干电池检测。

LED 数码管外观要求颜色均匀、无局部变色及无气泡等，在业余条件下可用干电池进一步检测，如图 3.4.6 所示。以共阴极数码管为例介绍检测方法：将 3V 干电池的负极引出线固定接触在 LED 数码管的公共阴极上，电池的正极引出线依次移动接触笔画的正极。这一根引出线接触到某一笔画的正极时，对应笔画就应显示出来。

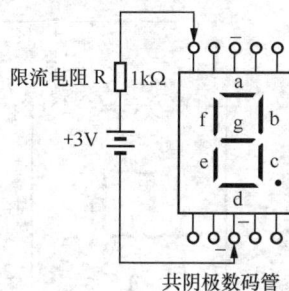

图 3.4.6　干电池检测 LED 数码管

用这种简单的方法可以检测出数码管是否断笔（某笔画不能显示）、连笔（某些笔画连在一起），并且可比较出不同笔画发光的强弱性能。

若检测共阳极数码管，只需将电池的正负极引出线对调一下，方法同上。

② 用万用表检测。

数码管可以用数字式万用表检测，也可以用指针式万用表检测，如图 3.4.7 所示。

例如，用数字式万用表检测共阴极数码管时，旋到二极管挡，黑表笔（－）接公共段，红表笔（＋）依次接各个段码，查看各个笔段是否亮。用指针式万用表检测共阴极数码管时，旋到欧姆挡，黑表笔为（＋）接各个段码，红表笔（－）接公共端。

若检测共阳极数码管，则将红、黑表笔对调即可。

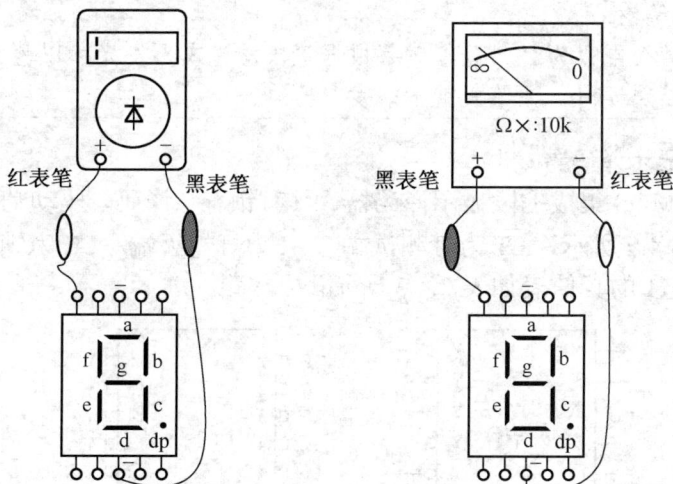

（a）用数字式万用表检测共阴极数码管　　（b）用指针式万用表检测共阴极数码管

图 3.4.7　用万用表检测共阴极数码管

③ 用数字万用表的 h_{FE} 插口检测。

利用数字万用表的 h_{FE} 插口，能够方便地检查 LED 数码管的发光情况。选择 NPN 挡时，C 孔带正电，E 孔带负电。

例如，检测 CL-5161AS 型共阴极 LED 数码管时，从 E 孔插入一根单股细导线，导线引出端接一极（第③脚与第⑧脚在内部连通，可任选一个作为－）；再从 C 孔引出一根导线依次接触各笔段。若按图 3.4.8（a）所示的电路，将第④、⑤、①、⑥、⑦脚短路后再与 C 孔引出线接通，则显示数字"2"。把 a～g 段全部接 C 孔引线，就显示全亮笔段，构成数字"8"，如图 3.4.8（b）所示。

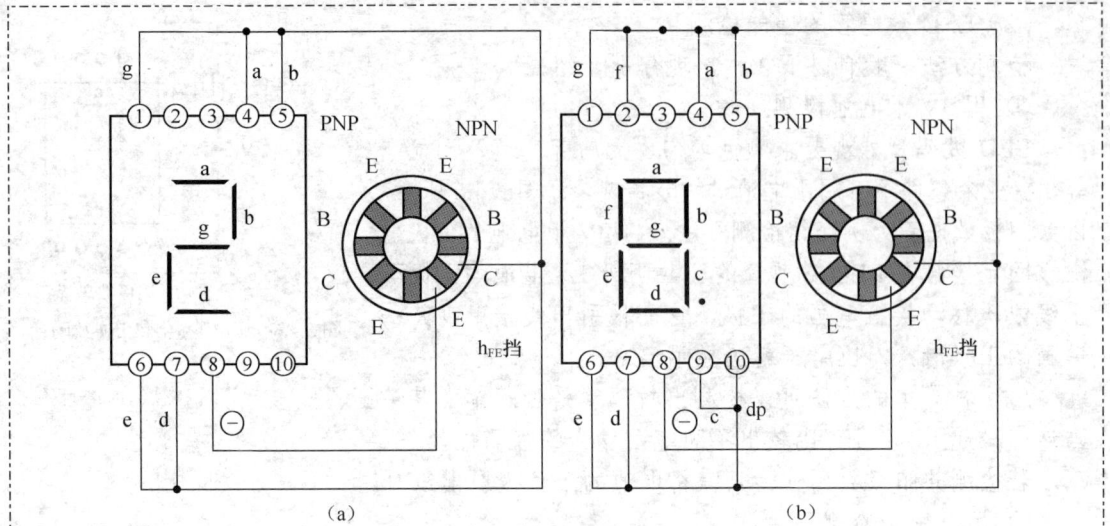

图 3.4.8　用 h_{FE} 挡检测 LED 共阴极数码管

对型号不明、又无引脚排列图的 **LED** 数码管，用数字万用表的 h_{FE} 挡可完成下述测试工作。

a. 判定数码管的结构形式（共阴极或共阳极）。

b. 识别引脚。

c. 检测全亮笔段。

预先可假定某个电极为公共极，然后根据笔段发光或不发光加以验证。当笔段电极接反或公共极判断错误时，该笔段就不能发光。

2. 集成七段显示译码器

CD4511 为 CMOS 集成七段显示译码器，具有锁存、译码、驱动功能，其逻辑符号及引脚名称如图 3.4.9 所示，$\overline{LT}$ 为灯测试端，$\overline{BI}$ 为灯熄灭端，LE 为锁存使能端。七段显示译码器 CD4511 的真值表如表 3.4.3 所示。

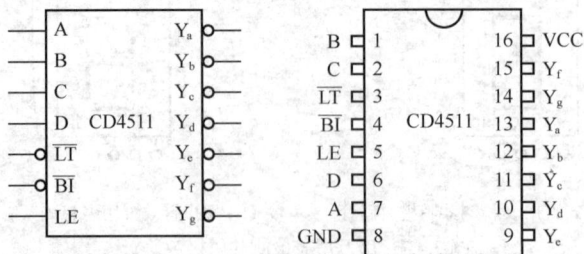

图 3.4.9　CD4511 逻辑符号及引脚图

表 3.4.3　　　　　　　　　　　　　　　　CD4511 的真值表

输　　入							输　　出							显示
LE	$\overline{BI}$	$\overline{LT}$	**D**	**C**	**B**	**A**	Y_a	Y_b	Y_c	Y_d	Y_e	Y_f	Y_g	
L	H	H	L	L	L	L	H	H	H	H	H	H	L	0
L	H	H	L	L	L	H	L	H	H	L	L	L	L	1
L	H	H	L	L	H	L	H	H	L	H	H	L	H	2
L	H	H	L	L	H	H	H	H	H	H	L	L	H	3

输　　入							输　　出							显示
LE	$\overline{BI}$	$\overline{LT}$	D	C	B	A	Y_a	Y_b	Y_c	Y_d	Y_e	Y_f	Y_g	
L	H	H	L	H	L	L	L	H	H	L	L	H	H	4
L	H	H	L	H	L	H	H	L	H	H	L	H	H	5
L	H	H	L	H	H	L	L	L	H	H	H	H	H	6
L	H	H	L	H	H	H	H	H	H	L	L	L	L	7
L	H	H	H	L	L	L	H	H	H	H	H	H	H	8
L	H	H	H	L	L	H	H	H	H	H	L	H	H	9
×	×	L	×	×	×	×	H	H	H	H	H	H	H	8
×	L	H	×	×	×	×	L	L	L	L	L	L	L	空白
H	H	H	×	×	×	×	其他输出同 $\overline{LE}$ ↑							

$\overline{LT}=0$（低电平有效）时，所有字段亮，实现灯测试功能。

当 $\overline{LT}=0$，$\overline{BI}=0$（低电平有效）时，所有字段熄灭，实现消隐功能。

在 $\overline{LT}$ 和 $\overline{BI}$ 均为高电平时，CD4511 实现 BCD 译码显示功能。此时，锁存使能端 LE 信号决定译码显示内容。

LE =0 时，显示该时刻输入的 BCD 码相对应的字符，但只能显示字符 0~9。

LE = 1 时，显示 LE 上跳时锁存入 CD4511 内锁存器的 BCD 码字符。

利用 CD4511 的锁存功能，多个七段译码器可以实现数据线共享，能直接驱动数码管发光。集成显示译码器还有很多型号，常用的显示译码器如表 3.4.4 所示。

表 3.4.4　　　　　　　　　常用的显示译码器

型　　号	功 能 说 明	备　　注
74LS46	BCD–七段译码/驱动器	输出低电平有效
74LS47	BCD–七段译码/驱动器	输出低电平有效
74LS48	BCD–七段译码器/内部上拉输出驱动	输出高电平有效
74LS247	BCD–七段 15V 输出译码/驱动器	输出低电平有效
74LS248	BCD–七段译码/升压输出驱动器	输出高电平有效
74LS249	BCD–七段译码/开路输出驱动器	输出高电平有效
CD4511	BCD 锁存，七段译码，驱动器	输出高电平有效
CD4513	BCD 锁存，七段译码，驱动器（消隐）	输出高电平有效

3.4.2　半加器和全加器

加法器是能实现二进制加法逻辑运算的组合逻辑电路，分为半加器和全加器。

一、半加器

所谓半加器是指只有被加数（A）和加数（B）输入的一位二进制加法电路。加法电路有两个输出，一个是两数相加的和（S），另一个是相加后向高位的进位（CO）。

根据半加器的定义，得其真值表，如表 3.4.5 所示。由真值表得输出函数表达式

$$\begin{cases} S=A\overline{B}+\overline{A}B \\ CO=AB \end{cases} \quad （3.4.2）$$

显然，半加器的和函数 S 是其输入 A、B 的异或函数；进位函数 CO 是 A 和 B 的逻辑乘。用一个异或门和一个与门即可实现半加器的功能。图 3.4.10 给出了半加器的逻辑图和逻辑符号。

表 3.4.5　　　半加器真值表

输　　入		输　　出	
A	**B**	**S**	**CO**
0	0	0	0
0	1	1	0
1	0	1	0
1	1	0	1

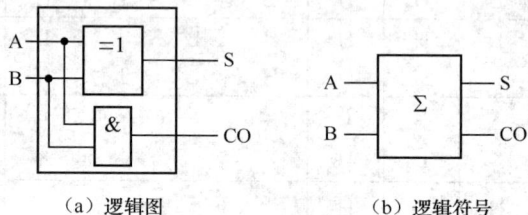

（a）逻辑图　　　　　　（b）逻辑符号

图 3.4.10　半加器的逻辑图和逻辑符号

二、全加器

全加器不仅有被加数 A 和加数 B，还有低位来的进位 CI 作为输入，3 个输入相加产生全加器 2 个输出，即和 S 及向高位的进位 CO。根据全加器功能得真值表，如表 3.4.6 所示。

表 3.4.6　　　　　　　　　全加器真值表

输　　入			输　　出	
A	**B**	**CI**	**S**	**CO**
0	0	0	0	0
0	0	1	1	0
0	1	0	1	0
0	1	1	0	1
1	0	0	1	0
1	0	1	0	1
1	1	0	0	1
1	1	1	1	1

由表 3.4.6 得：

$$\begin{cases} S=\overline{A}\,\overline{B}CI+\overline{A}B\overline{CI}+A\overline{B}\,\overline{CI}+ABCI=A \oplus B \oplus CI \\ CO=(A\overline{B}+\overline{A}B)CI+AB=(A \oplus B)CI+AB \end{cases} \quad （3.4.3）$$

根据式（3.4.3），全加器的和函数 S 是其输入 A、B、CI 3 个变量的异或函数；进位函数 CO 是 A 和 B 的异或与 CI 的逻辑乘再与 A、B 的逻辑乘相或的结果。用两个异或门和一个与或门即可实现全加器功能。图 3.4.11 给出了全加器的逻辑图和逻辑符号。

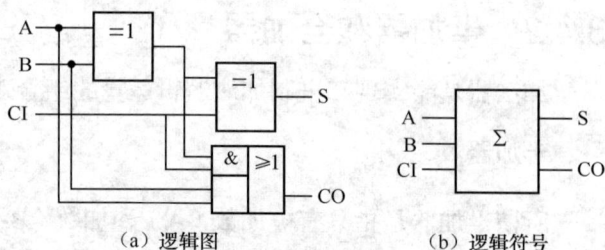

（a）逻辑图　　　　　　（b）逻辑符号

图 3.4.11　全加器的逻辑图和逻辑符号

知识拓展　超前进位加法器 74LS283 及常用加法器芯片型号介绍

超前进位加法器：为了提高运算速度，必须设法减小由于进位引起的时间延迟，方法就是事先由两个加数构成各级加法器所需要的进位。集成加法器 74LS283 就是超前进位加法器。

超前进位加法器 74LS283 的逻辑符号和引脚图如图 3.4.12 所示，其逻辑功能图如图 3.4.13 所示。其中 $B_0 \sim B_3$、$A_0 \sim A_3$ 为 4 位二进制数的加数和被加数，CO 为低位进位。$\sum 1 \sim \sum 4$ 为加法器的和，CI 为本位的进位。

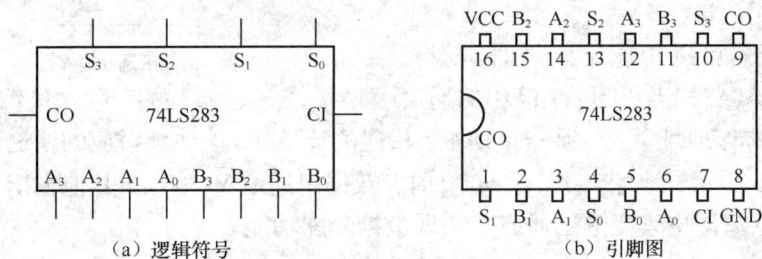

（a）逻辑符号　　　　　　（b）引脚图

图 3.4.12　超前进位加法器 74LS283 的逻辑符号及引脚图

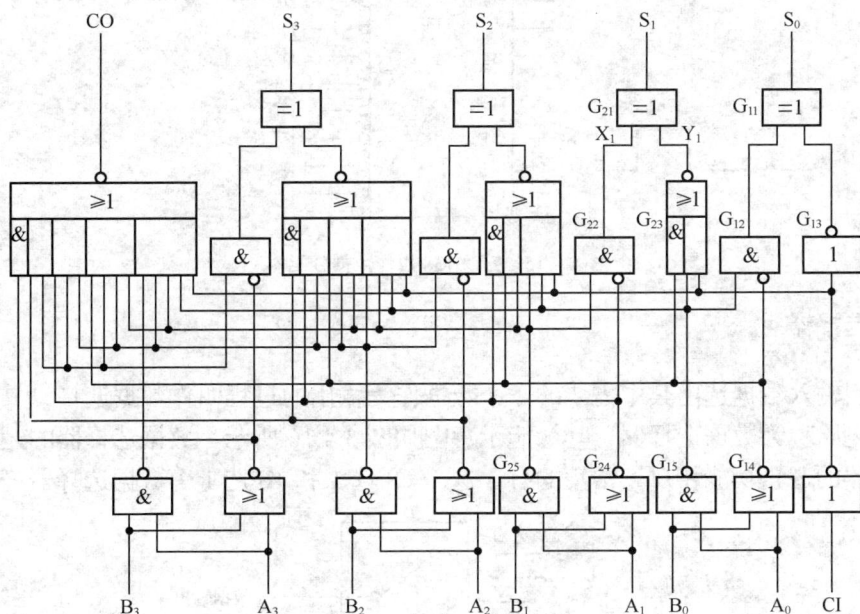

图 3.4.13　超前进位加法器 74LS283 的逻辑功能图

集成加法器的型号还有很多，常用的加法器型号如表 3.4.7 所示。

表 3.4.7　　　　　　　　　　　常用的加法器型号

型　　号	功 能 说 明	备　　注
74LS183	1 位双保留进位全加器	
74LS82	2 位二进制全加器（快速进位）	
74LS83	4 位二进制全加器（快速进位）	
74LS283	4 位二进制全加器	

3.4.3 数据分配器和数据选择器

一、数据分配器

数据分配是指信号源输入的二进制数据按需要分配到不同的输出通道，如图 3.4.14 所示，实现这种逻辑功能的组合逻辑器件称为数据分配器，M（$=2^N$）输出通道需要 N 位二进制信号来选择输出通道，称为 N 位地址（信号）。

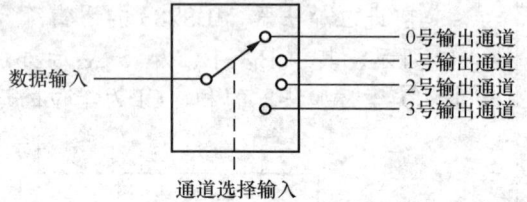

图 3.4.14　数据分配示意图

数据分配器可以用通用译码器实现，74LS138 的 $A_2A_1A_0$ 相当于图 3.4.14 中的通道选择输入，也称作地址。输入某一个地址，相应的 $m_i = 1$，该地址对应的通道输出数据 $Y_i = D$。如图 3.4.15 所示，地址 $A_2A_1A_0 = 000$ 时，数据由通道 $\overline{Y}_0$ 输出，其他输出端为逻辑常量 1；改变地址，数据也改变输出通道，实现数据分配功能。

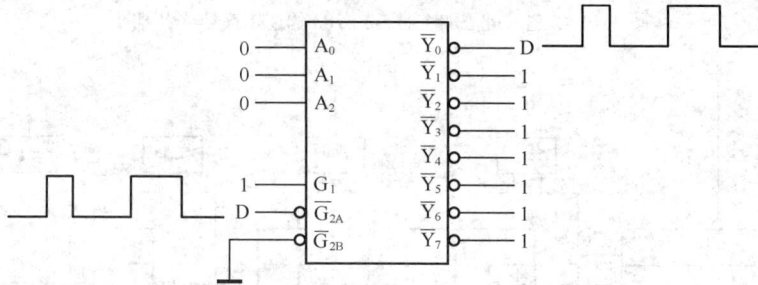

图 3.4.15　74LS138 用作数据分配器

二、数据选择器

从一组输入数据选出其中需要的一个数据作为输出的过程叫作数据选择，具有数据选择功能的电路称为数据选择器，其功能示意图如图 3.4.16 所示。数据选择器的逻辑功能与数据分配器的逻辑功能相反，常用的有 4 选 1、8 选 1 和 16 选 1 等数据选择器产品。

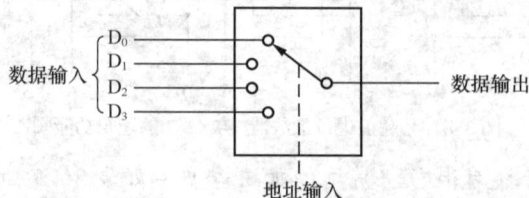

图 3.4.16　数据选择器功能示意图

一般地说，数据选择器的数据输入端数 M 和数据选择端数 N 成 2^N 倍关系，数据选择端确定一个二进制码（或称为地址），对应地址通道的输入数据被传送到输出端（公共通道）。

4 选 1 数据选择器有 4 个数据输入端（D_3、D_2、D_1、D_0）、2 个地址输入端（A_1，A_0）和一个数据输出端（Y），另外附加一个使能（选通）端（EN）。根据 4 选 1 数据选择器的功能，并设使能信号低电平有效，可得 4 选 1 数据选择器的功能表如表 3.4.8 所示。再由功能表可写出输出逻辑函数：

$$Y=\overline{EN}\,\overline{A_1}\,\overline{A_0}D_0+\overline{EN}\,\overline{A_1}A_0D_1+\overline{EN}A_1\overline{A_0}D_2+\overline{EN}A_1A_0D_3=\sum\overline{EN}m_iD_i \qquad (3.4.4)$$

由此得逻辑图，如图 3.4.17 所示。

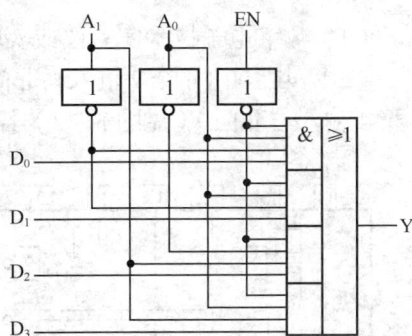

图 3.4.17　4 选 1 数据选择器的逻辑图

表 3.4.8　　　　4 选 1 数据选择器的功能表

EN	A_1	A_0	Y
1	×	×	0
0	0	0	D_0
0	0	1	D_1
0	1	0	D_2
0	1	1	D_3

实际应用中有很多集成数据选择器，常用的数据选择器芯片如表 3.4.9 所示。

表 3.4.9　　　　　　　　　常用的数据选择器芯片

型　　号	功　能　说　明
74LS150 TTL	16 选 1 数据选择/多路开关
74LS151 TTL	8 选 1 数据选择器
74LS153 TTL	双 4 选 1 数据选择器
74LS157 TTL	同相输出 4 个 2 选 1 数据选择器
74LS158 TTL	反相输出 4 个 2 选 1 数据选择器
74LS251 TTL	三态输出 8 选 1 数据选择器/复工器
74LS253 TTL	三态输出双 4 选 1 数据选择器/复工器
74LS257 TTL	三态原码 4 个 2 选 1 数据选择器/复工器
74LS258 TTL	三态反码 4 个 2 选 1 数据选择器/复工器
74LS352 TTL	双 4 选 1 数据选择器/复工器
74LS353 TTL	三态输出双 4 选 1 数据选择器/复工器
CD4512	八路数据选择器
CD4539	双四路数据选择器

3.5　实验二　组合逻辑电路的设计与测试

3.5.1　实验目的

（1）熟悉数字逻辑实验箱的结构、基本功能和使用方法。

（2）掌握常用的 TTL 门电路的逻辑功能。

（3）掌握组合逻辑电路的设计方法。

（4）掌握小规模芯片（SSI）实现组合逻辑电路的方法。

（5）熟悉组合逻辑电路功能的测试方法。

3.5.2 实验设备与器件

（1）数字电子技术实验仪或实验箱。

（2）74LS00（4 个 2 输入与非门）、74LS10（3 个 3 输入与非门）（见图 3.5.1）、74LS20（双 4 输入与非门）（见图 3.5.2）若干。

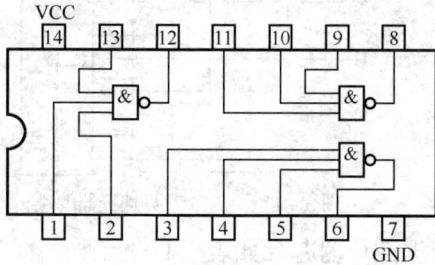

图 3.5.1　74LS10 引脚图　　　　　　图 3.5.2　74LS20 引脚图

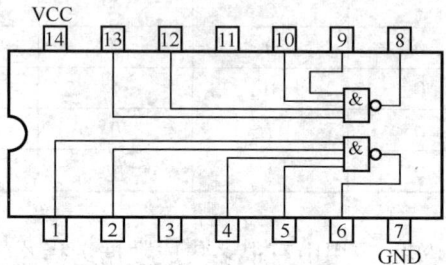

3.5.3 实验内容与步骤

【实验示例 3.5.1】试用逻辑门设计一个 4 人表决电路，即 3 人以上（包括 3 人）表决有效。要求：用 74LS20、74LS10 或者两者均用来实现。

实验步骤如下。

（1）依题意设真值表。4 人表决态度分别为 A、B、C、D，同意为"1"，不同意为"0"，表决结果用 F 表示，结果有效为"1"，无效为"0"，如表 3.5.1 所示。

表 3.5.1　　　　　　　　　　　　　4 人表决电路真值表

输　　入				输　　出
A	B	C	D	F
0	0	0	0	0
0	0	0	1	0
0	0	1	0	0
0	0	1	1	0
0	1	0	0	0
0	1	0	1	0
0	1	1	0	0
0	1	1	1	1
1	0	0	0	0
1	0	0	1	0
1	0	1	0	0
1	0	1	1	1
1	1	0	0	0
1	1	0	1	1
1	1	1	0	1
1	1	1	1	1

（2）选定逻辑器件。用与非门集成器件。

（3）化简、变换逻辑函数。

$$F=\overline{A}BCD+A\overline{B}CD+AB\overline{C}D+ABC\overline{D}+ABCD$$
$$=\overline{A}BCD+A\overline{B}CD+AB\overline{C}D+ABC\overline{D}+ABCD+ABCD+ABCD+ABCD$$
$$=BCD+ACD+ABD+ABC$$
$$=\overline{\overline{ABC}\cdot\overline{ACD}\cdot\overline{BCD}\cdot\overline{ABD}}$$

（3.5.1）

（4）根据逻辑函数式画出逻辑图。

（5）从图 3.5.3 可知，完成该电路需要用到 2 片 74LS10 芯片、1 片 74LS20 芯片。在实验箱面板上找到 3 片芯片的位置，注意识别 1 脚位置，查引脚图，分清芯片的输入端、输出端、接地端和电源端，并验证每片芯片的逻辑功能。按照图 3.5.3 正确接线，确认无误后按逻辑电路的要求输入高、低电平信号，测出相应的输出逻辑电平，并验证逻辑功能。

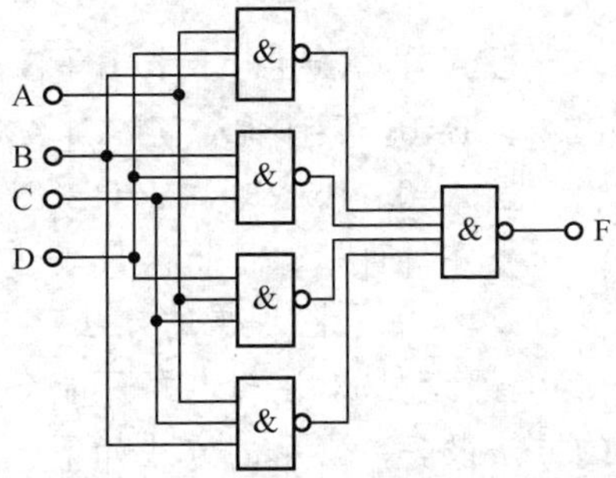

图 3.5.3　4 人表决电路的逻辑电路图

知识拓展　组合逻辑电路的竞争与冒险

1. 产生竞争和冒险的原因

在组合逻辑电路中，若某个变量通过两条以上途径到达同一个逻辑门的输入端时，由于每条路径上的延迟时间不同，到达逻辑门的时间就有先有后，这种现象称为竞争。由于竞争，就有可能使真值表描述的逻辑关系受到短暂的破坏，在输出端产生错误结果，这种现象称为冒险。

图 3.5.4（a）的逻辑表达式为 $Y=A\cdot\overline{A}$，由于 G_1 的延迟，$\overline{A}$ 的输入要滞后于 A 的输入，致使 G_2 的输出出现一个高电平窄脉冲，如图 3.5.4（b）所示。这种产生正尖峰脉冲的冒险也称为 "1" 型冒险。

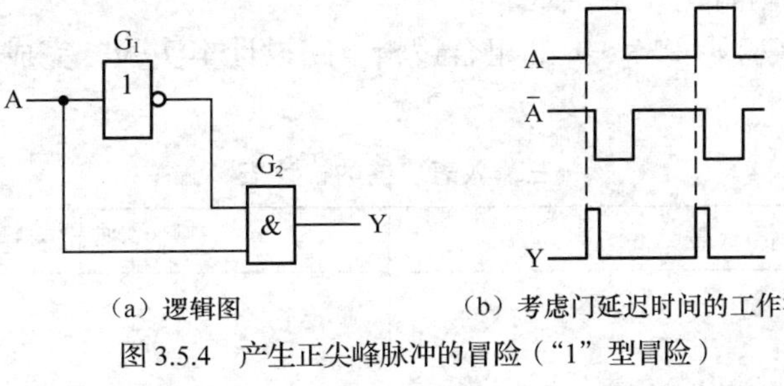

（a）逻辑图　　　　（b）考虑门延迟时间的工作波形

图 3.5.4　产生正尖峰脉冲的冒险（"1" 型冒险）

同样，对于逻辑表达式 $Y=A+\overline{A}$ 的逻辑电路如图 3.5.5（a）所示，则会因为 $\overline{A}$ 的延迟，将产生一个如图 3.5.5（b）所示的低电平（负尖峰）窄脉冲，此冒险称为 "0" 型冒险。

2. 冒险现象的判别

分析冒险现象产生的原因，可以得到如下结论：在组合逻辑电路中，是否存在冒险现象，可通过逻辑函数来判断；若组合逻辑电路的输出逻辑函数表达式在一定条件下可简化成 $Y=A+\overline{A}$ 或 $Y=A\cdot\overline{A}$ 两种形式时，则该组合逻辑电路存在冒险现象，如图 3.5.5 所示。

【实验示例 3.5.2】 试判别逻辑函数式 $Y=A\overline{B}+\overline{A}C+B\overline{C}$ 是否存在冒险现象。

解： 由逻辑函数表达式可以看出 A、B、C 具有竞争能力。

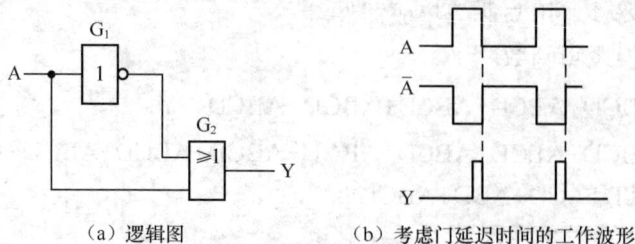

（a）逻辑图　　　　　　　（b）考虑门延迟时间的工作波形

图 3.5.5　产生负尖峰脉冲的冒险（"0"型冒险）

当 A=1、C=0 时，$Y=B+\overline{B}$，出现冒险现象。

当 B=0、C=1 时，$Y=A+\overline{A}$，出现冒险现象。

当 A=0、B=1 时，$Y=C+\overline{C}$，出现冒险现象。

由分析可知，逻辑函数表达式 $Y=A\overline{B}+\overline{A}C+B\overline{C}$ 存在冒险现象。

3. 消除冒险现象的方法

冒险现象对逻辑电路可能会产生误动作，应该在实际电路中消除它。消除冒险现象的方法很多，常用的方法如下。

（1）加封锁脉冲。在输入信号产生竞争冒险的时间内，引入一个脉冲，将可能产生尖峰干扰脉冲的门封锁住。

（2）加选通脉冲。对输出可能产生尖峰干扰脉冲的门电路，增加一个接选通信号的输入端，只有在输入信号转换完成并稳定后，才引入选通脉冲将它打开，此时才允许有输出。

（3）接入滤波电容。

（4）修改逻辑设计。即在逻辑表达式中增加一个冗余项。如在例 3.5.2 中的逻辑表达式 $Y=A\overline{B}+\overline{A}C+B\overline{C}$ 中增加冗余项 $\overline{B}C$，则当 B=0，C=1 时，$Y=A\overline{B}+\overline{A}C+B\overline{C}+\overline{B}C=1$，因此，消除了冒险。

【实验内容 1】三输入表决器的设计与实现

某表决器有三个输入端和一个输出端，当输入中多数为 1 时，输出为 1，否则为 0。用 74LS00、74LS10 或者两者均用来实现。

实验步骤：根据实验示例 3.5.1 的组合逻辑电路设计本实验，完成表 3.5.2，并在实验箱上实现和验证。

表 3.5.2　　　　　　　　　　　　三输入表决器的设计表

真　值　表	逻辑表达式
逻　辑　电　路	接　线　图

【实验内容 2】机器故障逻辑显示电路的设计与实现

某车间有 3 台机器，用红、黄 2 种颜色的灯表示机器的工作情况。当只有 1 台机器有故障时，黄灯亮；若 2 台机器同时发生故障，红灯亮；只有当 3 台机器都发生故障时，才会使得红、黄两灯都亮。设计控制灯亮的逻辑电路，用与非门实现，要求使用的集成电路的片数最少。

实验步骤：根据实验示例 3.5.1 的组合逻辑电路设计本实验，完成表 3.5.3，并在实验箱上实现和验证。

表 3.5.3 　　　　　　　　　　机器故障逻辑显示电路的设计表

真值表	逻辑表达式
逻辑电路	接线图

选做实验　简易显示译码器的设计与实现

【实验内容】请设计一个由 A、B 2 个信号控制的显示译码器。当 A、B 均无信号时，数码显示器显示字形 L；当 A 有信号 B 无信号时，显示字形 E；当 A 无信号而 B 有信号时，显示字形 F；当 A、B 均有信号时，显示字形 H。

注意事项如下。

（1）用电平开关控制 A、B 输入信号，将输出信号分别连到数码显示器的各段，验证电路的逻辑功能。

（2）要求设计电路均由 74LS00 实现。

实验步骤：根据实验示例 3.5.1 组合逻辑电路的设计步骤，完成表 3.5.4，并在实验箱上实现。

表 3.5.4 　　　　　　　　　A、B 2 个信号控制的显示译码器设计表

真值表	表达式

续表

逻辑电路图

3.6 实验三 集成编码器、译码器的逻辑功能测试及应用

3.6.1 实验目的

（1）掌握二进制译码器的逻辑功能。

（2）熟悉芯片使能端的功能、用法。

（3）掌握中规模芯片（MSI）实现逻辑功能的方法。

3.6.2 实验设备与器件

（1）数字电子技术实验仪或实验箱。

（2）74LS148（优先编码器）、CD4511（七段显示译码器）、74LS04（六反相器），如图 3.6.1 所示。

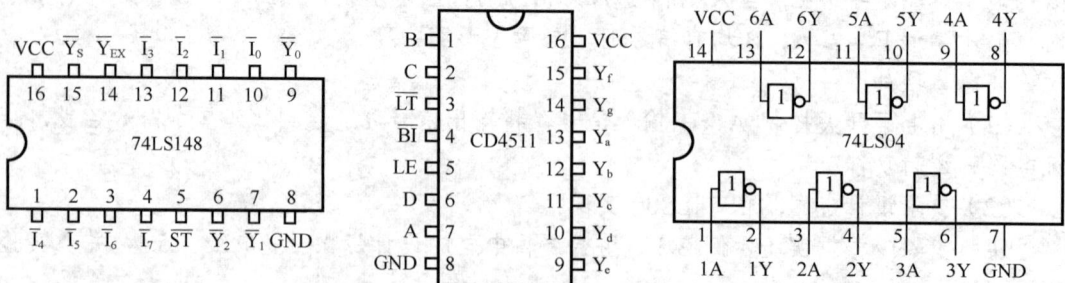

图 3.6.1 74LS148、CD4511 和 74LS04 的引脚图

3.6.3 实验内容与步骤

【实验内容 1】74LS148 优先编码器逻辑功能的测试

根据 74LS148 真值表，按照组合逻辑电路器件的测试方法，用逻辑电平开关（$S_7 \sim S_0$）控制输入端（$\overline{I}_7 \sim \overline{I}_0$），观察 LED，判断编码器的输出信号（$\overline{Y}_2 \sim \overline{Y}_0$）为高电平"1"还是低电平"0"，将结果填入表 3.6.1 中。

表 3.6.1 74LS148 优先编码器逻辑功能的测试表

输　　入									输　　出				
$\overline{ST}$	$\overline{I_7}$	$\overline{I_6}$	$\overline{I_5}$	$\overline{I_4}$	$\overline{I_3}$	$\overline{I_2}$	$\overline{I_1}$	$\overline{I_0}$	$\overline{Y_2}$	$\overline{Y_1}$	$\overline{Y_0}$	$\overline{Y_{EX}}$	$\overline{Y_S}$
1	0	×	×	×	×	×	×	×					
0	1	0	×	×	×	×	×	×					
0	1	1	0	×	×	×	×	×					
0	1	1	1	0	×	×	×	×					
0	1	1	1	1	0	×	×	×					
0	1	1	1	1	1	0	×	×					
0	1	1	1	1	1	1	0	×					
0	1	1	1	1	1	1	1	0					

注："×"代表任意电平。

【实验内容 2】CD4511 七段显示译码器逻辑功能的测试

根据 CD4511 真值表，按照组合逻辑电路器件的测试方法，用逻辑电平开关分别控制输入端（LE、$\overline{BI}$、$\overline{LT}$、D、C、B、A），将 CD4511 输出端（a～g）依次与共阴极数码管的相应段相连，并接好电源、地和公共端，观察数码管显示的数字，记录于表 3.6.2 中。

表 3.6.2 CD4511 逻辑功能测试记录表

输　　入							输　　出							数码管显示数字
LE	$\overline{BI}$	$\overline{LT}$	D	C	B	A	a	b	c	d	e	f	g	
0	1	1	0	0	0	0								
0	1	1	0	0	0	1								
0	1	1	0	0	1	0								
0	1	1	0	0	1	1								
0	1	1	0	1	0	0								
0	1	1	0	1	0	1								
0	1	1	0	1	1	0								
0	1	1	0	1	1	1								
0	1	1	1	0	0	0								
0	1	1	1	0	0	1								
×	×	0	×	×	×	×								
×	0	1	×	×	×	×								
1	1	1	×	×	×	×								

注："×"代表任意电平。

【实验内容 3】数码显示电路的设计与实现

根据图 3.6.2 所示，使用逻辑电平开关、74LS148、CD4511 等器件，在实验箱上设计并实现数码显示电路。

图 3.6.2 数码显示电路原理框图

要求：为逻辑电平开关编号（S_0～S_7），当按下某一个电平开关时，数码管显示相应的号码，S_7 的优先级最高，S_0 的优先级最低。

数码显示电路原理图

3.7 项目二 逻辑笔的设计与制作调试

在数字电路中，经常要检测电路的输入、输出是否符合所要求的逻辑关系，用万用电表测试数字电路电平的高低很不方便，可以用逻辑笔来实现。逻辑笔也叫逻辑探针，是数字电路设计、试验、检查修理的最简便工具。本项目的任务是设计并制作一支采用 CD4511 构成的逻辑笔。

3.7.1 项目概述

图 3.7.1 所示是逻辑笔电路的部分原理图。图中其他电路都完整，请将 CD4511 与数码管的引脚连接起来，使其实现以下技术要求。

（1）当接通电源时，电源指示灯亮。

（2）当不测试信号时，数码管无显示。

（3）测试低电平时，数码管显示"L"。

（4）测试高电平时，数码管显示"H"。

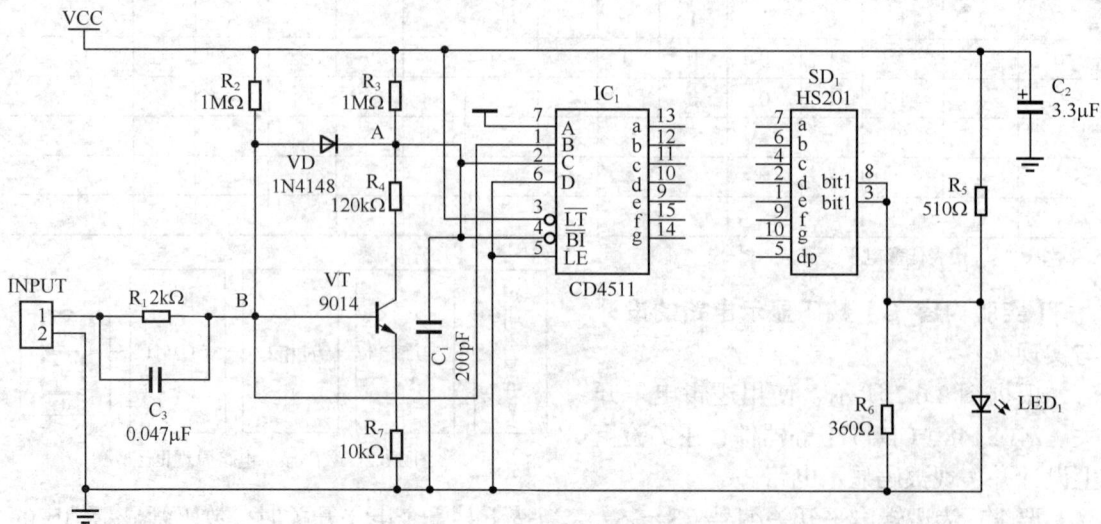

图 3.7.1 逻辑笔电路的部分原理图

3.7.2 项目电路原理分析与显示部分设计

图 3.7.1 中不测试信号时，由于电阻的分压作用，B 点为低电平，三极管 VT 工作在导通状态，二极管 VD 导通，A 点为低电平。

测试低电平时，B 点为低电平，三极管 VT 工作在截止状态，A 点为高电平，二极管 VD 截止。

测试高电平时，B 点电位为高电平，三极管 VT 工作在导通状态，二极管 VD 导通，A 点为高电平。

根据之前的分析、CD4511 的功能表及当前电路的连接，请分析在不同的测试条件下 CD4511 各引脚的状态，填写表 3.7.1。

表 3.7.1　　　　　　　　　在不同的测试条件下 CD4511 各引脚的状态

测试条件	CD4511 输入引脚状态							CD4511 输出引脚状态						
	LE	$\overline{BI}$	$\overline{LT}$	D	C	B	A	a	b	c	d	e	f	g
不测试														
测"低"电平														
测"高"电平														

然后，请分析在不同的测试条件下数码管的显示状态及各段选线输入数据，填写表 3.7.2。

表 3.7.2　　　　　　　　在不同的测试条件下 LED 显示状态及各段选线应输入值

测试条件	LED 显示状态	LED 各段选线应输入值						
		a	b	c	d	e	f	g
不测试	无显示							
测"低"电平	H							
测"高"电平	L							

完成 CD4511 的输出端应与数码管连接线，使不测试信号时，数码管无显示；测试低电平时，数码管显示"L"；测试高电平时，数码管显示"H"。

3.7.3 项目电路测试

1. 通电前检查

（1）请使用目测法检查电路板。

（2）请测试电路板上电源和地之间的阻值_____Ω。

2. 通电调试

参照以下流程进行电路调试，并做好记录。

（1）在确认元器件安装及走线无误后，将电路板的 VCC 和地接到被测电路板的电源和地上。注意极性及电源电压范围是否合适。

（2）电路上电状态测试。

上电后，先观察电路是否有冒烟、发热等现象_____

观察电源指示灯是否点亮_____

（3）数码显示功能测试。

测试"低"电平信号，数码管是否显示"L"？_____

测试"高"电平信号，数码管是否显示"H"？_____

悬空测试端，数码管是否无显示？＿＿＿＿＿＿＿

在电路工作正常后，请测试并将数据记录在表 3.7.3 中。

表 3.7.3 项目电路测试表

测试状态	三极管（VT_1）引脚电平及三极管工作状态							
	理论值				测试值			
	发射极	基极	集电极	三极管工作状态	发射极	基极	集电极	三极管工作状态
悬空时								
测高电平时								
测低电平时								

电路拓展　发声型逻辑笔电路

发声型逻辑笔电路图如图 3.7.2 所示。

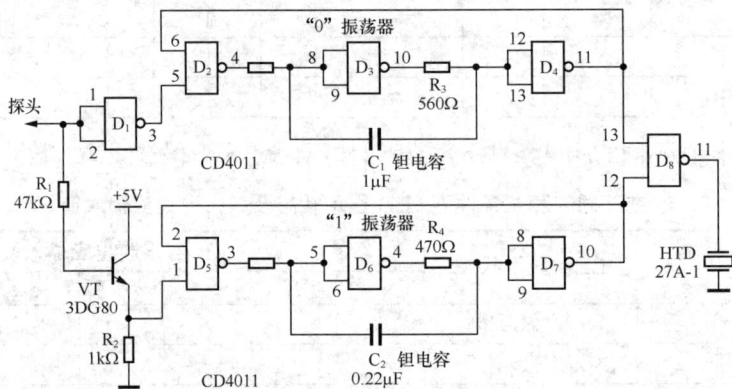

图 3.7.2　发声型逻辑笔电路图

请自行分析发声型逻辑笔的工作原理。

本章小结

组合逻辑电路应用极为广泛。组合逻辑电路的特点是接收二进制代码输入，并产生新的二进制代码输出，任意时刻的逻辑输出仅由当时的逻辑输入状态决定。输入、输出逻辑关系遵循逻辑函数的运算法则。

组合逻辑电路分析是根据已知组合逻辑电路图，写出输出函数的最简逻辑表达式，列出真值表，分析逻辑功能，而组合逻辑电路的设计就是组合逻辑电路分析的逆过程。

常用的组合逻辑电路有加法器、译码器、编码器、数据选择器等多种。这些功能电路都有 TTL 和 COMS 系列的中规模集成电路产品，可按需要选用。由于逻辑电路的应用广泛性和系列产品的多样性，熟悉一些常用组合逻辑电路的功能、结构特点及工作原理是十分必要的，这对正确、合理地使用这些集成电路是十分有用的。

所谓编码是用若干位二进制代码来表示某种信息的过程，完成这一功能的电路称为编码器，常用的编码器有二进制编码器和二-十进制编码器等。

译码是编码的逆过程，是将输入的一组二进制代码译成与之对应的信号输出；译码器是完成这一功能的电路，有通用译码器和显示译码器。

半加器是只进行两个同位的二进制数相加，而不考虑低位向该位进位的加法器。全加器能完成两个同位的二进制数及低位进位的加法器。

数据选择器常常用 MUX 表示，具有从一组多路输入数据中选取其中一个数据传送到它的输出端的功能。

习　题

一、填空题

1. 组合逻辑电路的特点是输出状态只与_____，与电路的原状态_____，其基本单元电路是_____。

2. 半导体数码显示器的内部接法有两种形式：共_____接法和共_____接法。

3. 对于共阳极接法的发光二极管数码显示器，应采用_____电平驱动的七段显示译码器。

4. 8421BCD 编码器有 10 个输入端，_____个输出端，它能将十进制数转换为_____代码。

二、判断题

1. TTL 与非门的多余输入端可以接固定高电平。　　　　　　　　（　　　）

2. 当 TTL 与非门的输入端悬空时，相当于输入为逻辑 1。　　　　（　　　）

3. 优先编码器的编码信号是相互排斥的，不允许多个编码信号同时有效。（　　　）

4. 编码与译码是互逆的过程。　　　　　　　　　　　　　　　　　（　　　）

5. 二进制译码器相当于一个最小项发生器，便于实现组合逻辑电路。（　　　）

6. 液晶显示器的优点是功耗极小，工作电压低。　　　　　　　　　（　　　）

7. 液晶显示器可以在完全黑暗的工作环境中使用。　　　　　　　　（　　　）

8. 半导体数码显示器的工作电流大约 10mA，因此，需要考虑电流驱动能力问题。　　　　　　　　　　　　　　　　　　　　　　　　　　　　　（　　　）

9. 共阴极接法发光二极管数码显示器需选用有效输出为高电平的七段显示译码器来驱动。　　　　　　　　　　　　　　　　　　　　　　　　　（　　　）

10. 数据选择器和数据分配器的功能正好相反，互为逆过程。　　　（　　　）

三、选择题（可多选）

1. 对于 TTL 与非门闲置输入端的处理，可以_____。

　　A. 接电源　　　　　　　　　　　B. 通过 3kΩ 电阻接电源

　　C. 接地　　　　　　　　　　　　D. 与有用输入端并联

2. 若在编码器中有 50 个编码对象，则要求输出二进制代码位数为_____位。

　　A. 5　　　　　B. 6　　　　　　C. 10　　　　　　D. 50

3. 一个 16 选 1 的数据选择器，其地址输入（选择控制输入）端有_____个。

　　A. 1　　　　　B. 2　　　　　　C. 4　　　　　　D. 16

4. 4 选 1 数据选择器的数据输出 Y 与数据输入 X_i 和地址码 A_i 之间的逻辑表达式为 Y=_____。

    A. $\overline{A_1}\,\overline{A_0}X_0+\overline{A_1}A_0X_1+A_1\overline{A_0}X_2+A_1A_0X_3$　　　　　B. $\overline{A_1}\,\overline{A_0}X_0$

    C. $\overline{A_1}A_0X_1$　　　　　　　　　　　　　　　　D. $A_1A_0X_3$

5. 一个 8 选 1 数据选择器的数据输入端有_____个。

    A. 1　　　　　B. 2　　　　　C. 3　　　　　D. 4　　　　　E. 8

6. 在下列逻辑电路中，不是组合逻辑电路的有_____。

    A. 译码器　　　　B. 编码器　　　　C. 全加器　　　　D. 寄存器

7. 用 3 线-8 线译码器 74LS138 实现原码输出的 8 路数据分配器，应_____。

    A. $G_1=1$，$\overline{G_{2A}}=D$，$\overline{G_{2B}}=0$　　　　　B. $G_1=1$，$\overline{G_{2A}}=D$，$\overline{G_{2B}}=D$

    C. $G_1=1$，$\overline{G_{2A}}=0$，$\overline{G_{2B}}=D$　　　　　D. $G_1=D$，$\overline{G_{2A}}=0$，$\overline{G_{2B}}=0$

8. 用 4 选 1 数据选择器实现函数 $Y=A_1A_0+\overline{A_1}A_0$，应使_____。

    A. $D_0=D_2=0$，$D_1=D_3=1$　　　　　B. $D_0=D_2=1$，$D_1=D_3=0$

    C. $D_0=D_1=0$，$D_2=D_3=1$　　　　　D. $D_0=D_1=1$，$D_2=D_3=0$

9. 用 3 线-8 线译码器 74LS138 和辅助门电路实现逻辑函数 $Y=A_2+\overline{A_2}\,\overline{A_1}$，应_____。

    A. 用与非门，$Y=\overline{\overline{Y_0}\,\overline{Y_1}\,\overline{Y_4}\,\overline{Y_5}\,\overline{Y_6}\,\overline{Y_7}}$　　B. 用与门，$Y=\overline{Y_2}\,\overline{Y_3}$

    C. 用或门，$Y=\overline{Y_2}+\overline{Y_3}$　　　　　D. 用或门，$Y=\overline{Y_0}+\overline{Y_1}+\overline{Y_4}+\overline{Y_5}+\overline{Y_6}+\overline{Y_7}$

10. 译码器的输出是_____。

    A. 表示二进制代码　　　　　　B. 表示二进制数

    C. 特定含义的逻辑信号

11. 完成二进制代码转换为十进制数应选择_____。

    A. 译码器　　　　B. 编码器　　　　C. 一般组合逻辑电路

12. 4 线-10 线译码器，若它的输出状态只有输出 $\overline{Y_2}=0$，其余输出均为 1，则它的输入状态为_____。

    A. 0100　　　　　B. 1011　　　　　C. 1101　　　　　D. 0010

13. 半加器的加数与被加数本位求和的逻辑关系是_____。

    A. 与非　　　　　B. 与　　　　　C. 异或　　　　　D. 同或

四、分析计算题

1. 某设备有开关 A、B、C，要求：只有开关 A 接通的条件下，开关 B 才能接通；开关 C 只有在开关 B 接通的条件下才能接通；违反这一规则，则发出报警信号。设计一个由与非门组成的能实现这一功能的报警控制电路。

2. 为提高报警信号的可靠性，在有关部位安置了 3 个同类型的危险报警器，只有当 3 个危险报警器中至少有 2 个指示危险时，才实现关机操作。试画出具有该功能的逻辑电路。

3. 在图 3.7.3 所示的电路中，当输入变量取何值时，输出为高电平？

4. 试用图 3.7.4 所示的与或非门实现下列函数：

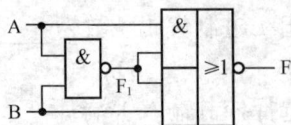

图 3.7.3　分析计算题 3 图　　　　　　　　　图 3.7.4　分析计算题 4 图

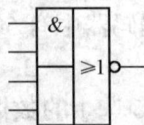

（1）$F_1 = \overline{A}$ ；　　（2）$F_2 = \overline{AB}$ ；　　（3）$F_3 = \overline{A+B}$ ；　　（4）$F_4 = A \oplus B$

5. 已知逻辑表达式为 $L = BC + A\overline{B}C\overline{D} + D\overline{B} + \overline{C}D$，试将它改为与非表达式，并画出用双输入与非门构成的逻辑图。

6. 可否将与非门、或非门、异或门当作反相器使用？如果可以，其输入端应如何处理并画出电路图。

7. 分析如图 3.7.5 所示的逻辑电路，做出真值表，说明其逻辑功能。

五、设计题

1. 某组合逻辑电路输入信号波形和输出信号波形如图 3.7.6 所示，试用与非门实现该逻辑电路。

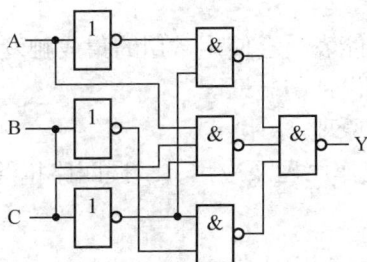

图 3.7.5　分析计算题 7 图

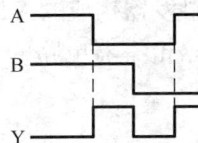

图 3.7.6　设计题 1 图

2. 用三个拉线开关（双刀双掷开关）设计一个室内照明线路：房门入口处有一个开关 A，床边有开关 B 和 C，三个开关都可将电灯点亮、关闭。

3. 图 3.7.7 所示的电路为双四选一数据选择器构成的组合逻辑电路，输入变量为 A、B、C，输出函数为 Z_1、Z_2，分析电路功能，试写出输出 Z_1、Z_2 的逻辑表达式。双四选一数据选择器逻辑表达式为：

$$Y_1 = \overline{A_1}\,\overline{A_0}D_{10} + \overline{A_1}A_0D_{11} + A_1\overline{A_0}D_{12} + A_1A_0D_{13}$$
$$Y_2 = \overline{A_1}\,\overline{A_0}D_{20} + \overline{A_1}A_0D_{21} + A_1\overline{A_0}D_{22} + A_1A_0D_{23}$$

4. 在图 3.7.8 所示的电路中，74LS138 是 3 线-8 线译码器。试写出输出 Y_1、Y_2 的逻辑函数式。

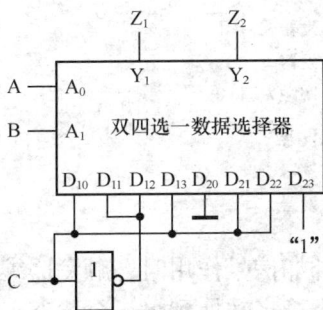

图 3.7.7　设计题 3 图

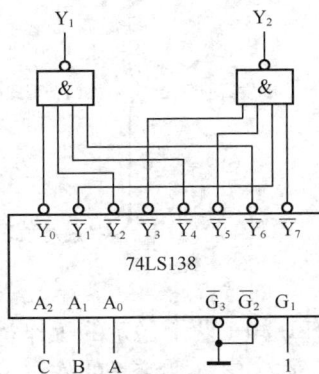

图 3.7.8　设计题 4 图

5. 三种载客列车分别为特快、直快和普快三种。它们的优先级别为：特快优先级最高，其次是直快，优先级最低的是普快。在同一时间里，只能有一趟列车从车站开出，即只能给出一个开车信号，试设计该逻辑电路。

第 4 章　触发器及其应用

教学目标

① 了解触发器的概念、特点及分类。

② 熟悉和掌握基本 RS 触发器、同步 RS 触发器、D/T/T′触发器的电路结构、逻辑功能及特性方程。

③ 掌握边沿触发器的概念和特点。

④ 能够读懂常用的集成触发器芯片的功能表，会使用常用的集成触发器芯片。

⑤ 能够进行触发器逻辑功能转换实验的设计与验证。

⑥ 会分析触发器构成的应用电路的工作原理。

⑦ 理解四路抢答器电路的电路组成、工作原理及应用，掌握四路抢答器电路的调试方法。

4.1　触发器概述

触发器是时序逻辑电路的基本单元，它能存储一位二进制信息，即 0 和 1，且具有记忆能力，在输入信号消失后，能将获得的新状态保存下来。

触发器的种类很多，分类方法也不同。触发器的分类如下。

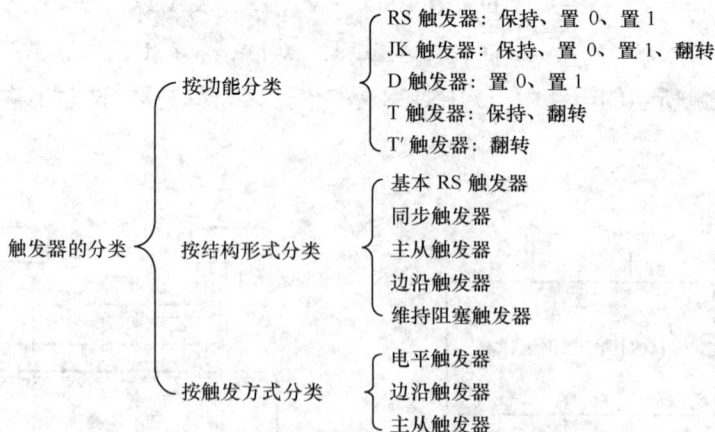

触发器的分类
- 按功能分类
  - RS 触发器：保持、置 0、置 1
  - JK 触发器：保持、置 0、置 1、翻转
  - D 触发器：置 0、置 1
  - T 触发器：保持、翻转
  - T′触发器：翻转
- 按结构形式分类
  - 基本 RS 触发器
  - 同步触发器
  - 主从触发器
  - 边沿触发器
  - 维持阻塞触发器
- 按触发方式分类
  - 电平触发器
  - 边沿触发器
  - 主从触发器

触发器有 0 和 1 两个稳定的工作状态。在没有外加信号作用时，触发器维持原来的稳定状态不变。在一定外加信号的作用下，可以从一个稳态转换到另一个稳态，称为触发器的状态翻转。

4.2　触发器的基本形式（电平触发型的触发器）

4.2.1　基本 RS 触发器

基本 RS 触发器也称为 RS 锁存器，是各种触发器中最简单、最基本的触发器，也是构成其他类型触发器的基本单元。

一、电路结构

两个与非门交叉耦合便构成了基本 RS 触发器，触发器有两个触发信号端（置位端 $\overline{S}$ 和复位端 $\overline{R}$），两个信号输出端（Q 和 $\overline{Q}$），如图 4.2.1 所示。

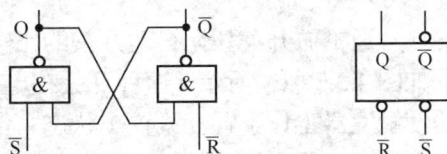

图 4.2.1　基本 RS 触发器

二、逻辑功能分析

信号输出端 Q=0、$\overline{Q}$=1 的状态称为 0 状态，Q=1、$\overline{Q}$=0 的状态称为 1 状态。

信号输入端 $\overline{S}$、$\overline{R}$，低电平有效。

（1）$\overline{R}$=0、$\overline{S}$=1 时：由于 $\overline{R}$=0，不论原来 Q 为 0 还是 1，都有 $\overline{Q}$=1；再由 $\overline{S}$=1、$\overline{Q}$=1 可得 Q=0。即不论触发器原来处于什么状态都将变成 0 状态，这种情况称为将触发器置 0 或复位。$\overline{R}$ 端称为触发器的置 0 端或复位端。

（2）$\overline{R}$=1、$\overline{S}$=0 时：由于 $\overline{S}$=0，不论原来 $\overline{Q}$ 为 0 还是 1，都有 Q=1；再由 $\overline{R}$=1、Q=1 可得 $\overline{Q}$=0。即不论触发器原来处于什么状态都将变成 1 状态，这种情况称为将触发器置 1 或置位。$\overline{S}$ 端称为触发器的置 1 端或置位端。

（3）$\overline{R}$=1、$\overline{S}$=1 时：根据与非门的逻辑功能不难推知，触发器保持原有状态不变，即原来的状态被触发器存储起来，这体现了触发器具有记忆能力。

（4）$\overline{R}$=0、$\overline{S}$=0 时：Q=$\overline{Q}$=1，不符合触发器的逻辑关系，并且由于与非门延迟时间不可能完全相等，在两个输入端的 0 同时撤除后，将不能确定触发器是处于 1 状态还是 0 状态，所以触发器不允许出现这种情况，这就是基本 RS 触发器的约束条件。

将以上的分析结果列成表格，就得到了基本 RS 触发器的真值表，也称特性表或状态表，如表 4.2.1 所示。

表 4.2.1　　　　　　　　　　基本 RS 触发器特性表

$\overline{R}$	$\overline{S}$	Q^n	Q^{n+1}	功能
0	0	0	不定状态（不用）	不允许
0	0	1	不定状态（不用）	
0	1	0	0	$Q^{n+1}=0$
0	1	1	0	置 0
1	0	0	1	$Q^{n+1}=1$
1	0	1	1	置 1

续表

$\overline{R}$	$\overline{S}$	Q^n	Q^{n+1}	功能
1	1	0	0	$Q^{n+1}=Q^n$
1	1	1	1	保持

三、两个名词

Q^n 称为触发器现态（简称现态）：触发器接收输入信号之前的状态，也就是触发器原来的稳定状态。

Q^{n+1} 称为触发器次态（简称次态）：触发器接收输入信号之后所处的新的稳定状态。

四、基本 RS 触发器应用举例

普通机械开关和无抖动开关的比较如图 4.2.2 所示。用基本 RS 触发器组成的无抖动开关如图 4.2.2（c）所示，这种开关在电源和输出之间加入一个基本 RS 触发器，单刀双掷开关使触发器工作于置 0 或置 1 状态，使输出端产生一次性的阶跃电压，避免了普通机械开关在按动过程中的接触抖动而引起的输出波形的紊乱。

这种无抖动开关称为逻辑开关，若将开关 K 来回扳动一次，则可在 Q 端得到无抖动的负脉冲。

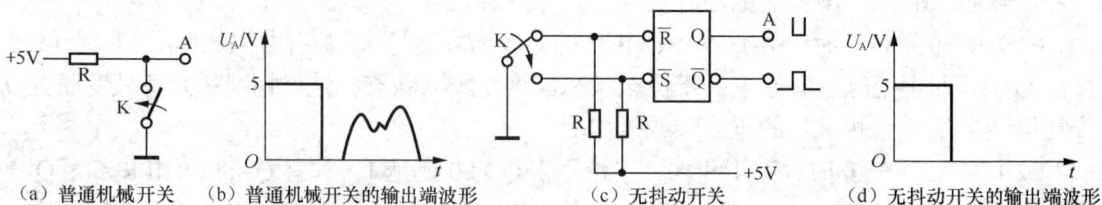

（a）普通机械开关　　（b）普通机械开关的输出端波形　　（c）无抖动开关　　（d）无抖动开关的输出端波形

图 4.2.2　普通机械开关和无抖动开关的比较

知识拓展　由或非门构成的基本 RS 触发器

一、电路结构

两个或非门交叉耦合便构成了基本 RS 触发器，触发器有两个触发信号端（置位端 $\overline{S}$ 和复位端 $\overline{R}$），两个信号输出端（Q 和 $\overline{Q}$），如图 4.2.3 所示。

二、逻辑功能分析

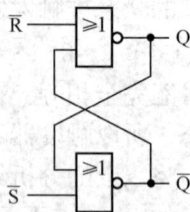

图 4.2.3　由或非门构成的基本 RS 触发器

（1）$\overline{S}=0$、$\overline{R}=1$ 时，由于 $\overline{R}=1$，不论原来 $\overline{Q}$ 为 0 还是 1，都有 Q=0；再由 $\overline{S}=0$、Q=0 可得 $\overline{Q}=1$，触发器置 0。

（2）$\overline{S}=1$、$\overline{R}=0$ 时，由于 $\overline{S}=1$，不论原来 Q 为 0 还是 1，都有 $\overline{Q}=0$；再由 $\overline{R}=0$、$\overline{Q}=0$ 可得 Q=1。即不论触发器原来处于什么状态都将变成 1 状态，触发器置 1。

（3）$\overline{S}=0$、$\overline{R}=0$ 时，根据与非门的逻辑功能不难推知，触发器保持原有状态不变，即原来的状态被触发器存储起来，这体现了触发器具有记忆能力。

（4）$\overline{S}=1$、$\overline{R}=1$ 时，$Q=\overline{Q}=0$，不符合触发器的逻辑关系。并且由于与非门延迟时间不可能完全相等，在两个输入端的 0 同时撤除后，将不能确定触发器是处于 1 状态还是 0 状态。所以触发器不允许出现这种情况，这就是基本 RS 触发器的约束条件。

4.2.2　同步 RS 触发器

上述基本 RS 触发器的特点是当输入的置 0 或置 1 信号一出现，输出状态就可能随之而发生变化。在实际使用中，往往要求触发器按同一时间节拍动作，为此，需要在输入端设置一个控制端，于是产生了同步式触发器。该控制端引入的信号称为同步信号，也称为时钟脉冲信号，简称时钟信号，用 CP 表示，所以同步触发器又称时钟触发器、钟控触发器。

一、同步 RS 触发器逻辑电路与逻辑符号

图 4.2.4（a）中同步 RS 触发器由 4 个与非门组成，其中 G_1、G_2 组成基本 RS 触发器，G_3、G_4 为控制门，R 为置 0 端，S 为置 1 端，CP 为时钟信号输入端。

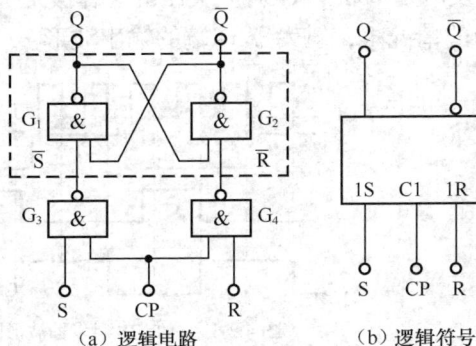

（a）逻辑电路　　　　（b）逻辑符号

图 4.2.4　同步 RS 触发器逻辑电路与逻辑符号

同步 RS 触发器与
D 触发器

二、逻辑功能分析

（1）CP=0 时，$\overline{R}$ =1、$\overline{S}$ =1，触发器保持原来的状态不变。

（2）CP=1 时，工作情况与基本 RS 触发器相同。

三、特性表

同步 RS 触发器特性见表 4.2.2。

表 4.2.2　　　　　　　　　　同步 RS 触发器特性表

CP	R	S	Q^n	Q^{n+1}	功能
0	×（任意）	×	×	Q^n	$Q^{n+1}= Q^n$ 保持
1 1	0 0	0 0	0 1	0 1	$Q^{n+1}= Q^n$ 保持
1 1	0 0	1 1	0 1	1 1	$Q^{n+1}=1$ 置 1
1 1	1 1	0 0	0 1	0 0	$Q^{n+1}=0$ 置 0
1 1	1 1	1 1	0 1	不定状态（不用） 不定状态（不用）	不允许

四、特性方程

特性方程指描述触发器次态 Q^{n+1} 与 R、S 及现态 Q^n 之间关系的逻辑函数表达式。

同步 RS 触发器的特性方程为：

$$\begin{cases} Q^{n+1} = S + \overline{R}Q^n \\ RS = 0（约束条件） \end{cases} （CP = 1 \text{ 脉冲期间有效}）$$

五、状态转换图（简称状态图）

图 4.2.5 为状态图，圆圈表示状态的个数，箭头表示状态转换的方向，箭头线上标注的触发信号取值表示状态转换的条件。

六、波形图（又称时序图）

反应时钟信号 CP、控制输入信号及触发器状态 Q 对应关系的工作波形图称为时序图。图 4.2.6 所示为在已知 CP、R、S 波形的情况下，触发器 Q 端的输出波形。

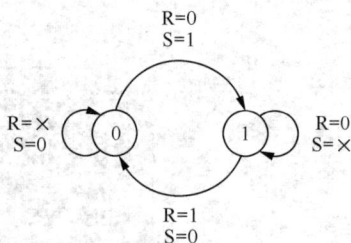

图 4.2.5　状态图

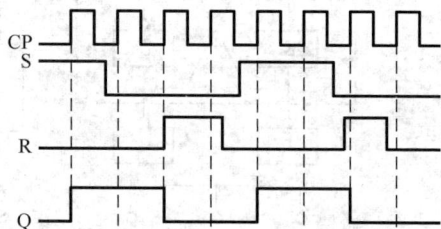

图 4.2.6　同步 RS 触发器波形图

七、同步 RS 触发器的主要特点

1. 时钟电平控制

在 CP=1 期间接收输入信号，CP=0 时状态保持不变，与基本 RS 触发器相比，对触发器状态的转换增加了时间控制。

2. R、S 之间有约束

不能允许出现 R 和 S 同时为 1 的情况，否则会使触发器处于不确定的状态。

3. 异步输入端与同步输入端的概念与区别

异步输入端如基本 RS 触发器的输入端 $\overline{R}$、$\overline{S}$，其发生作用时与时钟信号无关，故名异步输入端。异步输入端是用来预置触发器的初始状态，或在工作过程中强行置位和复位。

同步输入端即如同步 RS 触发器的输入端 R、S，同步输入端的输入信号能否进入触发器而发生作用，受时钟信号的同步控制。

4. 同步触发器的空翻

同步触发器的空翻就是在 CP=1 期间，如同步触发器的输入信号发生多次变化，则触发器的输出状态也会相应地发生多次变化的现象。

同步触发器由于存在空翻，不能用于计数器、移位寄存器和存储器，只能用于数据锁存。

　　📚　**知识拓展　集成 RS 触发器**

一、TTL 基本 RS 触发器 74LS279 及 CMOS 基本 RS 触发器 CD4044

74LS279 及 CD4044 没有同步脉冲，属于基本 RS 触发器。74LS279 的引脚图和特性表如图 4.2.7 及表 4.2.3 所示，CD4044 的引脚图和特性表如图 4.2.8 及表 4.2.4 所示。

74LS279 包含 4 个彼此独立的基本 RS 触发器，其中有两个触发器有 2 个 $\overline{S}$ 输入端，且 $\overline{S}=\overline{S}_A \cdot \overline{S}_B$。CD4044 也包含 4 个彼此独立的基本 RS 触发器，但是每个触发器都是三态门输出，由 EN 控制。当 EN=0 时，输出为高阻状态；当 EN=1 时，按基本 RS 触发器逻辑功能输出。

表 4.2.3　74LS279 集成 RS 触发器特性表

$\overline{R}$	$\overline{S}$ 或 $\overline{S}_A \cdot \overline{S}_B$	Q^n	Q^{n+1}	功能
0	0	0	不用	不允许
0	0	1	不用	
0	1	0	0	$Q^{n+1}=0$ 置 0
0	1	1	0	
1	0	0	1	$Q^{n+1}=1$ 置 1
1	0	1	1	
1	1	0	0	$Q^{n+1}=Q^n$ 保持
1	1	1	1	

表 4.2.4　CD4044 集成 RS 触发器特性表

$\overline{R}$	$\overline{S}$	Q^n	EN	Q^{n+1}	功能
×	×	×	0	高阻	断路
0	0	×	1	不用	不允许
0	1	×	1	0	置 0
1	0	×	1	1	置 1
1	1	0	1	0	保持
1	1	1	1	1	

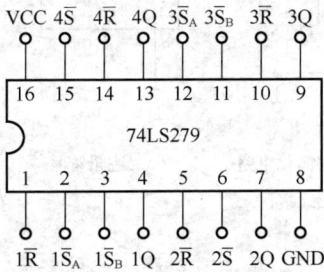

图 4.2.7　74LS279 引脚图

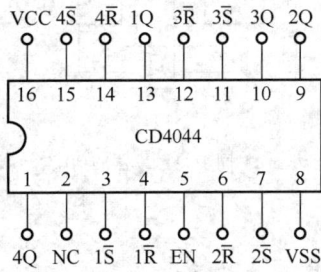

图 4.2.8　CD4044 引脚图

二、其他集成 RS 触发器

除了前面介绍的两种常用集成 RS 触发器 74LS279 及 CD4044，还有一种典型的集成 RS 触发器 74LS71。与 74LS279 及 CD4044 不同的是，该触发器为主从型触发器，只包含一个触发器，下降沿触发。其逻辑符号和引脚排列图如图 4.2.9 所示。这种触发器有 3 个 R 输入端和 3 个 S 输入端，且 $R=R_1 R_2 R_3$，$S=S_1 S_2 S_3$。触发器还带有异步清零端 $\overline{R}_D$ 和异步预置端 $\overline{S}_D$。由于 $\overline{R}_D$ 和 $\overline{S}_D$ 都是低电平有效，所以，触发器正常工作时，$\overline{R}_D$ 和 $\overline{S}_D$ 端要接高电平。

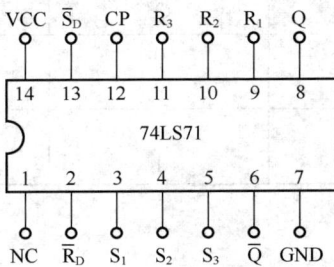

（a）74LS71 引脚图

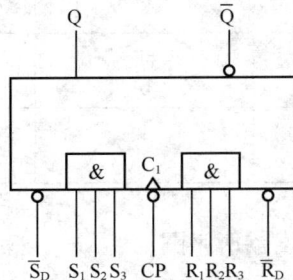

（b）逻辑符号

图 4.2.9　74LS71 引脚图与逻辑符号

4.2.3 同步 D 触发器

同步 RS 触发器在 R=S=1 时存在不定状态，即输入存在约束，针对这一问题出现了同步 D 触发器。同步 D 触发器又称为 D 锁存器，同步 D 触发器的构成如图 4.2.10（a）所示。

一、逻辑电路及逻辑符号

同步 D 触发器的简化电路如图 4.2.10（b）所示，它是由同步 RS 触发器改进而来的。只有一个输入端 D，即图中同步 RS 触发器的 S 端，而原输入端 R 的信号由 G_3 的输出反馈而来。

同步 D 触发器使同步 RS 触发器的 R、S 端始终处于互补状态，所以只有置 0 和置 1 两种逻辑功能，且 D 是什么状态触发器便置成什么状态。其逻辑符号如图 4.2.10（c）所示。

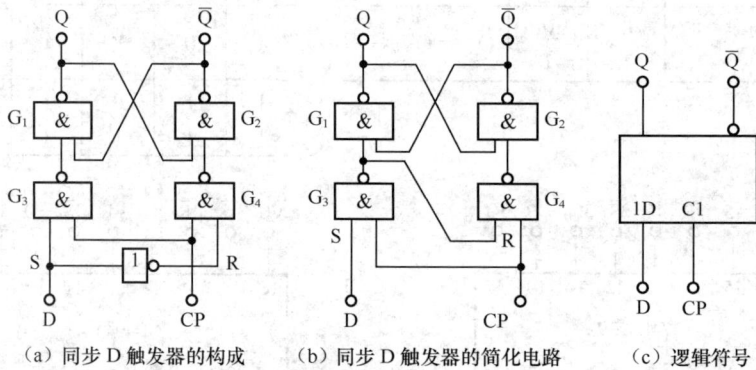

（a）同步 D 触发器的构成　（b）同步 D 触发器的简化电路　（c）逻辑符号

图 4.2.10　同步 D 触发器和逻辑符号

二、逻辑功能

将 S=D、R=$\overline{D}$ 代入同步 RS 触发器的特性方程，得同步 D 触发器的特性方程：

$$Q^{n+1} = S + \overline{R}Q^n = D + \overline{\overline{D}}Q^n = D（\text{CP}=1 \text{ 期间有效}）$$

由此，可得同步 D 触发器的特性表，如表 4.2.5 所示。

表 4.2.5　　　　　　　　　　　同步 D 触发器特性表

CP	D	Q^n	Q^{n+1}	功　能
0	×	×	Q^n	保持
1	0	0	0	置 0
1	0	1	0	
1	1	0	1	置 1
1	1	1	1	

三、同步 D 触发器时序图

同步 D 触发器时序图如图 4.2.11 所示。

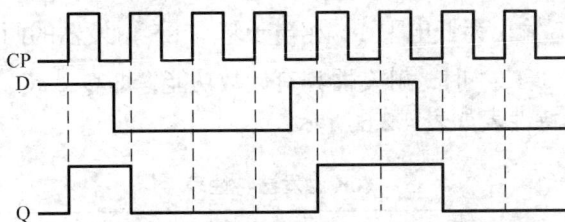

图 4.2.11 同步 D 触发器时序图

4.2.4 JK 触发器

JK 触发器也是一种双输入的双稳态触发器，功能完善，使用灵活。

一、逻辑电路和逻辑符号

JK 触发器是从时钟控制 RS 触发器的输出端 Q 和 $\overline{Q}$ 分别连线至触发器输入端，作为触发器的反馈控制，其逻辑电路和逻辑符号如图 4.2.12 所示。

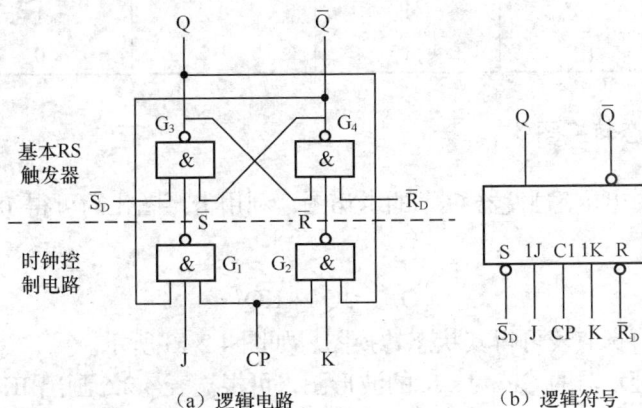

（a）逻辑电路   （b）逻辑符号

图 4.2.12 JK 触发器逻辑电路及逻辑符号

二、逻辑功能

当 CP=0 时，G_1、G_2 被封锁，触发器输入端 J 和 K 的变化对 G_3、G_4 输出无影响，触发器保持原状态。

当 CP=1 时，G_1、G_2 开启，J、K、Q^n 共同决定触发器状态。

（1）J=K=0 时，G_1、G_2 的输出均为高电平 1，相当于基本 RS 触发器的两个输入 $\overline{R}$ =1、$\overline{S}$ =1，这时无论时钟脉冲状态如何，触发器保持原状态不变，触发器具有保持功能，即 $Q^{n+1}=Q^n$。

（2）J=0，K=1 时，G_1 输出为高电平 1，G_2 输出由 Q^n 决定。当 Q^n=0 时，G_2 输出亦为高电平，相当于基本 RS 触发器的两个输入 $\overline{S}$ =1、$\overline{R}$ =1，触发器保持 0 态；当 Q^n=1 时，G_2 输出为低电平，相当于基本 RS 触发器的两个输入 $\overline{S}$ =1、$\overline{R}$ =0，触发器置 0 态。所以当 J=0，K=1 时，JK 触发器置 0 态，即 Q^{n+1}=0。

（3）J=1，K=0 时，JK 触发器逻辑功能的分析方法与第 2 种情况类似，此时无论触发器的现态是 0 态还是 1 态，触发器均置 1 态，即 Q^{n+1}=1。

（4）J=K=1 时，G_1、G_2 的输出由 Q^n 决定。当 Q^n=0 时，G_1 输出为高电平 1，G_2 输出为低电平 0，相当于基本 RS 触发器的两个输入 $\overline{S}$ =0、$\overline{R}$ =1，触发器置 0 态；当 Q^n=1 时，

G_1 输出为高电平 0，G_2 输出为低电平 1，相当于基本 RS 触发器的两个输入 $\overline{S}=1$、$\overline{R}=0$，触发器置 0 态。因此，J=K=1 时，触发器具有计数功能，即 $Q^{n+1}=\overline{Q^n}$。

具体的 JK 触发器特性表如表 4.2.6 所示。

表 4.2.6　　　　　　　　　　　　JK 触发器特性表

CP	J	K	Q^n	Q^{n+1}	功　能
0	×	×	0	0	保持
0	×	×	1	1	
1	0	0	0	0	保持
1	0	0	1	1	
1	0	1	0	0	置0
1	0	1	1	0	
1	1	0	0	1	置1
1	1	0	1	1	
1	1	1	0	1	计数
1	1	1	1	0	

三、特性方程及状态转换图

由表 4.2.6 可画出 JK 触发器 Q^{n+1} 的卡诺图，利用卡诺图化简可得 JK 触发器的特性方程如下。

$$Q^{n+1}=J\overline{Q^n}+\overline{K}Q^n$$

由 JK 触发器的真值表可得其状态转换图，如图 4.2.13 所示。

如果已知 JK 触发器的 CP、J、K 的波形图，可根据表 4.2.6 画出 JK 触发器的波形图，如图 4.2.14 所示。

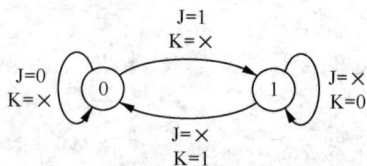

图 4.2.13　JK 触发器的状态转换图

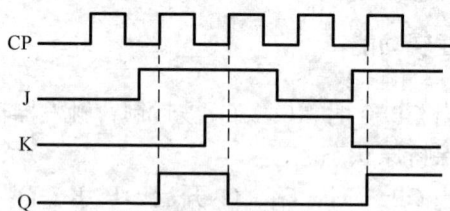

图 4.2.14　JK 触发器的波形图

4.2.5　T 触发器

当 JK 触发器的输入信号 J=K=T 时，就构成了 T 触发器。将 J=K=T 代入 JK 触发器的特性方程，便可得到 T 触发器的特性方程如下。

$$Q^{n+1}=J\overline{Q^n}+\overline{K}Q^n$$
$$=T\overline{Q^n}+\overline{T}Q^n$$
$$=T\oplus Q^n$$

T 触发器特性如表 4.2.7 所示。

表 4.2.7　　　　　　　　　　　　T 触发器特性表

CP	J	K	Q^n	Q^{n+1}	功　能
0	×	×	0	0	保持
0	×	×	1	1	
1	0	0	0	0	保持
1	0	0	1	1	
1	1	1	0	1	计数
1	1	1	1	0	

由此可知，CP=1 脉冲期间，T 触发器有保持和计数功能。

4.2.6　T′触发器

当 JK 触发器的输入信号 J=K=1 时，就构成了 T′触发器。将 J=K=1 代入 JK 触发器的特性方程，便可得到 T′触发器的特性方程如下。

$$Q^{n+1}=1 \cdot \overline{Q^n} + \overline{1} \cdot Q^n$$
$$=\overline{Q^n}$$

T′触发器特性表如表 4.2.8 所示。

表 4.2.8　　　　　　　　　　　　T′ 触发器特性表

CP	J	K	Q^n	Q^{n+1}	功　能
0	×	×	0	0	保持
0	×	×	1	1	
1	1	1	0	1	计数
1	1	1	1	0	

由此可知，CP=1 脉冲期间，T′触发器只有计数功能。

4.2.7　基本触发器的特点

以上基本触发器都具有两个稳定状态，有记忆功能，可用来表示二进制数 0 和 1，并作为二进制信息的存储单元。这里所说的触发器两个稳定状态是说触发器在正常工作时，两个输出端的状态是互补的，其中一个为 1，另一个一定为 0。所谓记忆功能是当触发信号撤除后，触发器能保持触发信号作用时所具有的输出状态。

基本触发器是电平触发型的，在时钟信号为 1 的整个作用期间，触发信号均可使触发器状态发生变化。当 CP=1 到来后，若触发器状态已翻转，但时钟信号仍处于高电平，触发信号却发生了变化，这将导致触发器状态可能发生二次翻转，甚至出现多次翻转。这种在一个时钟信号脉冲作用下触发器发生两次或两次以上翻转的现象，称为**空翻**。要解决电平触发型触发器的空翻问题，就必须保证在 CP=1 的整个期间，控制信号的状态不变或者限制时钟信号很窄，这实际上是难以做到的。即使是在 CP=1 期间，控制信号的状态不发生变化，由于时钟信号过宽，反馈的引入也会使触发器自动产生多次翻转，即产生**振荡**。

空翻和振荡的存在，极大地限制了基本触发器的应用。

4.3 边沿触发型的触发器

基本触发器一般都是电平触发型触发器。电平触发型触发器存在空翻现象和振荡现象，要解决空翻和振荡问题，必须从电路本身找出路。随着集成电路技术和工艺的发展，集成触发器的问世解决了这一问题。集成触发器不采用电平触发型结构，而采用边沿触发型和主从型的结构。

边沿触发型触发器，简称边沿触发器。由于是在时钟信号上升或下降的瞬间接收输入信号，触发器才按逻辑功能的要求改变状态，因此称边沿触发器。在时钟信号的其他时刻，触发器处于保持状态，因此，这是一种抗干扰能力强的实用触发器，应用最为广泛。

下面以边沿触发型的 JK 触发器为例来讨论这种触发器的结构和特点。

4.3.1 边沿 JK 触发器

一、逻辑电路和逻辑符号（见图 4.3.1）

当 CP=0、1 和 0→1 时，触发器的状态不变。

当 CP=1→0 时，触发器的状态根据 J、K 端的输入信号翻转。

（1）J=0、K=0 时：状态保持。

（2）J=0、K=1 时：触发器会翻转到和 J 相同的 0 状态。

（3）J=1、K=0 时：触发器会翻转到和 J 相同的 1 状态。

（4）J=1、K=1 时：当时钟信号为连续脉冲时，则触发器的状态便不断来回翻转。

（a）逻辑图　　　　　　　　　　（b）逻辑符号

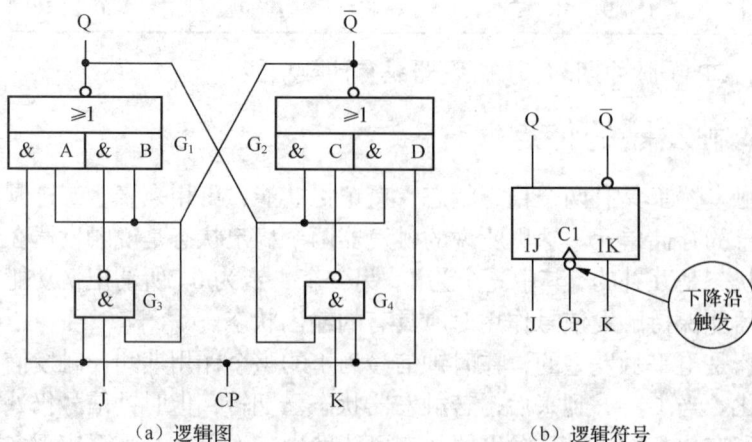

图 4.3.1　边沿 JK 触发器逻辑图和逻辑符号

二、逻辑功能

根据以上分析，可得到边沿 JK 触发器的特性表，如表 4.3.1 所示。

表 4.3.1   边沿 JK 触发器特性表

CP	J	K	Q^n	Q^{n+1}	说明
0、1 或↑	×	×	×	Q^n	保持
↓	0	0	0	0	保持
↓	0	0	1	1	
↓	0	1	0	0	置 0
↓	0	1	1	0	
↓	1	0	0	1	置 1
↓	1	0	1	1	
↓	1	1	0	1	翻转
↓	1	1	1	0	

三、JK 触发器的特性方程

$$Q^{n+1}=J\overline{Q^n}+\overline{K}Q^n（时钟信号下降沿到来有效）$$

四、下降沿触发 JK 触发器时序图（见图 4.3.2）

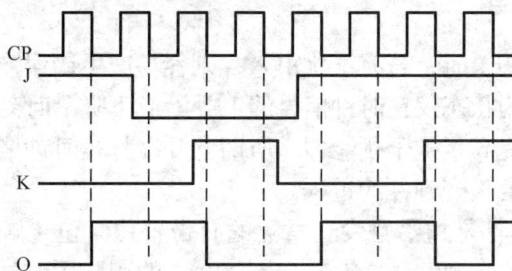

图 4.3.2   下降沿触发 JK 触发器时序图

4.3.2   常见的集成边沿触发器

一、集成边沿 JK 触发器（见图 4.3.3）

常见的集成边沿 JK 触发器有带预置清除正触发双 JK 触发器 74LS109、带预置清除下降沿触发双 JK 触发器 74LS112、带清除负触发双 JK 触发器 74LS73、带预置清除双 JK 触发器 74LS76、双 JK 触发器 CD4027、3 输入端 JK 触发器 CD4095 与 CD4096 等。下面介绍两种 JK 触发器 74LS112、CD4027 的引脚图及 74LS112 特性表（见表 4.3.2）。

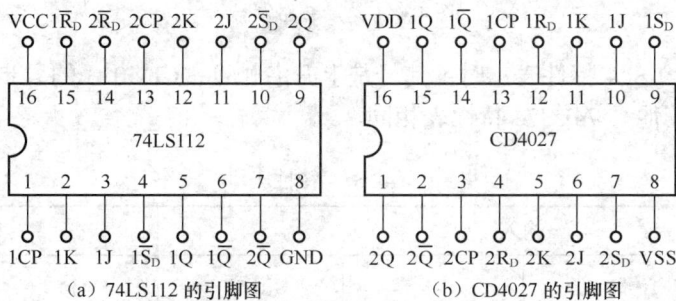

（a）74LS112 的引脚图   （b）CD4027 的引脚图

图 4.3.3   集成边沿 JK 触发器

注：它们都是时钟信号下降沿触发；74LS112 的异步输入端 $\overline{S}_D$ 和 $\overline{R}_D$ 为低电平有效，

CD4027 的异步输入端 R_D 和 S_D 为高电平有效。

表 4.3.2   74LS112 特性表

输　　入					输　　出		功　　能
$\overline{R_D}$	$\overline{S_D}$	CP	J	K	Q^{n+1}	$\overline{Q^{n+1}}$	
0	0	×	×	×	1	1	不允许
0	1	×	×	×	0	1	异步置零
1	0	×	×	×	1	0	异步置1
1	1	↓	0	0	Q^n	$\overline{Q^n}$	保持
1	1	↓	0	1	0	1	同步置零
1	1	↓	1	0	1	0	同步置1
1	1	↓	1	1	$\overline{Q^n}$	Q^n	计数

二、边沿 D 触发器

同步 D 触发器在 CP=1 时，若有干扰窜入，则容易产生错误输出，即存在空翻现象。而边沿触发是使触发器的状态仅在时钟信号的上升沿或下降沿时刻发生变化，而其他时刻不接受输入信号，因而提高了抗干扰能力。所谓上升沿就是时钟信号由 0 变到 1 的过程，而下降沿就是时钟信号由 1 变到 0 的过程。

一般常用 D 触发器都是边沿触发，常见的有带置位复位正触发双 D 触发器 74LS74 和 CD4013。下面给出双 D 触发器 74LS74、CD4013 的引脚图与边沿 D 触发器逻辑符号，如图 4.3.4 所示。

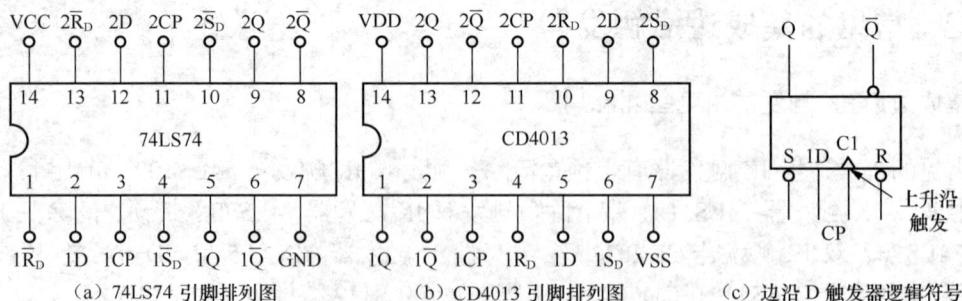

(a) 74LS74 引脚排列图   (b) CD4013 引脚排列图   (c) 边沿 D 触发器逻辑符号

图 4.3.4 边沿 D 触发器

表 4.3.3 是 74LS74 特性表，时钟信号是上升沿触发，CD4013 的异步输入端 R_D 和 S_D 为高电平有效，其他与 74LS74 特性表相同。

表 4.3.3   74LS74 特性表

输入				输出	
$\overline{R_D}$	$\overline{S_D}$	CP	D	Q	$\overline{Q}$
0	0	×	×	1	1
0	1	×	×	0	1

输入				输出	
$\overline{R_D}$	$\overline{S_D}$	CP	D	Q	$\overline{Q}$
1	0	×	×	1	0
1	1	↑	0	0	1
1	1	↑	1	1	0

三、典型 D 触发器

前面已介绍了 CD4013 和 74LS74，这里再介绍一款集成 D 触发器，三态同相 8D 锁存器 74LS373。其 8 个 D 触发器彼此独立，$\overline{OE}$ 为选通端（输出控制），低电平选中；G 为使能端（输出允许），G 为高电平时，D 信号向右传送到 Q 端，G 为低电平时，电路保持原状态不变，禁止数据传送。74LS373 引脚排列图及特性表如图 4.3.5 和表 4.3.4 所示。

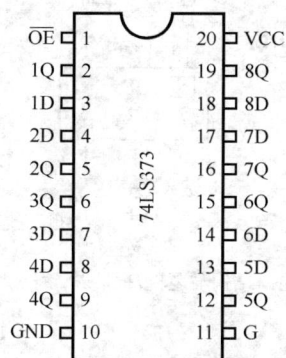

图 4.3.5　74LS373 引脚排列图

表 4.3.4　　　　　　　　　　　　74LS373 特性表

$\overline{OE}$（输出控制）	G（输出允许）	D	Q（输出）
L	H	H	H
L	H	L	L
L	L	×	保持
H	×	×	高阻

当然还有很多 D 触发器，如带公共时钟和复位 4D 触发器 74LS175、带公共时钟和复位 8D 触发器 74LS273、三态同相 8D 锁存器 74LS374、单边输出公共使能 8D 锁存器 74LS377 等，使用时可查阅相关资料。

4.4　主从触发器

主从触发器比较适合窄脉冲触发的应用场合，其工作过程分两步进行，状态变化是在时钟信号由 1 跳变为 0 时刻，即在下降沿时刻发生，其他时刻触发器均不改变原来状态。

4.4.1 主从 RS 触发器

一、电路结构

主从触发器的电路由主触发器和从触发器两部分组成，其中的主、从触发器均是同步 RS 触发器，特点是双拍工作方式，即在 CP=1 时，主触发器接收并锁存信息；在时钟信号下降沿时刻，从触发器按其功能真值表决定输出状态。主从 RS 触发器的电路结构、逻辑符号如图 4.4.1 所示。

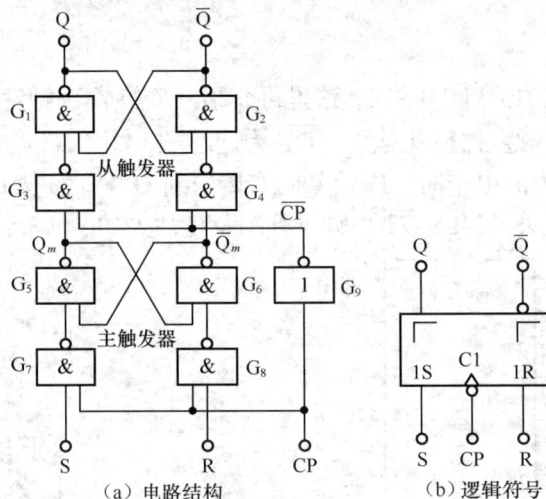

（a）电路结构 （b）逻辑符号

图 4.4.1 主从 RS 触发器的电路结构与逻辑符号

二、逻辑功能

1. 接收输入信号过程

CP=1 期间，主触发器控制门 G_7、G_8 打开，接收输入信号 R、S；从触发器控制门 G_3、G_4 封锁，其状态保持不变。

2. 输出信号过程

时钟信号下降沿到来时，主触发器控制门 G_7、G_8 封锁，在 CP=1 期间接收的内容被存储起来。同时，从触发器控制门 G_3、G_4 被打开，主触发器将其接收的内容送入从触发器，输出端随之改变状态。在 CP=0 期间，由于主触发器保持状态不变，因此受其控制的从触发器的状态即 Q、$\overline{Q}$ 的值当然不可能改变。

三、电路特点

主从 RS 触发器采用主从控制结构，从根本上解决了输入信号直接控制的问题，具有 CP=1 期间接收输入信号、时钟信号下降沿到来时触发翻转的特点。但其仍然存在约束问题，即在 CP=1 期间，输入信号 R 和 S 不能同时为 1。

4.4.2 主从 JK 触发器

一、电路结构与逻辑符号

主从 JK 触发器实际上由两个同步 RS 触发器构成，其电路结构与逻辑符号如图 4.4.2 所示。

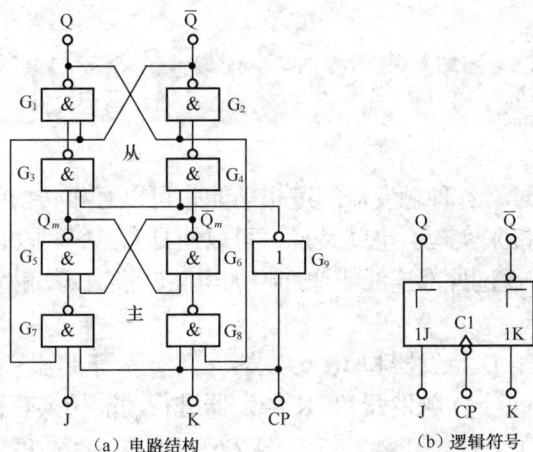

（a）电路结构 （b）逻辑符号

图 4.4.2 主从 JK 触发器的电路结构与逻辑符号

二、逻辑功能

其工作原理分析如下。

1. 接收输入信号过程

CP=1 期间，主触发器控制门 G_7、G_8 打开，接收输入信号 $J\overline{Q}^n$、KQ^n。从触发器控制门 G_3、G_4 封锁，其状态保持不变。

2. 输出信号过程

时钟信号下降沿到来时，主触发器控制门 G_7、G_8 封锁，在 CP=1 期间接收的内容被存储。同时，从触发器控制门 G_3、G_4 被打开，主触发器将其接收的内容送入从触发器，输出端随之改变状态。在 CP=0 期间，由于主触发器保持状态不变，因此受其控制的从触发器的状态即 Q、$\overline{Q}$ 的值当然不可能改变。

将 $S = J\overline{Q}^n$、$R = KQ^n$ 代入 RS 触发器的特性方程，即可得到主从 JK 触发器的特性方程：

$$Q^{n+1} = J\overline{Q}^n + \overline{K}Q^n$$

主从 JK 触发器没有约束。

三、电路特点

（1）主从 JK 触发器采用主从控制结构，从根本上解决了输入信号直接控制的问题，具有 CP=1 期间接收输入信号、时钟信号下降沿到来时触发翻转的特点。

（2）输入信号 J、K 之间没有约束。

（3）存在一次变化问题。

四、集成主从 JK 触发器（见图 4.4.3）

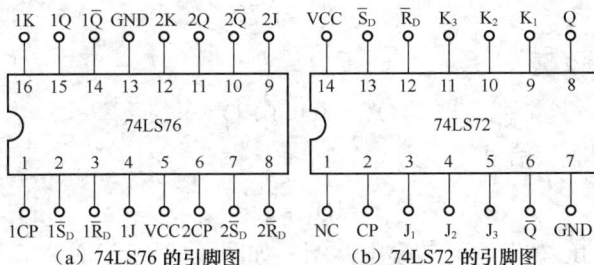

（a）74LS76 的引脚图 （b）74LS72 的引脚图

图 4.4.3 集成主从 JK 触发器

4.5 触发器逻辑功能的转换

在实际应用触发器时，各种触发器的逻辑功能是可以互相转换的，这可以通过改变外部连接来实现。也就是说，可以使具有某一种功能的触发器比如 D 触发器，通过外部连线或增加附加电路转换成 JK 触发器或其他触发器。

市场上供应较多的是 D 触发器和 JK 触发器，当实际需要另一种功能的触发器时，可以通过对 D 触发器和 JK 触发器进行功能转换获得，这为触发器的应用提供了方便。在 4.2.5 节、4.2.6 节中，其实质就是将 JK 触发器转换为 T 和 T′触发器。下面以 JK 触发器与 D 触发器的相互转换为例，进一步说明这种转换的方法。需要注意的是触发器的逻辑功能可以互相转换，但这种转换不能改变电路的触发方式。

一、JK 触发器转换为 D 触发器

JK 触发器的特性方程为

$$Q^{n+1} = J\overline{Q}^n + \overline{K}Q^n$$

D 触发器的特性方程为

$$Q^{n+1} = D$$

要将 JK 触发器转换为 D 触发器，需保证 $J\overline{Q}^n + \overline{K}Q^n = D$

$$Q^{n+1} = D$$
$$= D\left(\overline{Q}^n + Q^n\right)$$
$$= D\overline{Q}^n + DQ^n$$

与 JK 触发器的特性方程进行比较得到

$$J = D, \quad K = \overline{D}$$

根据 J、K、D 三者之间的关系，画出 JK 触发器转换为 D 触发器的转换电路图，如图 4.5.1 所示。

二、D 触发器转换为 JK 触发器

D 触发器的特性方程为

$$Q^{n+1} = D$$

JK 触发器的特性方程为

$$Q^{n+1} = J\overline{Q}^n + \overline{K}Q^n$$

应将 D 触发器的输入信号转换为

$$D = J\overline{Q}^n + \overline{K}Q^n$$

D 触发器转换为 JK 触发器的转换电路图，如图 4.5.2 所示。

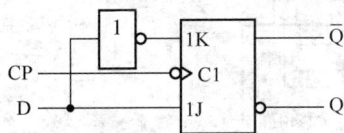

图 4.5.1　JK 触发器转换为 D 触发器的转换电路图

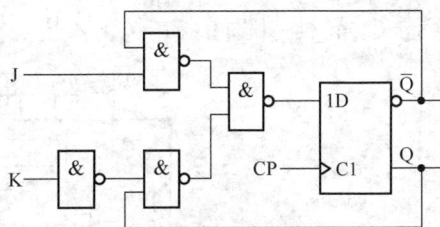

图 4.5.2　D 触发器转换为 JK 触发器的转换电路图

4.6　实验四　触发器逻辑功能的测试与转换

4.6.1　实验目的

（1）掌握基本 RS、JK、D、T 各种触发器的逻辑功能。

（2）熟悉各种功能触发器互相转换的方法。

4.6.2　实验设备与器件

触发器是组成时序逻辑电路必不可少的基本单元电路，电路的输出状态不仅和当时的输入状态有关，还和在此之前的电路状态有关。

（1）CD4027：双 JK 触发器，引脚排列如图 4.6.1（a）所示。在一片集成电路器件内有两个独立的相同的 JK 触发器，每个触发器有各自的时钟脉冲输入端 CP_1、CP_2，真值表如图 4.6.1（b）所示。

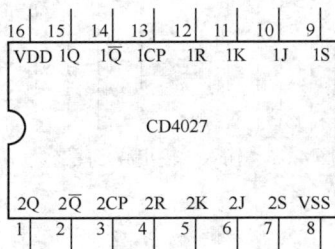

（a）引脚排列图

输入					输出		说明
CP	J	K	S	R	Q^n	Q^{n+1}	
↑	0	0	0	0	0	0	保持原态
					1	1	
↑	0	1	0	0	0	0	触发器置0
					1	0	
↑	1	0	0	0	0	1	触发器置1
					1	1	
↑	1	1	0	0	0	1	触发器翻转
					1	0	
↓	×	×	×	×	×	不变	脉冲上升沿时状态保持不变
×	×	×	0	1	×	0	触发器异步置0
×	×	×	1	0	×	1	触发器异步置1
×	×	×	1	1	×	不定	

（b）真值表

图 4.6.1　CD4027 外引脚排列图及真值表

（2）CD4013：双 D 触发器，包含两个独立的 D 触发器。引脚排列如图 4.6.2（a）所示，真值表如图 4.6.2（b）所示。从真值表可看出，CD4013 由上升沿触发，置位、复位为高电平有效。

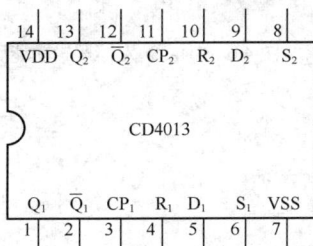

（a）引脚排列图

输入				输出
R	S	CP	D	Q^{n+1}
0	0	↑	0	0
0	0	↑	1	1
0	0	↓	×	不变
1	0	×	×	0
0	1	×	×	1
1	1	×	×	1

（b）真值表

CD4013

图 4.6.2　CD4013 外引脚排列图及真值表

（3）CD4011 引脚图：它包含 4 个 2 输入与非门，其引脚图如图 4.6.3 所示。

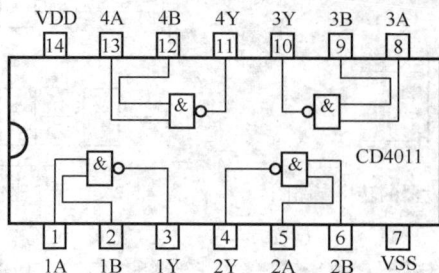

图 4.6.3　CD4011 引脚图

4.6.3　实验仪器与芯片

数字逻辑实验装置 1 台，CD4011、CD4013、CD4027、74LS373 芯片各 1 片。

4.6.4　实验内容与步骤

【实验内容 1】基本 RS 触发器逻辑功能测试

（1）请利用数电实验箱检测 74LS00 逻辑功能，保证其工作正常。

（2）用 74LS00 构成基本 RS 触发器（接线图如图 4.6.4 所示）。按图 4.6.4 置 $\bar{R}$ 和 $\bar{S}$ 的逻辑电平，根据图 4.6.5 中给出的 $\bar{R}$、$\bar{S}$ 状态进行测试，并将结果记录于图中。

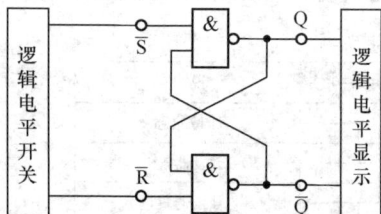

图 4.6.4　74LS00 构成基本 RS 触发器接线图

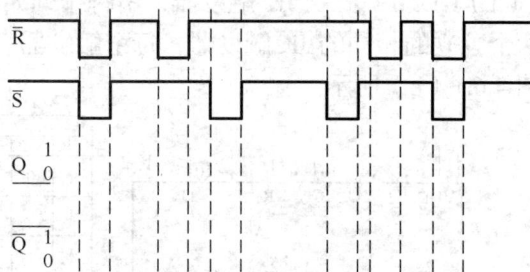

图 4.6.5　输入、输出波形图

【实验内容 2】JK 触发器 CD4027 逻辑功能测试

（1）将 CD4027 按图 4.6.6 接线。

（2）触发器置 0、置 1 的功能测试。

测试当异步输入端 R_D、S_D 分别有效时，JK 触发器的输出 Q 的状态，将结果填入表 4.6.1 中。

总结如下。

① 异步输入端 R_D、S_D 为＿＿＿＿＿＿＿电平有效。

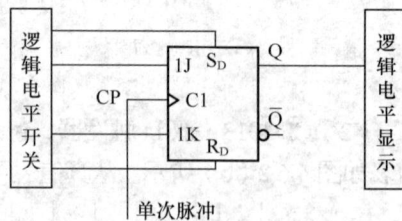

图 4.6.6　JK 触发器逻辑功能测试示意图

② 当 R_D 有效时，触发器被＿＿＿＿＿＿＿。

③ 当 S_D 有效时，触发器被＿＿＿＿＿＿＿。

④ 在其不工作时，应保持＿＿＿＿＿＿电平。

（3）触发器逻辑功能的测试。

利用 R_D 端先将触发器复位（置 0 态），在 CP 端加入手动脉冲，然后按表 4.6.1 用电平开关和电平显示器分别测试触发器的输出状态。

表 4.6.1　　　　　　　　　　　JK 触发器逻辑功能测试记录

	R_D	S_D	J	K	CP	Q^n	Q^{n+1}	说明
置位	0	1	×	×	×	0		
						1		
复位	1	0	×	×	×	0		
						1		
逻辑功能测试	0	0	0	0	↑	0		
					↑	1		
					↓	0		
					↓	1		
	0	0	0	1	↑	0		
					↑	1		
					↓	0		
					↓	1		
	0	0	1	0	↑	0		
					↑	1		
					↓	0		
					↓	1		
	0	0	1	1	↑	0		
					↑	1		
					↓	0		
					↓	1		

总结：JK 触发器的特点是_____。

【实验内容 3】将 JK 触发器转换成 T 触发器

（1）请自行设计将 JK 触发器转换成 T 触发器的接线图与功能测试表。

（2）请按照自行设计的接线图进行接线，并将测试结果填入功能测试表中，如表 4.6.2 所示。

表 4.6.2　　　　　　　　　　将 JK 触发器转换成 T 触发器实验记录

接　线　图	功能测试表

【实验内容 4】将 JK 触发器转换成 D 触发器

（1）请自行设计将 JK 触发器转换成 D 触发器的接线图与功能测试表。

（2）请按照自行设计的接线图进行接线，并将测试结果填入功能测试表中，如表 4.6.3 所示。

表 4.6.3	将 JK 触发器转换成 D 触发器实验记录
接　线　图	功能测试表

4.6.5　实验总结

请总结这次实验中用到的两个芯片 CD4027 和 CD4013 的功能，将总结的结果填写到表 4.6.4 中。

表 4.6.4	触发器真值表要点	
名　　称	型　号	
	CD4027	CD4013
CP 的触发沿		
触发器的复位条件		
触发器的置位条件		
触发器状态保持的条件		
触发工作的必要条件		

4.7　触发器的应用

在数字电路中，各种信息都是用二进制数这一基本工作信号来表示的，而触发器是存放这种信号的基本单元。由于触发器结构简单，工作可靠，在基本触发器的基础上能演变出许许多多的应用电路，因此被广泛运用。特别是时钟控制的触发器为同时控制多个触发器的工作状态提供了条件，它是时序电路的基础单元电路，常被用来构造信息的传输、缓冲、锁存电路及其他常用电路。

触发器的应用非常广泛，可以用来构成分频器、计数器、寄存器等。计数器和寄存器将在下一章介绍。下面介绍两个触发器的应用电路，分别是分频器和密码锁。

触发器实现二分频：用 D 触发器可以组成分频电路，其电路及波形如图 4.7.1 所示。图中 CP 是由信号源或振荡电路发出的脉冲信号，将 $\overline{Q}$ 接到 D 端。设 D 触发器的初始状态为 0 状态，即 $D=\overline{Q}=1$。当时钟信号上升沿到来时，根据 D 触发器的特征，触发器将翻转为 1 状态；当下一个时钟信号上升沿到来时，D 触发器又将翻转回 0 状态。即每一个时钟周期，触发器都翻转一次，经过两个时钟周期，输出信号周期才变化一次。所以经过由 D 触发器组成的分频电路后，输出脉冲频率减少了 1/2，称为二分频。若在其输出端再串接一个同样的分频电路，就能实现四分频；同理，若接 n 个分频电路就能构成 2^n 分频器。

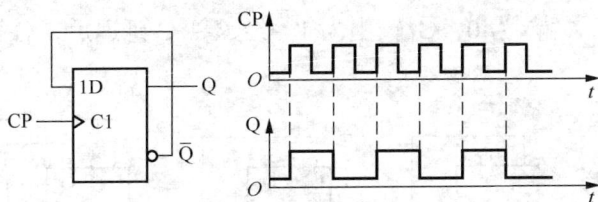

图 4.7.1 二分频电路及波形图

如果按图 4.7.2 进行接线，还可构成倍频电路。请读者自行分析其工作原理。

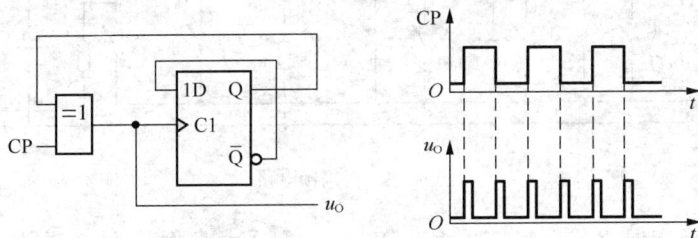

图 4.7.2 倍频电路及波形图

电源频率检测器电路如图 4.7.3 所示。

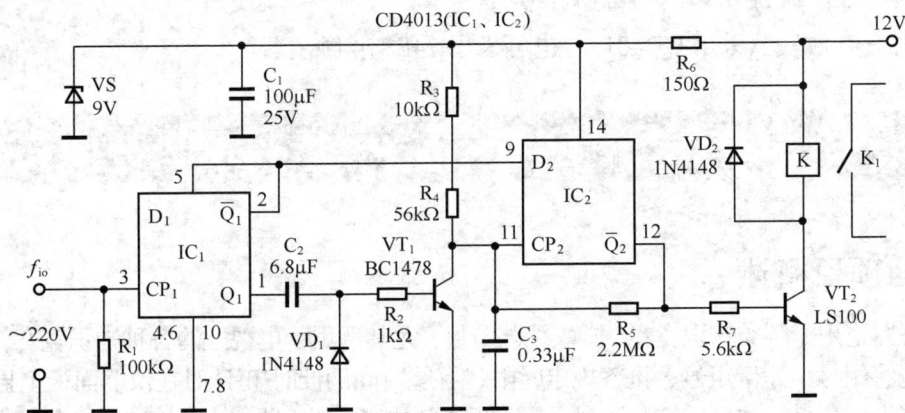

图 4.7.3 电源频率检测器电路

电路中，CD4013 中的第一触发器 IC_1 组成一个双稳态触发器，用来对输入的电源信号整形和二分频。由它的 Q_1 端输出的分频信号作为开关管 VT_1 的开关控制信号。第二触发器 IC_2 的 R_3、R_4、R_5 及 C_3 组成频率检测电路，当电源频率超出规定范围时，频率检测电路输出检测信号使 VT_2 导通，切断电源。当双稳态触发器输出脉冲的下降沿使 VT_1 截止时，电容 C_3 通过 R_3、R_4、R_5 进行充电，如果电源频率较低，电容充电时间将延长，C_3 上端的电压将会升高，通过 R_5 与 R_7 分压后会使 VT_2 导通，继电器吸合，它的常闭触点将电源断开。在电源频率正常时，由于开关管 VT_1 关断的时间小于电容 C_3 的充电时间常数，C_3 上端的充电电压达不到 VT_2 的导通电压，被控设备将正常工作。

密码锁电路如图 4.7.4 所示，其工作原理分析如下。

（1）平时，各触发器的 Q 端均为 0，D_0 为 1。

（2）按正确密码（本例密码设为 1479）按键，必须先按 K_1，CP_1 出现一个上升沿，FF_0 翻转使 $Q_0=1$，且使 $D_1=1$；同理再按 $K_4 \rightarrow Q_1=1$，且使 $D_2=1$；再按 $K_7 \rightarrow Q_2=1$，且使 $D_3=1$；再按 $K_9 \rightarrow Q_3=1$，使锁控电路工作，打开电磁门锁（本例用发光二极管 LED 显示，则发光

二极管亮）。同时门 G_1 输入为 0，G_1 输出为 1→经 R_5、C 延迟后，各触发器 R 端为 1→各触发器复位为 0。

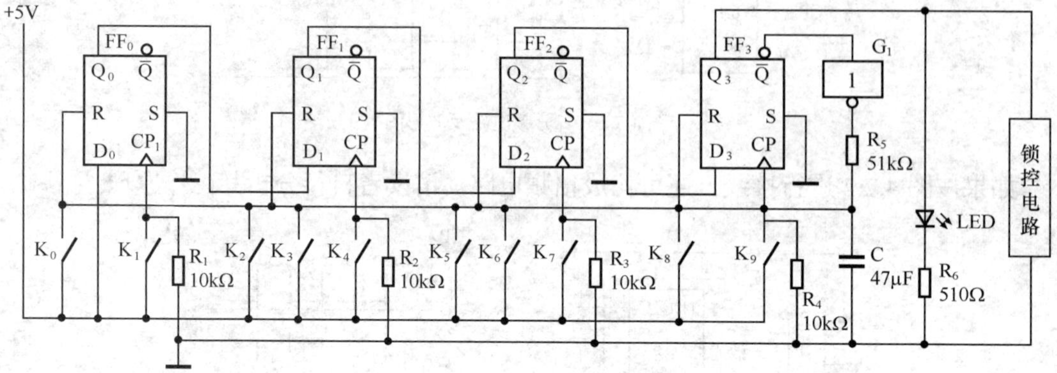

图 4.7.4　密码锁电路

（3）按下密码错误时（一旦按下 K_0、K_2、K_3 等）→各触发器 R 端为 1，立即复位。

（4）将 K_1、K_4、K_7、K_9 更换为其他按键，即更换了开锁密码。

（5）为了避免电磁门锁长期处于打开状态浪费电源，R_5 与 C 构成一个延时电路，经过一段时间后（本例为 3s 左右）自动复位。

本例中 D 触发器采用 CD4013，也可采用 74LS74 触发器。

4.8　项目三　四路抢答器的制作与调试

4.8.1　项目概述

抢答器适用于各类知识竞赛、文娱综艺节目，尤其适用于电视上的各种知识竞赛，除了可以把各抢答组号、违例组号、抢答规定时限、答题时间倒计时/正计时在仪器面板上显示外，还可外接大屏幕显示屏显示给赛场观众，活跃现场气氛，便于监督，公平竞争。有的抢答器功能还被用在计算机游戏的抢占上，谁快谁就有奖；有的小型抢答器还可用来训练小孩的反应能力。下面介绍的是一种简单的四路抢答电路，未包含计时电路。抢答器电路图如图 4.8.1 所示。

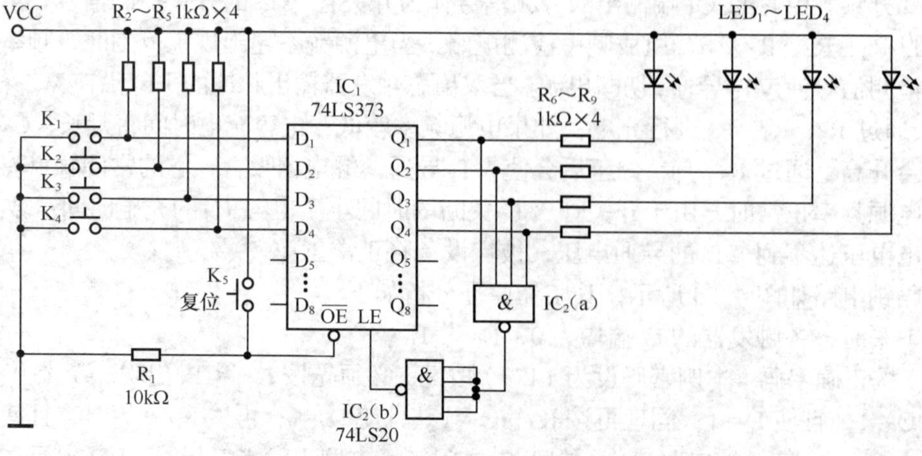

图 4.8.1　抢答器电路图

质量指标如下。

（1）按下按钮开关 $K_1 \sim K_4$ 中的其中一个，相应的发光二极管 $LED_1 \sim LED_4$ 被点亮。

（2）松开该按钮，被点亮的 LED 继续亮。

（3）按下其他按钮，其他 LED 不亮，也不影响已经发光的 LED。

（4）按下复位开关 K_5，4 个 LED 全灭。

4.8.2 四路抢答器电路的工作原理

图 4.8.1 中，平时 74LS373 的 $D_1 \sim D_8$ 均为高电平，$Q_1 \sim Q_8$ 也是高电平，各 LED 不亮。

当某抢答者按下自己的按键（例如按下 K_1）时，则 $D_1=0$，$Q_1=0$，三极管导通，LED_1 显示 "1"，表示第一路抢答成功。同时，在 $Q_1=0$ 时，与非门 IC_2（a）的输出为 1，此时 IC_2（b）的输入端均为 1，使电路进入保持状态，其他各路抢答不再生效。因此，该电路不会出现两人同时获得抢答优先权的情况。当裁判确认抢答者后，按下复位按钮 K_5，IC_2（b）输出高电平，因 $K_1 \sim K_4$ 无键按下，$D_1 \sim D_8$ 均为高电平，$Q_1 \sim Q_8$ 也都为高电平，电路恢复初始状态，LED 熄灭，准备接受下一次抢答。

4.8.3 四路抢答器电路的调试

四路抢答器电路的调试步骤如下。

（1）仔细检查、核对电路与元器件，确认无误后接入规定的+5V 直流电压。

（2）抢答功能测试：按下按钮开关 $K_1 \sim K_4$ 中的其中一个，相应的数码管显示相应号码；松开该按钮，该 LED 继续亮；这时按下其他按钮，其他发光二极管应该不亮，也不影响已经发光的发光二极管；这表明抢答功能正常。

（3）清零功能测试：按下按钮开关 K_1，4 个发光二极管应该全灭。

本章小结

（1）触发器是构成时序逻辑电路的基本单元，触发器有两个稳定状态，即 0 态和 1 态，具有记忆功能。

（2）按逻辑功能分类，触发器可以分为 RS、D、JK、T、T'触发器。不同类型的触发器之间是可以互相转换的。按触发方式的不同，可以把触发器分成电平触发、边沿触发、主从触发 3 种类型。边沿触发有抗干扰能力强的特点。

（3）描述触发器的次态、现态和输入变量之间的函数关系的方程称为特性方程。特性方程又称状态方程或次态方程。需要记住的触发器特性方程如下。

时钟控制 RS 触发器的特性方程

$$\begin{cases} Q^{n+1} = S + \overline{R}Q^n \\ RS = 0\,(约束条件) \end{cases} \quad (CP = 1脉冲期间有效)$$

JK 触发器的特性方程为 $Q^{n+1} = J\overline{Q^n} + \overline{K}Q^n$。

（4）触发器的功能可以通过改变外电路的连接方式进行转换，按一定的逻辑功能要求或者改变外电路的某些连接线，或者加入若干附加元器件改变触发器的输入。触发器的功能转换了，但触发器的触发方式不会改变。

习　题

一、填空题

1. RS 触发器具有_____、_____和_____等逻辑功能；D 触发器具有_____和_____等逻辑功能；JK 触发器具有_____、_____、_____和_____等逻辑功能；T 触发器具有_____和_____等逻辑功能。

2. RS 触发器在 R 和 S 同时为有效电平时，会出现_____现象，主从触发和边沿触发方式的触发器可以克服触发器在用来计数时可能出现的_____现象。

3. 触发器有_____个稳态，存储 8 位二进制信息要_____个触发器。

4. 在一个时钟信号作用下，引起触发器两次或多次翻转的现象称为触发器的_____，触发方式为_____式或_____式的触发器不会出现这种现象。

5. 边沿触发器分为_____沿触发和_____沿触发两种。当时钟信号从 1 到 0 跳变时触发器输出状态发生改变的是_____沿触发型触发器；当时钟信号从 0 到 1 跳变时触发器输出状态发生改变的是_____沿触发型触发器。

二、选择题

1. 边沿式 D 触发器是一种_____稳态电路。
   A. 无　　　　　　　　　B. 单　　　　　　　　　C. 双　　　　　　　　　D. 多

2. 为实现将 JK 触发器转换为 D 触发器，应使_____。
   A. J=D，K=$\bar{D}$　　　B. K=D，J=$\bar{D}$　　　C. J=K=D　　　D. J=K=$\bar{D}$

3. 下列触发器中，没有约束条件的是_____。
   A. 基本 RS 触发器　　　B. 主从 RS 触发器
   C. 同步 RS 触发器　　　D. 边沿 D 触发器

4. 欲使 D 触发器按 $Q^{n+1}=\bar{Q}^n$ 工作，应使输入 D=_____。
   A. 0　　　　　　　　　B. 1　　　　　　　　　C. Q　　　　　　　　　D. $\bar{Q}$

5. 基本 RS 触发器在 $\bar{R}=\bar{S}=0$ 的信号同时撤除后，触发器的输出状态_____。
   A. 都为 0　　　　　B. 都为 1　　　　　C. 恢复正常　　　　　D. 不确定

6. 同步触发器的"同步"是指_____。
   A. RS 两个信号同步　　　B. Q^{n+1} 与 S 同步　　　C. Q^{n+1} 与 CP 同步

7. 触发器的记忆功能是指触发器在触发信号撤除后，能保持_____。
   A. 触发信号不变　　　B. 初始状态不变　　　C. 输出状态不变

三、综合题

1. 基本 RS 触发器在图 4.8.2 所示 u_i 作用下，试画输出端 Q 和 $\bar{Q}$ 的波形。

u_i ⊓⊔⊓⊔⊓⊔⊓⊔⊓⊔⊓⊔

图 4.8.2　综合题 1 图

（1）u_i 作用于 $\overline{S}$ 端，且 $\overline{R}=1$，Q 的初始状态为 0。

（2）u_i 作用于 $\overline{R}$ 端，且 $\overline{S}=1$，Q 的初始状态为 1。

2. 如图 4.8.3（a）所示的逻辑电路，已知时钟信号为连续脉冲，如图 4.8.3（b）所示，试画出 Q_1 和 Q_2 的波形。

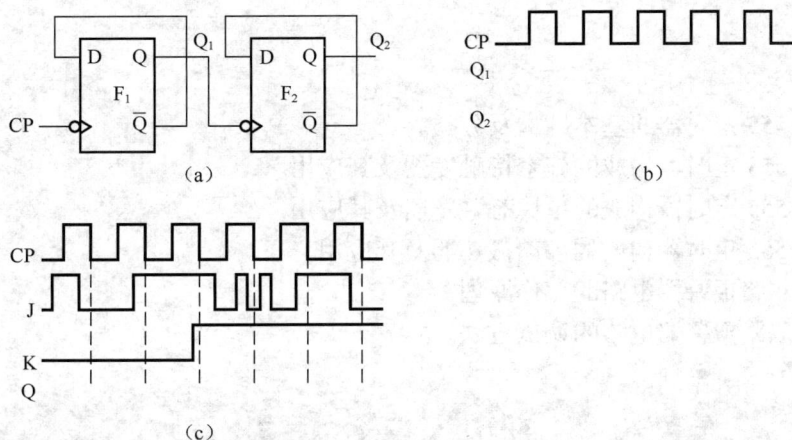

（a）

（b）

（c）

图 4.8.3　综合题 2、3 图

3. 下降沿触发的 JK 触发器输入波形如图 4.8.3（c）所示，画出 Q 端的波形。设触发器的初始状态为 "1"。

4. 求如图 4.8.4 所示的触发器次态 Q^{n+1} 的函数表达式。

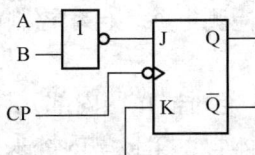

图 4.8.4　综合题 4 图

第 5 章 集成 555 定时器及其应用

教学目标

① 掌握 555 定时器的基本结构及分类。
② 掌握 555 定时器构成的施密特触发器及其应用。
③ 掌握 555 定时器构成的单稳态触发器及其应用。
④ 掌握 555 定时器构成的多谐振荡器及其应用。
⑤ 理解双路报警器电路的工作原理。
⑥ 掌握双路报警器电路的调试方法。

5.1　集成 555 定时器概述

555 定时器是电子工程领域中广泛使用的一种中规模集成电路。它将模拟与逻辑功能巧妙地组合在一起，具有结构简单、使用电压范围宽（3～18V）、工作速度快、定时精度高、驱动能力强等优点。555 定时器配以外部元件，可以构成多种实际应用电路，广泛应用于产生多种波形的脉冲振荡器、检测电路、自动控制电路、家用电器及通信产品等电子设备中。

555 定时器又称时基电路。555 定时器按照内部元件分为双极型（又称 TTL 型）和单极型两种。双极型内部采用的是晶体管，单极型内部采用的则是场效应管。

555 定时器按单片电路中包含定时器的个数分为单时基定时器和双时基定时器。

常用的 NE555 和 NE556 的引脚排列如图 5.1.1 所示。

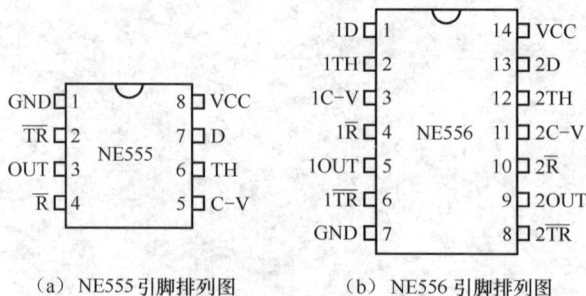

（a）NE555 引脚排列图　　　（b）NE556 引脚排列图

图 5.1.1　NE555 和 NE556 引脚排列图

5.1.1　555 定时器的电路结构和工作原理

555 定时器的内部电路如图 5.1.2 所示，它由分压器、比较器 A_1 和 A_2、基本 RS 触发器和放电管 VT 等组成。引脚分布：1 脚 GND 为接地端；2 脚 $\overline{TR}$ 为触发端（低触发端）；3 脚 OUT 为输出端；4 脚 $\overline{R}$ 为复位端（低电平有效）；5 脚 C-V 为电压控制端；6 脚 TH 为阈值端（高触发端）；7

脚 D 为放电端；8 脚 VCC 为电源端。

1. 分压器

分压器由三个等值电阻（R₁、R₂、R₃）串联而成，将电源电压 V_{CC} 分为三等份，作用是为比较器提供两个参考电压，一个是 A₁ 反相输入端电压 U_1，一个是 A₂ 同相输入端电压 U_2。若控制端 C-V 悬空或通过电容接地，则：$U_1 = \dfrac{2}{3}V_{CC}$，$U_2 = \dfrac{1}{3}V_{CC}$。

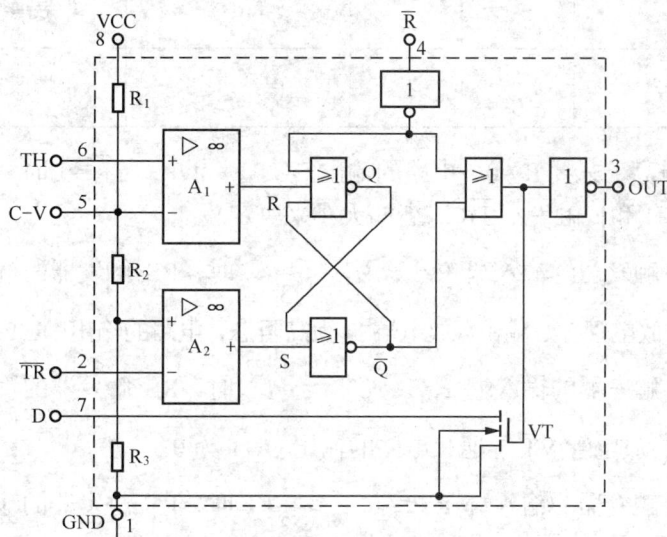

图 5.1.2　555 定时器的内部电路

若控制端 C-V 外加控制电压 U_S，则：$U_1=U_S$，$U_2=U_S/2$。

2. 比较器

A₁ 和 A₂ 接成电压比较器，根据比较器的工作原理，可以知道：当 $U_+ > U_-$ 时，比较器的输出为高电平 "1"；当 $U_+ < U_-$ 时，比较器的输出为低电平 "0"。

显然，当高触发端 TH（6 脚）的电位大于 $\dfrac{2}{3}V_{CC}$ 时，比较器 A₁ 的输出 R 为 1；当高触发端 TH 的电位小于 $\dfrac{2}{3}V_{CC}$ 时，比较器 A₁ 的输出 R 为 0。

当低触发端 $\overline{TR}$（2 脚）的电位大于 $\dfrac{1}{3}V_{CC}$ 时，比较器 A₂ 的输出 S 为 0；当低触发端 $\overline{TR}$ 的电位小于 $\dfrac{1}{3}V_{CC}$ 时，比较器 A₂ 的输出 S 为 1。

3. 基本 RS 触发器

基本 RS 触发器由两个或非门组成，电压比较器的输出是基本 RS 触发器的输入信号，触发器的输出信号 Q 和 $\overline{Q}$ 随着比较器输出的改变而改变。

4. 放电管 VT

当复位端 $\overline{R}$ 无效，即高电平时，若基本 RS 触发器的 $\overline{Q}=0$，则放电管 VT 截止；若 $\overline{Q}=1$，则放电管 VT 导通，通过放电端 D（7 脚）与外接电路形成放电回路。

5.1.2　555 定时器的逻辑功能

根据以上 555 定时器的电路结构，可以分析其功能，如表 5.1.1 所示。

表 5.1.1　　　　　　　　　　　　　555 定时器功能表

TH	$\overline{\text{TR}}$	$\overline{\text{R}}$	OUT	VT
×	×	0	0	导通
$< \frac{2}{3}V_{\text{CC}}$	$< \frac{1}{3}V_{\text{CC}}$	1	1	截止
$> \frac{2}{3}V_{\text{CC}}$	$> \frac{1}{3}V_{\text{CC}}$	1	0	导通
$< \frac{2}{3}V_{\text{CC}}$	$> \frac{1}{3}V_{\text{CC}}$	1	保持原态	保持原态

（1）复位端 $\overline{\text{R}}$ 的优先级最高，只要 $\overline{\text{R}}$ =0，电路的输出 OUT 就为 0；当 $\overline{\text{R}}$ =1 时，触发器的输出状态将由高触发端 TH 和低触发端 $\overline{\text{TR}}$ 二者的大小来决定。

（2）$U_{\text{TH}} < \frac{2}{3}V_{\text{CC}}$ 时，RS 触发器的输入端 R=0，$U_{\overline{\text{TR}}} < \frac{1}{3}V_{\text{CC}}$ 时，RS 触发器的输入端 S=1，此时触发器置位，Q=1，放电管 VT 截止，放电端 D 为高阻态，电路的输出 OUT 为 1。

（3）$U_{\text{TH}} > \frac{2}{3}V_{\text{CC}}$ 时，RS 触发器的输入端 R=1，$U_{\overline{\text{TR}}} > \frac{1}{3}V_{\text{CC}}$ 时，RS 触发器的输入端 S=0，此时触发器复位，Q=0，放电管 VT 导通，电路的输出 OUT 为 0。

（4）$U_{\text{TH}} < \frac{2}{3}V_{\text{CC}}$ 时，RS 触发器的输入端 R=0，$U_{\overline{\text{TR}}} > \frac{1}{3}V_{\text{CC}}$ 时，RS 触发器的输入端 S=0，此时触发器保持原状态，放电管 VT 也保持原状态，即电路的输出 OUT 也保持原态。

为便于记忆，上述功能可归纳为"同低出高，同高出低，不同保持"。例如，"同低出高"是指高触发端、低触发端同时低于各自的参考电压时，输出为高电平。

5.2　施密特触发器

施密特触发器能将缓慢变化的输入信号波形整形为边沿陡峭的矩形脉冲，同时还可利用回差电压来提高电路的抗干扰能力。

5.2.1　施密特触发器的电路结构

将 555 定时器的高触发端 TH（6 脚）与低触发端 $\overline{\text{TR}}$（2 脚）接在一起，作为信号的输入端，即可构成施密特触发器，如图 5.2.1（a）所示。电压控制端 C-V（5 脚）接 1 个 0.01μF 的滤波电容，可提高电路的稳定性。

施密特触发器

5.2.2　施密特触发器的工作原理

输入波形 u_i 为三角波，如图 5.2.1（b）所示。根据上一节的 555 定时器的功能表，可以分析如下内容。

（1）当 $u_i < \frac{1}{3}V_{\text{CC}}$ 时，对应图 5.2.1（b）中的 0～t_1 段，此时，$U_{\overline{\text{TR}}} < \frac{1}{3}V_{\text{CC}}$、$U_{\text{TH}} < \frac{2}{3}V_{\text{CC}}$，为"同低出高"，$u_o$ 为 1；当 u_i 升高到 $\frac{1}{3}V_{\text{CC}} < u_i < \frac{2}{3}V_{\text{CC}}$ 时，对应图中的 t_1～t_2 段，为"不同

保持"，触发器保持原来的状态，u_o 仍为 1。

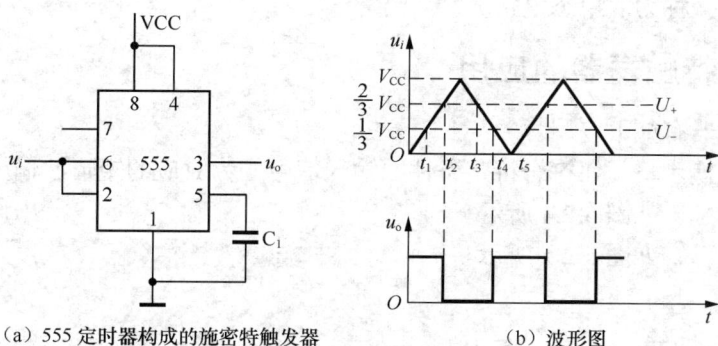

（a）555 定时器构成的施密特触发器 　　　（b）波形图

图 5.2.1　555 定时器构成的施密特触发器及其波形图

（2）当 $u_i > \dfrac{2}{3}V_{CC}$ 时，对应图中的 $t_2 \sim t_3$ 段，为"同高出低"，u_o 为 0，触发器处于复位状态。当输入 u_i 减小到 $\dfrac{2}{3}V_{CC}$ 以下，尚未达到 $\dfrac{1}{3}V_{CC}$ 的这段时间（对应图中的 $t_3 \sim t_4$ 段），为"不同保持"，触发器保持原来的状态，u_o 维持为 0。

（3）当输入电压 u_i 继续下降到 $< \dfrac{1}{3}V_{CC}$ 时，对应图中的 $t_4 \sim t_5$ 段，为"同低出高"，输出 $u_o=1$。

根据以上分析和波形图可见，施密特触发器可以将输入的三角波整形为矩形波。从波形上看出，矩形波的翻转变化转折点要从两个过程加以分析。一个是 u_i 上升阶段，输出的矩形波由高电平跳变到低电平时对应的输入电压是 $\dfrac{2}{3}V_{CC}$；另一个是 u_i 下降阶段，输出的矩形波由低电平跳变到高电平时对应的输入电压是 $\dfrac{1}{3}V_{CC}$。因此，把 $\dfrac{2}{3}V_{CC}$ 称为上限门槛电压 U_+，把 $\dfrac{1}{3}V_{CC}$ 称为下限门槛电压 U_-，把两者的差值称为回差电压 ΔU_T，即

$$\Delta U_T = U_+ - U_-$$

根据这个变化过程，可以画出输入和输出电压的关系曲线，称为施密特触发器的传输特性曲线，又称回差特性曲线或迟滞特性曲线，如图 5.2.2 所示，从曲线中可以看到电路的滞后特性。图 5.2.3 是施密特触发器的逻辑符号。

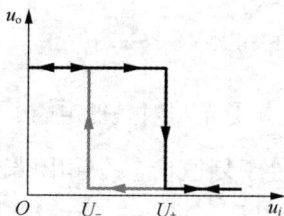

图 5.2.2　施密特触发器的回差特性曲线

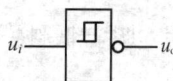

图 5.2.3　施密特触发器的逻辑符号

由传输特性可看出施密特触发器的特点如下。

电路有两个稳定状态，输出高电平和输出低电平；输出状态与输入信号 u_i 的变化方向和电路的回差电压有关。

当施密特触发器输入一定时，其输出 OUT 可以保持为"0"或"1"的稳定状态，所以施密特触发器又称为双稳态电路。

5.2.3　施密特触发器的应用

施密特触发器有如下应用。

（1）波形变换。将任何符合特定条件的输入信号变为对应的矩形波输出信号。

（2）幅度鉴别，如图 5.2.4 所示。

（3）脉冲整形，如图 5.2.5 所示。

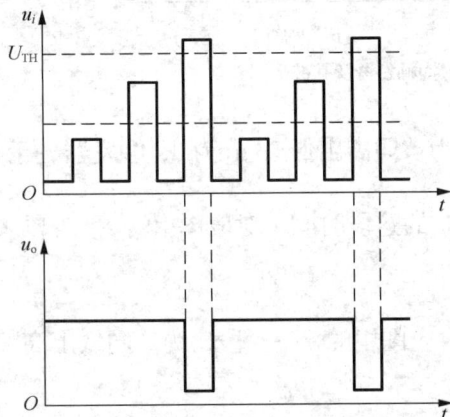

图 5.2.4　利用施密特触发器进行幅度鉴别　　图 5.2.5　利用施密特触发器进行脉冲整形

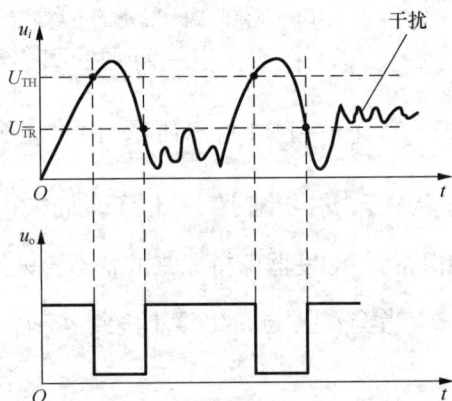

（4）具体电路分析。采用 555 定时器的光控开关电路，如图 5.2.6 所示。

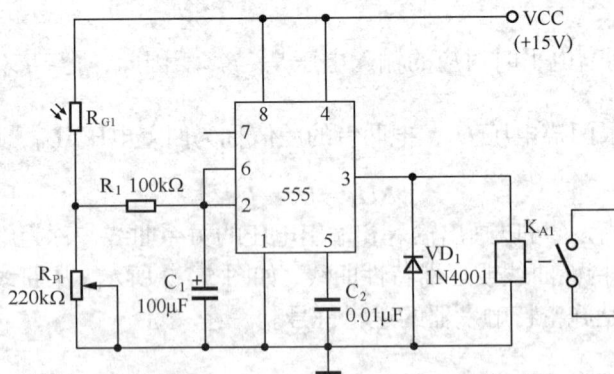

图 5.2.6　采用 555 定时器的光控开关电路

555 定时器接成施密特触发器，光敏电阻器 R_{G1} 白天受光照射呈低电阻，故 555 定时器的高触发端 6 脚与低触发端 2 脚电位均高于 $\frac{2}{3}V_{CC}$，处于复位状态，输出端输出低电平，继电器 K_{A1} 不动作。晚上，环境光线变暗，R_{G1} 呈高电阻，使 555 电路的低触发端和高触发端电位下降，当降至 $\frac{1}{3}V_{CC}$ 时，555 定时器置位，输出端输出高电平，K_{A1} 得电吸合。调节 R_{P1} 的阻值，可调整光控阈值。R_1、C_1 构成积分电路可吸收干扰信号，防止夜间短暂光线变化使电路发生误翻转。

5.3　单稳态触发器

单稳态触发器是只有一个稳定状态的电路，其特点如下。

① 有一个稳定状态和一个暂稳态。

② 在触发脉冲作用下，电路将从稳态翻转到暂稳态，在暂稳态停留一段时间后，又自动返回到稳定状态。

③ 暂稳态时间的长短取决于电路本身参数，与触发脉冲的宽度无关。

5.3.1　单稳态触发器的电路结构

图 5.3.1（a）所示为由 555 定时器构成的单稳态触发器。输入信号 u_i 加在低触发端 $\overline{\text{TR}}$（2 脚），并将高触发端 TH（6 脚）与放电端 D（7 脚）接在一起，然后再与定时元件 R、C 相接。

5.3.2　单稳态触发器的工作原理

稳态（0～t_1）：电源接通前，u_i 为高电平；其输出端 3 脚输出高电平，VT 管截止。接通电源，VCC 经 R 对电容 C 充电，当电容 C 上的电压 $u_c > \frac{2}{3}V_{\text{CC}}$ 时，由于 $u_i > \frac{1}{3}V_{\text{CC}}$，于是"同高出低"，555 定时器输出为低电平，即 $u_o=0$。555 定时器内部电路的放电管 VT 导通，电容 C 经 VT 迅速放电，$u_c \approx 0$，此时 $U_{\text{TH}} = u_c < \frac{2}{3}V_{\text{CC}}$、$U_{\overline{\text{TR}}} = u_i > \frac{1}{3}V_{\text{CC}}$，则"不同保持"，即输出 u_o 为稳定的低电平，工作波形如图 5.3.1（b）所示。

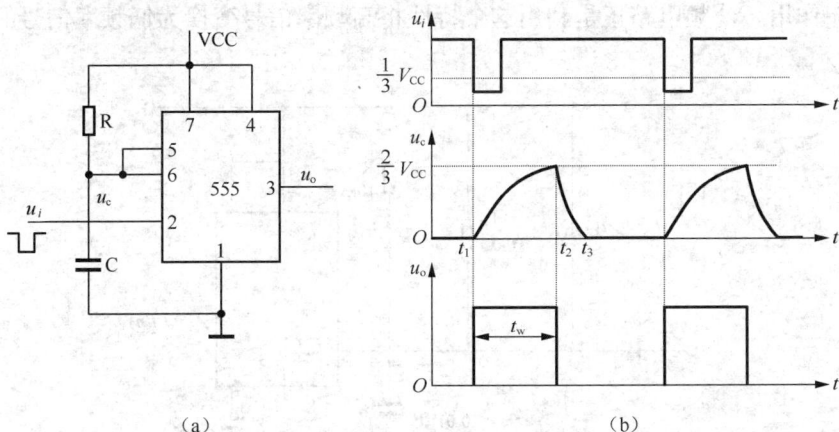

（a）　　　　　　　　　　　　　（b）

图 5.3.1　555 定时器构成的单稳态触发器及其工作波形

暂稳态（t_1～t_2）：在负脉冲 u_i 的作用下，低触发端 $\overline{\text{TR}}$ 得到低于 $\frac{1}{3}V_{\text{CC}}$ 的触发电平，而此时 $u_c=0$，即 $U_{\text{TH}} < \frac{2}{3}V_{\text{CC}}$、$U_{\overline{\text{TR}}} > \frac{1}{3}V_{\text{CC}}$，则"同低出高"，即输出 u_o 为高电平，同时放电管 VT 截止，电路进入暂稳态，定时开始。

在暂稳态阶段，电容 C 充电，充电回路为 VCC→R→C→地，充电时间常数为 $\tau \approx RC$，

u_c 按指数规律上升。

自动返回稳定状态（$t_2 \sim t_3$）：当电容电压 u_c 上升到 $\frac{2}{3}V_{CC}$ 时，$U_{TH} \geqslant \frac{2}{3}V_{CC}$、$U_{TR} \geqslant \frac{1}{3}V_{CC}$，则有"同高出低"，输出 u_o 由高电平变为低电平，放电管 VT 由截止变为饱和，暂稳态结束。电容 C 经放电管 VT 放电至 0V，由于放电管饱和导通的等效电阻较小，所以放电速度快，在这个阶段，输出 u_o 维持低电平。

电路返回稳态后，当下一个触发信号到来时，又重复上述过程。

由图 5.3.1（b）可见，输出脉冲宽度 t_w 为定时电容 C 上的电压 u_c 由 0 充到 $\frac{2}{3}V_{CC}$ 所需的时间，其大小可用下式估算

$$t_w = RC\ln 3 \approx 1.1RC$$

由上式可见，脉冲宽度 t_w 的大小与定时元件 R、C 值的大小有关，而与输入脉冲宽度及电源电压大小无关，调节定时元件，可以改变输出脉冲宽度。

当一个触发脉冲使单稳态触发器进入暂稳定状态以后，t_w 时间内的其他触发脉冲对触发器就不起作用；只有当触发器处于稳定状态时，输入的触发脉冲才起作用。

5.3.3　单稳态触发器的应用

1. 定时

单稳态触发器可以构成定时电路，与继电器或驱动放大电路配合，实现自动控制、定时开关的功能等。

2. 分频

当一个触发脉冲使单稳态触发器进入暂稳状态，在此脉冲以后时间 t_w 内，如果再输入其他触发脉冲，则对触发器的状态不再起作用；只有当触发器处于稳定状态时，输入的触发脉冲才起作用。分频电路正是利用这个特性将高频率信号变换为低频率信号的，电路如图 5.3.2 所示。

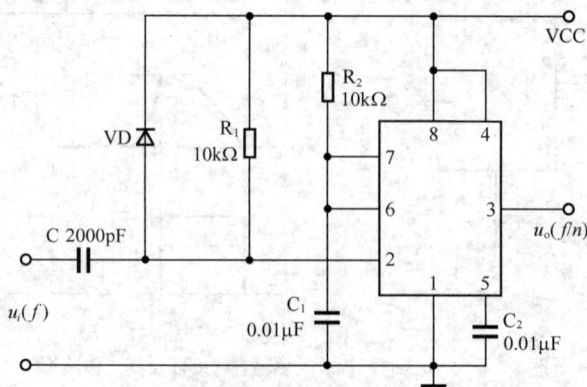

图 5.3.2　分频电路

3. 具体电路分析

采用 555 定时器的触摸报警器电路，如图 5.3.3 所示。

IC_1 是时基集成电路 NE555，它与 R_1、C_1、C_2、C_3 组成单稳态触发器。接通电源开关 K_1 后，再断开 K_2，电路启动。平时没有人触及金属片 $M_1 \sim M_n$ 时，电路处于稳态，即 IC_1 的 3 脚输出低电平，报警电路不工作。一旦有人触及金属片 $M_1 \sim M_n$ 中的任何一片，

由于人体感应电势给 IC_1 的 2 脚输入了一个负脉冲（实际为杂波脉冲），单稳态电路被触发翻转进入暂稳态，IC_1 的 3 脚由原来的低电平跳变为高电平。该高电平信号经限流电阻 R_2 使三极管 VT_1 导通，于是 VT_2 也饱和导通，语音集成电路 IC_2 被接通电源工作。IC_2 输出的音频信号经三极管 VT_3、VT_4 构成的互补放大器放大后，推动电动式扬声器 B 发出洪亮的报警声。由于单稳态电路被触发翻转的同时，电源开始经 R_1 对 C_2 充电，约经 $1.1R_1C_2$ 时间后，单稳态电路自动恢复到稳定状态，3 脚输出变为低电平，报警器停止报警，处于预报状态。

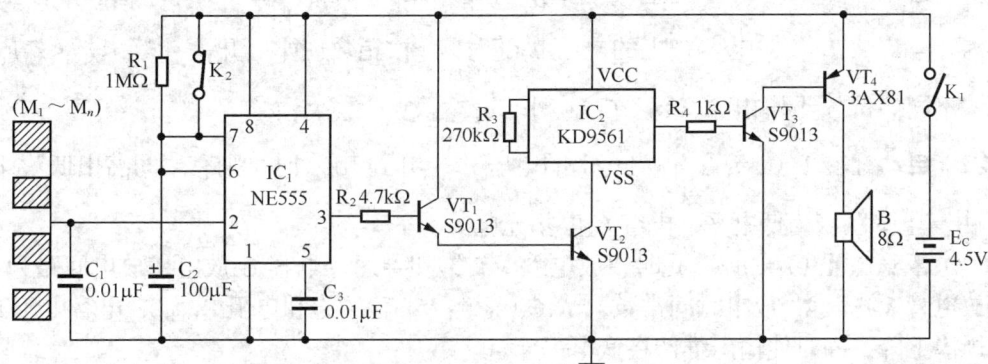

图 5.3.3　采用 555 定时器的触摸报警器电路

5.4　多谐振荡器

多谐振荡器是能产生矩形脉冲波的自激振荡器，由于矩形波中除基波外，还包含许多高次谐波，因此这类振荡器被称为多谐振荡器。多谐振荡器一旦振荡起来后，电路没有稳态，只有两个暂稳态，它们交替变化，输出连续的矩形波脉冲信号，因此它又被称为无稳态电路，常用来做脉冲信号源。

5.4.1　多谐振荡器的电路结构

多谐振荡器的电路如图 5.4.1（a）所示，定时元件除电容 C 之外，还有两个电阻 R_1 和 R_2。将高、低触发端（6 脚，2 脚）短接后连接到 C 与 R_2 的连接处，将放电端（7 脚）接到 R_1 与 R_2 的连接处。

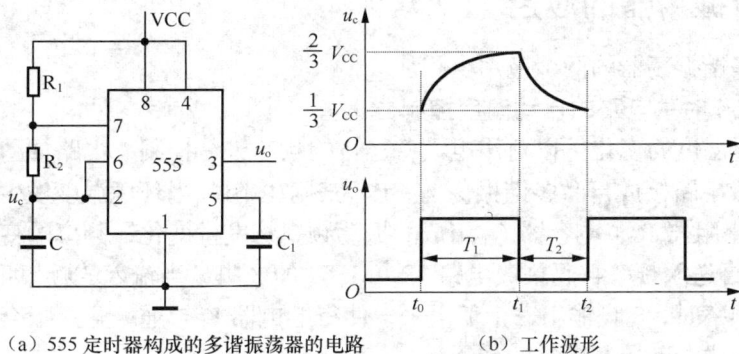

（a）555 定时器构成的多谐振荡器的电路　　（b）工作波形

图 5.4.1　555 定时器构成的多谐振荡器及其工作波形

5.4.2　多谐振荡器的工作原理

接通电源瞬间 $t = t_0$ 时，电容 C 来不及充电，u_c 为低电平，此时，$U_{TH} < \frac{2}{3}V_{CC}$、$U_{\overline{TR}} < \frac{1}{3}V_{CC}$，则有"同低出高"，输出 u_o 为高电平。同时放电管 VT 截止，电容 C 开始充电，电路进入暂稳态。如图 5.4.1（b）所示，一般多谐振荡器的工作过程可分为以下四个阶段。

（1）**暂稳态 I**（$t_0 \sim t_1$）：电容 C 充电，充电回路为 VCC→R_1→R_2→C→地，充电时间常数为 $\tau_1 = (R_1 + R_2)C$，电容 C 上的电压 u_c 随时间 t 按指数规律上升，$\frac{1}{3}V_{CC} < u_c < \frac{2}{3}V_{CC}$，则有"不同保持"，即输出 u_o 暂稳在高电平。

（2）**自动翻转 I**（$t = t_1$）：当电容上的电压 u_c 上升到 $\frac{2}{3}V_{CC}$ 时，则有"同高出低"，即输出 u_o 由高电平跳变为低电平，电容 C 停止充电。

（3）**暂稳态 II**（$t_1 \sim t_2$）：此时，放电管 VT 饱和导通，电容 C 放电，放电回路为 C→R_2→放电管 VT→地，放电时间常数 $\tau_2 = R_2C$（忽略 VT 管的饱和电阻 R_{CES}），电容电压 u_c 按指数规律下降，同时使输出维持在低电平上。

（4）**自动翻转 II**（$t = t_2$）：当电容电压 u_c 下降到 $\frac{1}{3}V_{CC}$ 时，则有"同低出高"，即输出 u_o 由低电平跳变为高电平，电容 C 停止放电。由于放电管 VT 截止，电容 C 又开始充电，进入暂稳态 I。

t_2 以后，电路重复上述过程，电路没有稳态，只有两个暂稳态，它们交替变化，输出连续的矩形波脉冲信号。

主要参数的计算如下。

两个暂稳态维持时间 T_1 和 T_2 的计算公式如下：

$$T_1 = \tau_1 \ln 2 = 0.7(R_1 + R_2)C$$

$$T_2 = 0.7R_2C$$

振荡周期：$T = T_1 + T_2 = 0.7(R_1 + 2R_2)C$

振荡频率：$f = 1/T$

占空比：$D = \dfrac{T_1}{T_1 + T_2} = \dfrac{0.7(R_1 + R_2)C}{0.7(R_1 + 2R_2)C} = \dfrac{R_1 + R_2}{R_1 + 2R_2}$

5.4.3　多谐振荡器的应用

下面介绍多谐振荡器的两个应用电路。

1. 采用 555 时基电路的自动温度控制器

本电路通过温度的变化可以对用电设备运行的状态进行控制，电路如图 5.4.2 所示。

$IC_1$555 集成电路接成自激多谐振荡器，R_t 为热敏电阻。当环境温度发生变化时，由电阻器 R_1、热敏电阻器 R_t、电容器 C_1 组成的振荡频率将发生变化，频率的变化通过集成电路 $IC_1$555 的 3 脚送入频率解码集成电路 IC_2LM567 的 3 脚，当输入的频率正好落在 IC_2 集成电路的中心频率时，8 脚输出一个低电平，使得继电器 K 导通，触点吸合，从而控制设备的通、断，形成温度控制电路的作用。

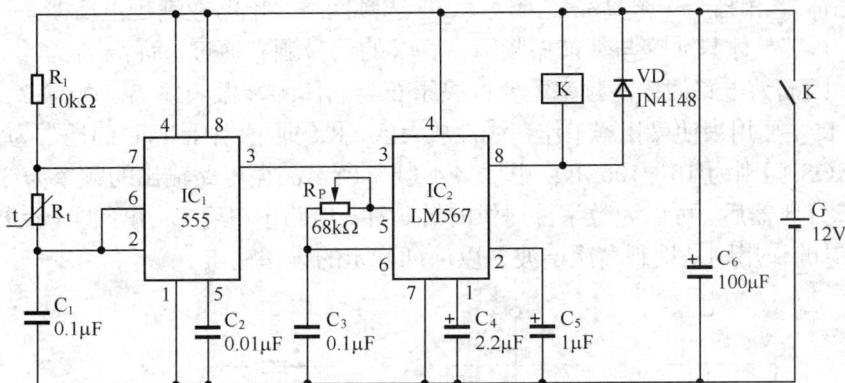

图 5.4.2　采用 555 时基电路的自动温度控制器电路图

2. 双 555 时基电路长延时电路

本电路（见图 5.4.3）通过使用 2 个 555 时基电路，形成一个定时时间较长并且定时时间可调的定时电路。

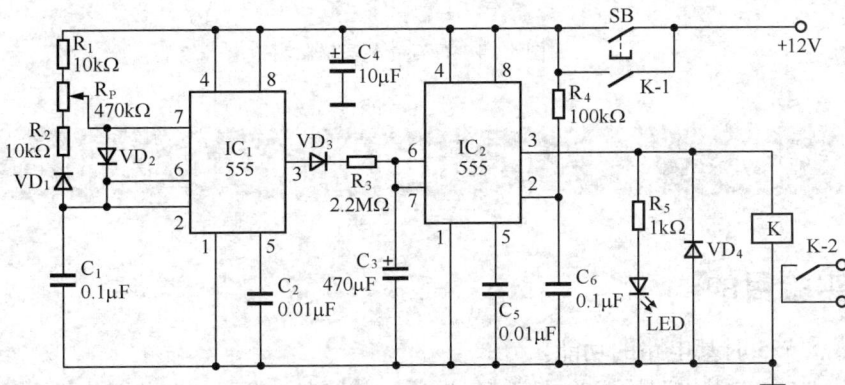

图 5.4.3　双 555 时基电路长延时电路

IC$_1$555 时基电路接成占空比可调的自激多谐振荡器。当按下按钮 SB 后，12V 的直流电压加到电路中，由于电容器 C$_6$ 和 C$_3$ 的电压不能突变，使得 IC$_2$ 电路的 2 脚和 7 脚为低电平，IC$_2$ 电路处于置位状态，3 脚输出高电平，继电器 K 得电，触点 K-1、K-2 闭合，K-1 触点闭合后形成自锁状态，K-2 触点连接用电设备，达到控制用电设备通、断的作用。同时 IC$_1$555 时基电路开始形成振荡，因此 3 脚交替输出高、低电平。当 3 脚输出高电平时，通过二极管 VD$_3$、电阻器 R$_3$ 对电容器 C$_3$ 充电。当 3 脚输出低电平时，二极管 VD$_3$ 截止，C$_3$ 没有充电，因此只有在 3 脚为高电平时才对 C$_3$ 充电，所以电容器 C$_3$ 的充电时间较长。当电容器 C$_3$ 的电位升到 2/3V_{CC} 时，IC$_2$555 时基电路复位，3 脚输出低电平，继电器 K 失电，触点 K-1、K-2 断开，恢复到初始状态，为下次定时做好准备。

5.4.4　石英晶体振荡器

前面介绍的多谐振荡器，其振荡频率不仅取决于时间常数 RC，而且还取决于阈值电平。由于其极易受温度、电源电压等外界条件的影响，因而频率稳定性较差，在频率稳定性要求较高的场合，不大适用。为了得到频率稳定性很高的脉冲信号，可采用图 5.4.4（a）、图 5.4.4（b）所示的石英晶体振荡器，简称晶振。例如，计算机中的时钟脉冲即由晶振产生。

石英晶体 J 相当于一个高品质因数（Q）选频网络。电路在满足正反馈条件的自激振荡过程中，石英晶体只允许与其谐振频率 f_0 相等的信号顺利通过，而 $f \neq f_0$ 的其他信号则被大大衰减，因而该电路的振荡频率主要取决于石英晶体的谐振频率 f_0，而与 R、C 的取值关系不大。R 主要用来使反相器工作在线性放大区，R 的阻值对于 TTL 门通常为 $0.7 \sim 2\text{k}\Omega$，而对于 CMOS 门则为 $10 \sim 100\text{M}\Omega$。图 5.4.4（b）所示晶振电路输出的频率为 32 768Hz，经若干级二分频器后，可以为数字钟提供时钟脉冲，电路中电容 C_1 用于两个反相器之间的耦合，而 C_2 的作用则是抑制高次谐波，以保证稳定的频率输出。

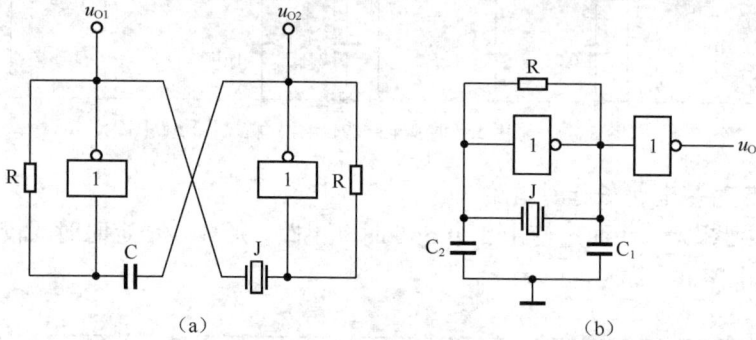

图 5.4.4　石英晶体振荡器

5.5　实验五　555 定时器应用电路的测试

5.5.1　实验目的

（1）熟悉 555 时基电路的功能。

（2）测试 555 时基电路构成的施密特触发器、单稳态触发器、多谐振荡器的逻辑功能。

5.5.2　实验技术与知识

555 时基电路是模拟混合式集成电路，这种 CMOS 工艺时基电路驱动能力强，输出端具有缓冲级，可以与大多数其他逻辑电路相连，包括 TTL 和 CMOS 电路，其引脚排列如图 5.5.1 所示。

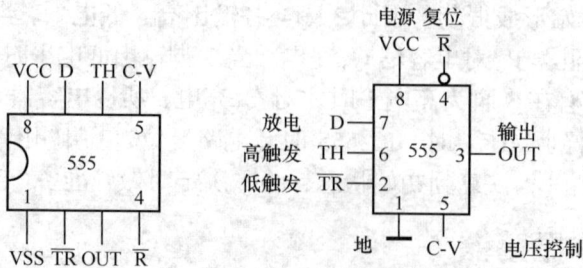

图 5.5.1　555 时基电路外引线排列图和引脚说明

5.5.3　实验仪器与芯片

实验仪器示波器、直流稳压电源和实验电路板（见图 5.5.2）。

555 时基电路实验电路板分为三部分：多谐振荡器、单稳态触发器、施密特触发器。

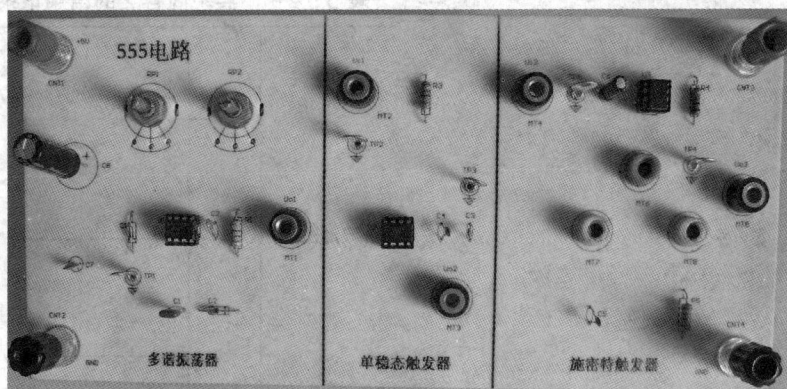

图 5.5.2　555 时基电路实验电路板

5.5.4　实验内容与步骤

【实验内容 1】用 555 定时器构成多谐振荡器

（1）多谐振荡器的电路板如图 5.5.3 所示。

（2）电路输入+5V 电源，用示波器观察定时器第 6 脚 u_c 及第 3 脚 u_o 的波形，将波形记录于表 5.5.1 中。

（3）调节电位器 R_{P1}、R_{P2} 从大到小变化，观察输出频率变化范围，将结果记录于表 5.5.1 中。

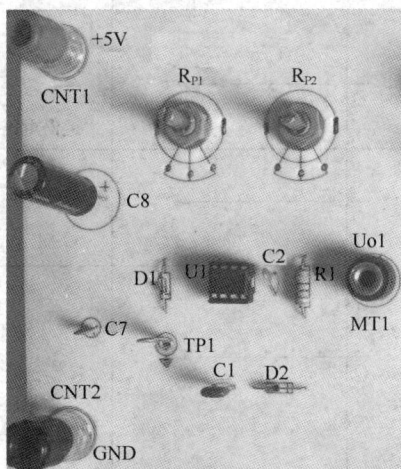

图 5.5.3　多谐振荡器的电路板

表 5.5.1　实验内容 1 的结果记录表

波形图	
输出频率范围	从_____Hz 到_____Hz

【实验内容 2】用 555 定时器构成单稳态触发器

（1）调节多谐振荡器的电位器，使其输出波形为高电平宽而低电平窄、频率为 2kHz、电压幅度为 4~6V 的矩形波。

（2）单稳态触发器的电路板如图 5.5.4 所示，将多谐振荡器的输出端接入单稳态触发器的输入端。

（3）用示波器观察并记录 u_i、u_c、u_o 的波形于表 5.5.2 中，并测出和记录脉冲的宽度。

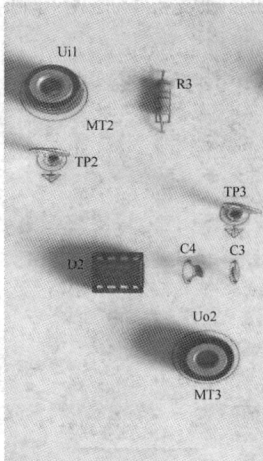

图 5.5.4　单稳态触发器的电路板

表 5.5.2　　实验内容 2 的结果记录表

【实验内容 3】用 555 定时器构成施密特触发器

（1）施密特触发器的电路板如图 5.5.5 所示，电路输入 1kHz、峰峰值为 8V 的正弦波。

（2）外加控制电压端先不加外电压，测出迟滞电压值，观测 u_i、u_o 波形；然后加 3V 控制电压，测出迟滞电压值，观测 u_i、u_o 波形，将测试结果及波形图记录于表 5.5.3 中，波形图需标出零电平参考线。

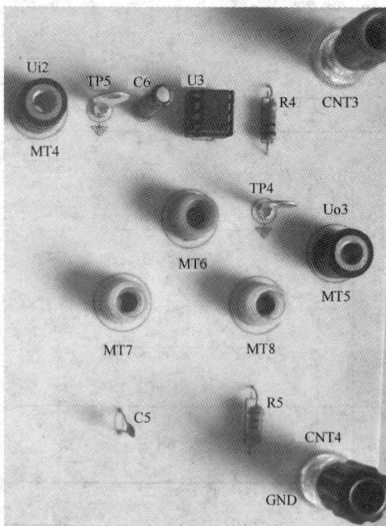

图 5.5.5　施密特触发器的电路板

表 5.5.3　　实验内容 3 的结果记录表

5.5.5　实验总结

一、思考

1. 555 定时器芯片内部的比较器，在反相输入端电位高于同相输入端电位时，输出为低电平，是对还是错？ _____

2. 555 定时器内放电晶体管在引脚 3 输出＿＿＿＿＿＿＿（低/高）电平时将 7 脚与地短路。

3. 当 555 定时器引脚 6 电位高于＿＿＿＿＿＿（$V_{CC}/3$，$2V_{CC}/3$）时，RS 触发器＿＿＿＿＿＿位，使引脚 3 输出为＿＿＿＿＿＿电平。

4. 当 555 定时器用于单稳态多谐振荡器时，＿＿＿＿＿＿电平触发信号引入引脚 2，迫使 u_o 为＿＿＿＿＿＿电平，并使电容开始＿＿＿＿＿＿。

二、分析与计算

1. 在如图 5.5.6 所示的电路中，若 V_{CC}=6V，输入信号 u_i=5sinωt（V），请绘制输入信号 u_i 与输出信号 u_o 的波形图。

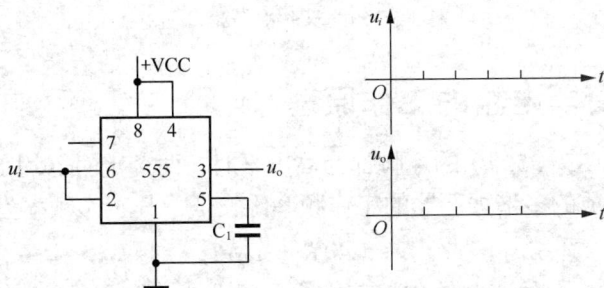

图 5.5.6　555 应用电路及其输入、输出波形图

2. 在如图 5.5.7 所示的电路中，若 R_1=4.7kΩ，R_2=10kΩ，C_1=C_2=680pF，V_{CC}=6V，请计算输出信号的频率，并绘制 u_c 端与输出信号 u_o 的波形图。

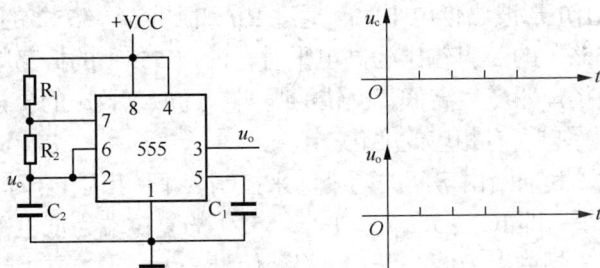

图 5.5.7　555 应用电路及其输入、输出波形图

5.6　项目四　双路报警器的制作与调试

5.6.1　项目概述

报警器在日常生活中应用广泛。请根据给定电路的结构与指标，制作一个采用 556 集成定时器的双路报警器，电路结构如图 5.6.1 所示。

要求如下。

能同时检测两路报警信号；当有盗情发生时，发出声、光报警，红、绿灯交替闪烁；K_1 路具有延时功能。

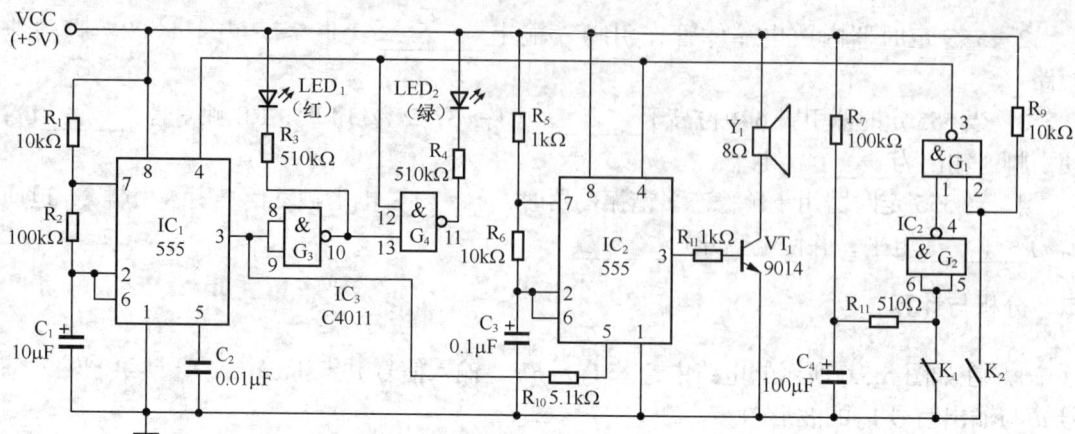

图 5.6.1　双路报警器图

5.6.2　双路报警器电路的工作原理

当 IC$_1$（555）和 IC$_2$（555）的 4 脚都为高电平时，两个定时器均工作在多谐振荡器状态。IC$_1$（555）所构成的多谐振荡器的工作频率比较低，其工作频率为：

$$f_1 \approx 1.4/(R_1+2R_2)C_1$$

该频率由 IC$_1$（555）的 3 脚输出振荡方波，通过 R$_{10}$ 来控制 IC$_2$（555）的振荡频率，IC$_2$（555）的振荡频率为：

$$f_2 \approx 1.4/(R_5+2R_6)C_3$$

因为 555 时基电路的电压控制端如果外接一个参考电压，则可以改变触发电平值，当 IC$_1$（555）的 3 脚输出矩形波为低电平时，通过 R$_{10}$ 加到 IC$_2$（555）的 5 脚，IC$_2$ 的振荡频率就变低，当 IC$_1$（555）的 3 脚输出为高电平时，IC$_2$（555）的振荡频率变高，其变化的信号通过 R$_8$、VT$_1$ 使扬声器产生高低音交错的鸣叫，近似急救车的警笛声。改变 R$_5$、R$_6$、C$_3$ 的值，警笛声的频率也会有相应的变化。

K$_1$、K$_2$ 为门开关（其通断由房间的两个门来控制），两门都闭合时，K$_1$ 闭合、K$_2$ 断开，IC$_2$ 的 G$_1$ 门输出低电平，即 IC$_1$（555）与 IC$_2$（555）的复位端为低电平，使 IC$_1$（555）的 3 脚和 IC$_1$（555）的 3 脚输出为低电平，无报警信号产生。当控制 K$_1$ 的门被打开使 K$_1$ 断开，或控制 K$_2$ 的门被打开使 K$_2$ 闭合时，G$_1$ 输出高电平，即 IC$_1$（555）与 IC$_2$（555）的复位端为高电平，使 IC$_1$ 处于工作状态，由 IC$_1$（555）等组成的低频振荡器控制由 IC$_2$（555）等组成的高频振荡器，报警信号经 VT$_1$ 放大使扬声器发出近似急救车的警笛声。同时 IC$_1$（555）输出的矩形波使 LED$_1$ 和 LED$_2$ 闪烁，实现了声光同时报警。

R$_7$、C$_4$ 为延迟电路，使报警电路启动后，即使控制 K$_1$ 的门被打开也不会马上报警，便于人出入。

5.6.3　双路报警器电路的调试

电路的调试分为通电前检查、通电检查及故障分析与排除三个步骤。

1．通电前检查

（1）请使用目测法检查电路板。

（2）请测试电路板上电源和地之间的阻值为＿＿＿＿＿＿Ω。

2. 通电检查

（1）在确认元器件安装及走线无误后，闭合 K_1，断开 K_2，然后加入 +5V 直流电压。注意极性！

（2）双路报警器功能测试。

① 上电状态测试。

a. 上电后，电路是否有冒烟、发热等现象？＿＿＿＿＿

b. 扬声器是否有发声的现象？＿＿＿＿＿

c. LED_1 是否亮？＿＿＿＿＿LED_2 是否熄灭？＿＿＿＿＿

d. 若以上回答均为"否"，表明电路上电正常，可继续进行以下测试。否则说明电路上电不正常，需要进入相关的故障分析与排除步骤。

② K_1 路报警功能测试。

a. 断开 K_1，扬声器是否发声？＿＿＿＿＿

b. 扬声器发声是否有延时？＿＿＿＿＿

c. 扬声器发声是否有频率的变化？＿＿＿＿＿

d. LED_1、LED_2 是否交替闪烁？＿＿＿＿＿

e. 若以上回答均为"是"，表明报警功能正常，可继续进行以下测试。否则，需要进入相关的故障分析与排除步骤。

③ K_2 路报警功能测试。

a. 闭合 K_2，扬声器是否发声？＿＿＿＿＿

b. 扬声器发声是否有延时？＿＿＿＿＿

c. 扬声器发声是否有频率的变化？＿＿＿＿＿

d. LED_1、LED_2 是否交替闪烁？＿＿＿＿＿

e. 若以上回答均为"是"，表明报警功能正常，可继续进行以下测试。否则，需要进入相关的故障分析与排除步骤。

④ 停止报警功能测试。

a. 闭合 K_1，断开 K_2，报警声是否停止？＿＿＿＿＿

b. 若以上回答为"是"，表明报警停止功能正常。否则，需要进入相关的故障分析与排除步骤。

若以上两种状态都正常，说明电路调试成功，电路板工作正常。请进入电路测试环节。否则需调试电路使其工作正常。在电路正常工作后，请测试并记录表 5.6.1 中的数据。

表 5.6.1　　　　　　　　　　　　双路报警器电路测试数据

测试状态	G_2 输出	G_1 输出	$IG_1$555		$IG_2$555		G_3 输出	G_4 输出	发光二极管状态		三极管 VT_1		
			4 脚	3 脚	4 脚	3 脚			LED_1（红）	LED_2（绿）	基极	集电极	工作状态
上电后													
K_1 断开													
K_2 闭合													
二者复位													

3. 故障分析与排除

（1）上电状态——故障分析与排除。请将测试结果填入表 5.6.2 中。

表 5.6.2 通电状态测试结果

故障现象	故障分析	故障处理

（2）K_1 路报警功能——故障分析与排除。请将测试结果填入表 5.6.3 中。

表 5.6.3 K_1 路报警功能测试结果

故障现象	故障分析	故障处理

（3）K_2 路报警功能——故障分析与排除。请将测试结果填入表 5.6.4 中。

表 5.6.4 K_2 路报警功能测试结果

故障现象	故障分析	故障处理

（4）报警停止功能——故障分析与排除。请将测试结果填入表 5.6.5 中。

表 5.6.5 报警停止功能测试结果

故障现象	故障分析	故障处理

本章小结

（1）555 定时器主要由比较器、基本 RS 触发器、门电路构成。其基本应用形式有 3 种：施密特触发器、单稳态触发器和多谐振荡器。

（2）施密特触发器具有电压滞回特性，某时刻的输出由当时的输入决定，即不具备记忆功能。当输入电压处于参考电压 U_{R1} 和 U_{R2} 之间时，施密特触发器保持原来的输出状态不变，所以具有较强的抗干扰能力。

（3）在单稳态触发器中，输入触发脉冲只决定暂稳态的开始时刻，暂稳态的持续时间由外部的 RC 电路决定，从暂稳态回到稳态时不需要输入触发脉冲。

（4）多谐振荡器又称无稳态电路。在变换状态时，触发信号不需要由外部输入，而是由其电路中的 RC 电路提供，状态的持续时间也由 RC 电路决定。

习　题

一、填空题

1. 555 定时器的最后几位数字为 555 的是_____产品，为 556 的是_____产品。

2. 施密特触发器具有_____现象，又称_____特性；单稳态触发器最重要的参数为_____。

3. 常见的脉冲产生电路有_____，常见的脉冲整形电路有_____、_____。

4. 为了实现高的频率稳定度，常采用_____振荡器；单稳态触发器受到外触发时进入_____态。

二、选择题

1. 脉冲整形电路有_____。
   A. 多谐振荡器　　　B. 单稳态触发器　　C. 施密特触发器　　D. 555 定时器

2. 多谐振荡器可产生_____。
   A. 正弦波　　　　　B. 矩形脉冲　　　　C. 三角波　　　　　D. 锯齿波

3. 石英晶体多谐振荡器的突出优点是_____。
   A. 速度高　　　　　　　　　　　　B. 电路简单
   C. 振荡频率稳定　　　　　　　　　D. 输出波形边沿陡峭

4. TTL 单定时器型号的最后几位数字为_____。
   A. 555　　　　　　　B. 556　　　　　　　C. 7555　　　　　　D. 7556

5. 555 定时器可以组成_____。
   A. 多谐振荡器　　　B. 单稳态触发器　　C. 施密特触发器　　D. JK 触发器

6. 用 555 定时器组成施密特触发器，当输入控制端 CO 外接 10V 电压时，回差电压为_____。
   A. 3.33V　　　　　　B. 5V　　　　　　　C. 6.66V　　　　　　D. 10V

7. 以下各电路中，_____可以产生脉冲定时。
   A. 多谐振荡器　　　　　　　　　　B. 单稳态触发器
   C. 施密特触发器　　　　　　　　　D. 石英晶体多谐振荡器

三、判断题

1. 施密特触发器可用于将三角波变换成正弦波。　　　　　　　　　（　　　）

2. 施密特触发器有两个稳态。　　　　　　　　　　　　　　　　　（　　　）

3. 多谐振荡器的输出信号的周期与阻容元件的参数成正比。　　　　（　　　）

4. 石英晶体多谐振荡器的振荡频率与电路中的 R、C 成正比。　　　（　　　）

5. 单稳态触发器的暂稳态时间与输入触发脉冲宽度成正比。 （　　）

6. 单稳态触发器的暂稳态维持时间用 t_w 表示，与电路中 RC 成正比。 （　　）

7. 采用不可重触发单稳态触发器时，若在触发器进入暂稳态期间再次受到触发，输出脉宽可在此前暂稳态时间的基础上再展宽 t_w。 （　　）

8. 施密特触发器的正向阈值电压一定大于负向阈值电压。 （　　）

四、综合题

1. 电路如图 5.6.2 所示，已知 R_1=10kΩ，R_2=20kΩ，C_1=0.01μF，C_2=1μF。

（1）写出该电路的名称；（2）画出 u_c、u_o 的波形；（3）求 u_o 的周期和频率。

2. 图 5.6.3 是一个简易触摸开关电路，当用手触摸金属片时，发光二极管亮，经过一定时间，发光二极管熄灭。试说明该电路是什么电路，并估算发光二极管能亮多长时间。

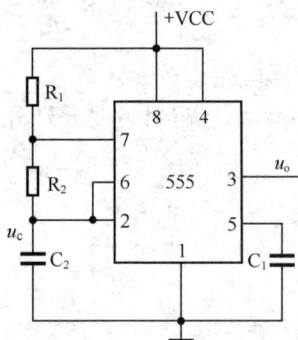

图 5.6.2　综合题题 1 图　　　　　　　图 5.6.3　综合题题 2 图

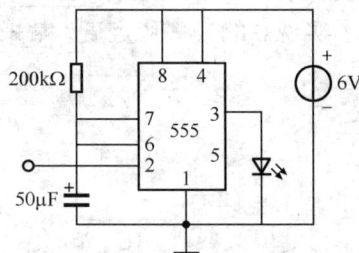

第6章 时序逻辑电路及其应用

教学目标

① 了解时序逻辑电路的概念、组成与特点。

② 掌握时序逻辑电路与组合逻辑电路的区别，掌握时序逻辑电路的表示方法。

③ 掌握集成计数器、集成寄存器的逻辑功能与测试方法。

④ 掌握时序图、状态图的应用与分析。

⑤ 了解时序逻辑电路的设计方法、步骤。

⑥ 了解计数器的分类，掌握各种计数器的构成及实现。

⑦ 能够进行计数器实验的设计与验证。

⑧ 理解测频仪电路的工作原理。

⑨ 掌握测频仪电路的调试方法。

6.1 时序逻辑电路概述

在第 3 章讲解的组合逻辑电路及其应用中，组合逻辑电路的共同特点是，其任意时刻的输出信号仅取决于当时的输入信号。本章将重点介绍数字逻辑电路中的另一种类型，即时序逻辑电路。时序逻辑电路任意时刻的输出信号不仅取决于当时的输入信号，还与电路原来的状态有关系。具备这种逻辑功能特点的电路称为时序逻辑电路。

下面以串行加法器电路为例，进一步说明时序逻辑电路的特点。串行加法是指电路在实现两个多位数进行加法运算时，可以选择从低位到高位逐位相加的方式完成加法运算。由于每个数位（例如第 i 位）相加的结果不仅取决于本位的两个加数 a_i 和 b_i 的和，还与来自低位的进位有关，所以完整的串行加法器电路除了应该具有将两个加数和来自低位的进位相加的能力外，还应该具有记忆功能，这样才能把本位相加后的进位结果保存下来，以作高一位的加法时使用。如图 6.1.1 所示的串行加法器电路由全加器$\sum$和由触发器构成的存储电路组成。前者完成 a_i、b_i 和 c_{i-1} 三个数的加法运算，后者保存相加后的进位结果。

通过串行加法器电路的例子可得到关于时序逻辑电路的如下两个结论：一是时序逻辑电路通常由组合逻辑电路和存储电路组成，而且存储电路是必不可少的；二是存储电路的输出状态应该反馈到组合逻辑电路的输入端，与输入信号共同决定组合逻辑电路的输出。因为时序逻辑电路的状态是由存储电路来记忆和表示的，所以从电路组成看，时序逻辑电路一定包含作为存储单元的触发器。实际上，时序逻辑电路的状态，就是依靠触发器记忆和表示的。时序逻辑电路中可以没有组合电路，但不能没有触发器。

时序逻辑电路的框图可以画成图 6.1.2 所示的普遍形式，图中的 $X(x_1, x_2, \cdots, x_i)$ 表示时序逻辑电路的输入信号，$Y(y_1, y_2, \cdots, y_i)$ 表示时序逻辑电路的输出信号，$W(w_1, w_2, \cdots, w_i)$ 表示存储电路的输入信号，$Q(q_1, q_2, \cdots, q_i)$ 表示存储电路的输出信号。这些信号之间的关系可以用以下三个方程组来描述。

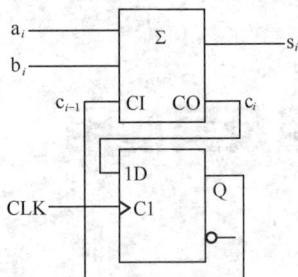

图 6.1.1　串行加法器电路

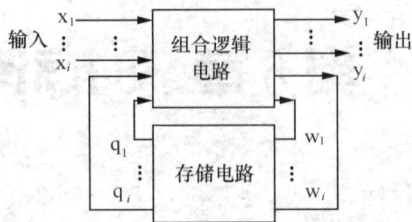

图 6.1.2　时序逻辑电路的结构框图

输出方程：　　　　　　　　$Y(t_n) = F[X(t_n), Q(t_n)]$

驱动方程：　　　　　　　　$W(t_n) = G[X(t_n), Q(t_n)]$

状态方程：　　　　　　　　$Q(t_n) = H[W(t_n), Q(t_n)]$

时序逻辑电路按状态转换的不同情况可分为同步时序逻辑电路和异步时序逻辑电路两大类。同步时序逻辑电路是指电路中所有触发器都受同一时钟脉冲的控制，它们的状态改变在同一时刻发生。而异步时序逻辑电路不用统一的时钟脉冲，各触发器的状态改变不在同一时刻发生。典型的时序逻辑电路有寄存器和计数器。

时序逻辑电路的逻辑功能除了可以用状态方程、输出方程、驱动方程等方程式表示之外，还可用状态表、状态图、时序图等形式来表示。

6.2　时序逻辑电路的分析

时序逻辑电路的分析就是给定时序逻辑电路，待求状态表、状态图或时序图，从而确定电路的逻辑功能和工作特点。

6.2.1　时序逻辑电路的分析方法

图 6.2.1 中给出了分析时序逻辑电路的一般过程，可供参考。

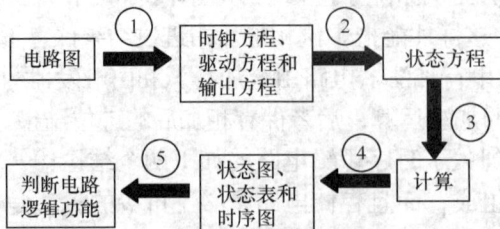

图 6.2.1　时序逻辑电路分析过程示意图

归纳起来，在一般情况下分析时序逻辑电路可按下列步骤进行。

1. 写方程式

仔细观察、分析给定的时序逻辑电路，然后再逐一写出。

（1）时钟方程：列出各个触发器时钟信号的逻辑表达式。

（2）输出方程：列出时序逻辑电路各个输出信号的逻辑表达式。

（3）驱动方程：列出各个触发器同步输入端信号的逻辑表达式。

2．求状态方程

因为任何时序逻辑电路的状态，都是由组成该时序逻辑电路的各个触发器来记忆和表示的。所以把驱动方程代入相应触发器的特性方程，即可求出时序逻辑电路的状态方程，也就是各个触发器次态输出的逻辑表达式。

3．状态计算

把电路输入和现态的各种可能取值代入状态方程和输出方程进行计算，即可求出相应的次态和输出。这里要注意如下几点。

（1）状态方程有效的时钟条件。凡是不具备时钟条件的状态方程，方程式无效，也就是说触发器将保持原来的状态不变。

（2）电路的现态，就是组成该电路各个触发器的现态的组合。

（3）不能漏掉任何可能出现的现态和输入的取值。

（4）现态的起始值如果给定了，则可以从给定值开始依次进行计算，倘若未给定，那么就可以从自己设定的起始值开始依次计算。

4．画状态图、列状态表和画时序图

画状态图、列状态表和画时序图时应注意如下几点。

（1）状态转换是由现态转换到次态，不是由现态转换到现态，更不是由次态转换到次态。

（2）输出是现态和输入的函数，不是次态和输入的函数。

（3）画时序图时要明确，只有当时钟信号触发沿到来时相应触发器才会更新状态，否则只会保持原状态不变。

5．电路功能说明

一般情况下，用状态图或状态表就可以反映电路的工作特性。但是，在实际应用中，各个输入、输出信号都有确定的物理含义，因此，常常需要结合这些信号的物理含义，进一步说明电路的具体功能，或者结合时序图说明时钟脉冲与输入、输出及内部变量之间的时间关系。

6.2.2　时序逻辑电路分析举例

【例 6.2.1】　试画出图 6.2.2 所示时序逻辑电路的状态图和时序图。

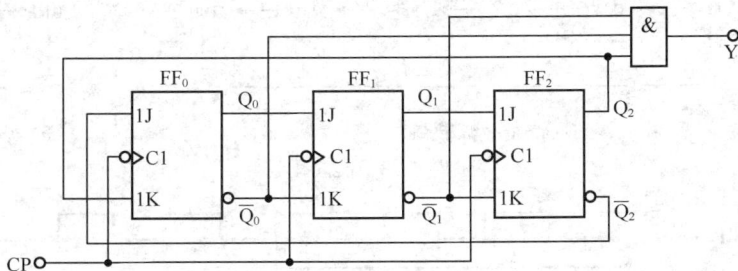

图 6.2.2　时序逻辑电路

解：1．写方程式

（1）时钟方程：$CP_0 = CP_1 = CP_2 = CP$。　　　　　　　　　　　　　　　　　（6.2.1）

可见图 6.2.2 所示是一个同步时序逻辑电路。对于同步时序逻辑电路，时钟方程一般都省去不写，因为各个触发器的时钟信号是相同的，都是输入时钟信号脉冲。

（2）输出方程：
$$Y = \overline{Q}_0^{\,n} \cdot \overline{Q}_1^{\,n} \, Q_2^{\,n} \qquad\qquad (6.2.2)$$

（3）驱动方程：$J_0 = \overline{Q}_2^{\,n}$，$K_0 = Q_2^{\,n}$；$J_1 = Q_0^{\,n}$，$K_1 = \overline{Q}_0^{\,n}$；$J_2 = Q_1^{\,n}$，$K_1 = \overline{Q}_1^{\,n}$。

2. 求状态方程

JK 触发器的特性方程

$$Q^{n+1} = J\overline{Q}^{\,n} + \overline{K}Q^{\,n} \qquad\qquad (6.2.3)$$

把驱动方程分别代入式（6.2.3），即可得

$$Q_0^{\,n+1} = \overline{Q}_2^{\,n}\,\overline{Q}_0^{\,n} + \overline{Q}_2^{\,n} Q_0^{\,n} = \overline{Q}_2^{\,n}$$

$$Q_1^{\,n+1} = Q_0^{\,n}\overline{Q}_1^{\,n} + Q_0^{\,n} Q_1^{\,n} = Q_0^{\,n}$$

$$Q_2^{\,n+1} = Q_1^{\,n}\overline{Q}_2^{\,n} + Q_1^{\,n} Q_2^{\,n} = Q_1^{\,n}$$

3. 状态计算

依次假设电路的现在状态，代入状态方程式和输出方程式进行计算，求出相应的次态和输出，结果如表 6.2.1 所示。

表 6.2.1　　　　　　　　　　　　　状态表

现　态			次　态			输出
$Q_2^{\,n}$	$Q_1^{\,n}$	$Q_0^{\,n}$	$Q_2^{\,n+1}$	$Q_1^{\,n+1}$	$Q_0^{\,n+1}$	Y
0	0	0	0	0	1	0
0	0	1	0	1	1	0
0	1	1	1	1	1	0
1	1	1	1	1	0	0
1	1	0	1	0	0	0
1	0	0	0	0	0	0
0	1	0	1	0	1	0
1	0	1	0	1	0	1

4. 画状态图与时序图

画如图 6.23 和图 6.24 所示的状态图与时序图。

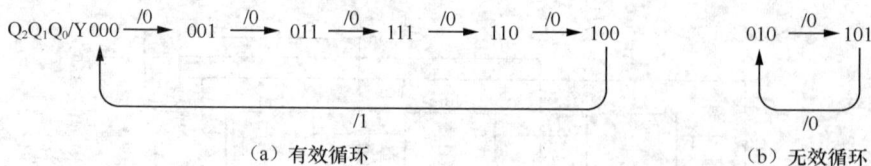

(a) 有效循环　　　　　　　　　　　　　(b) 无效循环

图 6.2.3　状态图

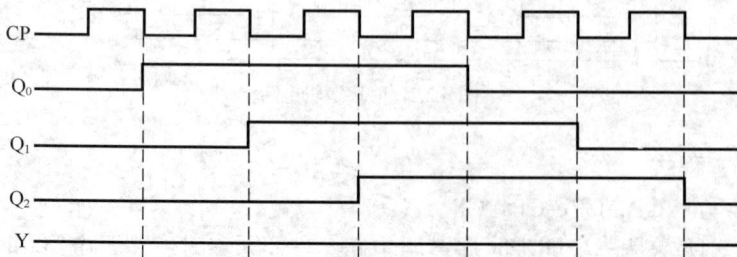

图 6.2.4　时序图

5. 有效状态、有效循环、无效状态、无效循环、能自启动和不能自启动的概念

（1）有效状态与有效循环

有效状态：在时序逻辑电路中，凡是被利用了的状态，都叫作有效状态。例如，在图 6.2.3 所示状态图中，图 6.2.3（a）里的 6 个状态被利用了，故都是有效状态。

有效循环：在时序逻辑电路中，凡是有效状态形成的循环，都称为有效循环。例如，图 6.2.3（a）所示的循环，就是有效循环，因为其中的 6 个状态都是有效状态。

（2）无效状态与无效循环

无效状态：在时序逻辑电路中，凡是没有被利用了的状态，都叫作无效状态。例如，在图 6.2.3（b）中的两个状态图——010、101，就是无效状态。

无效循环：如果无效状态形成了循环，那么这种循环就称为无效循环。图 6.2.3（b）所示的循环就是无效循环，因为 010、101 是无效状态。

（3）能自启动和不能自启动

能自启动：在时序逻辑电路中，虽然存在无效状态，但它们没有形成循环，这样的时序逻辑电路叫作能够自启动的时序逻辑电路。

不能自启动：在时序逻辑电路中，既有无效状态存在，它们之间又形成了循环，这样的时序逻辑电路被称为不能自启动的时序逻辑电路。例如，图 6.2.3 所示的状态图中，既存在无效状态 010、101，又形成了无效循环，因此，图 6.2.3 所示时序逻辑电路是一个不能自启动的时序逻辑电路。在这种时序逻辑电路中，一旦因某种原因，例如由于信号干扰而使电路落入无效循环，就再也回不到有效状态了，当然，再要正常工作也就不可能了。

【例 6.2.2】　分析图 6.2.5 所示时序逻辑电路的逻辑功能。

解：图 6.2.5 所示电路中 FF_0、FF_2 是多输入端 D 触发器，D 信号是多输入信号的与。

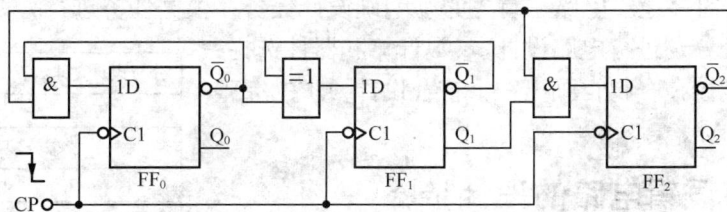

图 6.2.5　例 6.2.2 的时序逻辑电路

1. 写方程式

（1）驱动方程。列出各触发器输入端的逻辑函数式

$$D_2 = Q_1^n \cdot \overline{Q}_2^n, \quad D_1 = \overline{Q}_0^n \oplus \overline{Q}_1^n, \quad D_0 = \overline{Q}_2^n \cdot \overline{Q}_0^n。$$

（2）时钟方程。$CP_0 = CP_1 = CP_2 = CP$。

2. 求状态方程

将各驱动方程代入 D 触发器的特性方程 $Q^{n+1} = D$ 得到状态方程

$$Q_2^{n+1} = D_2 = Q_1^n \cdot \overline{Q}_2^n$$

$$Q_1^{n+1} = D_1 = \overline{Q}_0^n \oplus \overline{Q}_1^n$$

$$Q_0^{n+1} = D_0 = \overline{Q}_2^n \cdot \overline{Q}_0^n$$

3. 状态计算

根据状态方程，列出状态转换表，如表 6.2.2 所示。

表 6.2.2   例 6.2.2 的状态转换表

Q_2^n	Q_1^n	Q_0^n	Q_2^{n+1}	Q_1^{n+1}	Q_0^{n+1}
0	0	0	0	0	1
0	0	1	0	1	0
0	1	0	1	1	1
1	1	1	0	0	0
1	0	0	0	0	0
1	0	1	0	1	0
1	1	0	0	0	0
0	1	1	1	0	0

4．画状态图（见图 6.2.6）与时序图

略。

5．判断电路能否自启动

由图 6.2.6 可知，此电路有 4 个有效状态和 4 个无效状态，在时钟脉冲作用下，无效状态可以自动进入有效状态，所以此电路可以自启动。

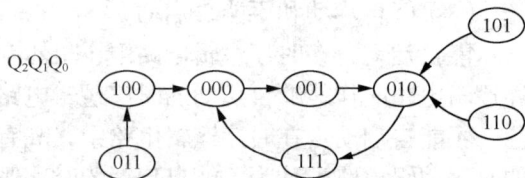

图 6.2.6　例 6.2.2 的状态图

6.3　时序逻辑电路的设计

要设计一个时序逻辑电路，首先必须明确设计任务，根据任务进行方案选择；然后对方案中的各部分分别进行电路设计、参数计算和器件选择；最后将各部分连接在一起，画出一个符合设计要求的完整电路图。

6.3.1　时序逻辑电路的设计步骤

时序逻辑电路设计的一般方法和步骤，如图 6.3.1 所示。

6.3.2　时序逻辑电路的设计举例

【例 6.3.1】 五进制加法计数器的设计。

解：1．确定触发器数目和类型

根据 $2^n > N$（n 为触发器数目，N 为计数长度），由于 $N=5$，所以取 $n=3$，并选用 JK 触发器。

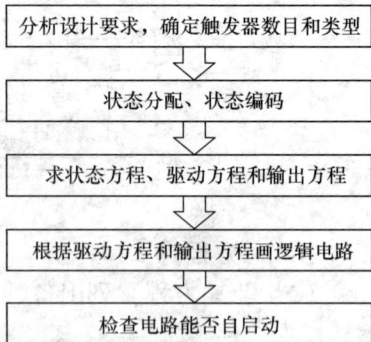

图 6.3.1　时序逻辑电路的设计步骤

2．选择状态编码

3 个触发器共有 8 种状态。五进制计数器应当有 5 种状态（即 $N=5$），现分别用 $Y_0 \sim Y_4$ 表示，用来表示 5 种状态的方案有多种，若以 $Q_2Q_1Q_0$ 的顺序排列，并选取用 $Y_0=000$，$Y_0=001$，$Y_0=010$，$Y_0=011$，$Y_0=100$ 5 种状态来表示，则可以根据要求画出状态转换图如图 6.3.2 所示。其中箭头表示状态转换方向，斜线下方标出的是输出信号——进位的相应取值。

3．求状态方程和驱动方程

（1）求状态方程。

由于计数器的次态和输出是现态的函数，并且均用触发器的现态和次态来表示。因此，根据图 6.3.2 所示状态图能够直接画出各触发器的次态卡诺图，如图 6.3.3 所示。

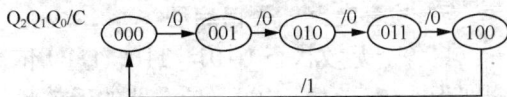

图 6.3.2　五进制计数器的状态转换图

由于选用 JK 触发器，其特性方程为 $Q^{n+1}=J\overline{Q}^n+\overline{K}Q^n$，因此，在化简时得到的状态方程在形式上要和特性方程一致，这样有利于通过比较求得驱动方程。只要把包含因子 Q^n 和 $\overline{Q}^n$ 的最小项分开进行合并，便可直接得到与特性方程相似的次态函数方程式。

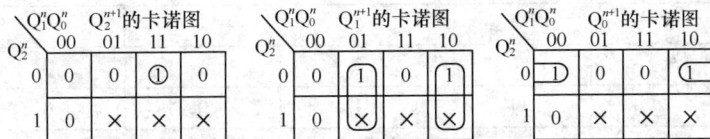

图 6.3.3　各触发器的次态卡诺图

由图 6.3.2 所示，求得状态方程

$$Q_2^{n+1} = Q_1^n Q_0^n \overline{Q}_2^n$$

$$Q_1^{n+1} = Q_0^n \overline{Q}_1^n + \overline{Q}_0^n Q_1^n$$

$$Q_0^{n+1} = \overline{Q}_2^n \cdot \overline{Q}_0^n$$

由于进位输出 C 是现态的函数，所以，由图 6.3.2 也可以画出 C 的卡诺图，如图 6.3.4 所示，可得 $C = Q_2^n$。

（2）求驱动方程。

将得到的状态方程和 JK 触发器的特性方程进行比较，即可求得驱动方程。为此，首先把状态方程写成与 JK 触发器的特性方程一致的形式。即

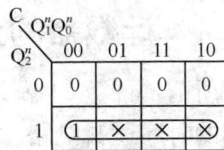

图 6.3.4　输出函数 C 的卡诺图

$$Q_2^{n+1} = Q_1^n Q_0^n \overline{Q}_2^n + \overline{1} \cdot Q_2^n$$

$$Q_1^{n+1} = Q_0^n \overline{Q}_1^n + \overline{Q}_0^n Q_1^n$$

$$Q_0^{n+1} = \overline{Q}_2^n \overline{Q}_0^n + \overline{1} \cdot Q_0^n$$

再将状态方程与 JK 触发器特性方程 $Q^{n+1}=J\overline{Q}^n+\overline{K}Q^n$ 比较，得如下驱动方程。

$$J_2 = Q_1^n Q_0^n, \quad K_2 = 1$$

$$J_1 = Q_0^n, \quad K_1 = Q_0^n$$

$$J_0 = \overline{Q}_2^n, \quad K_0 = 1$$

4. 画逻辑电路图

根据驱动方程画逻辑电路图，如图 6.3.5 所示。

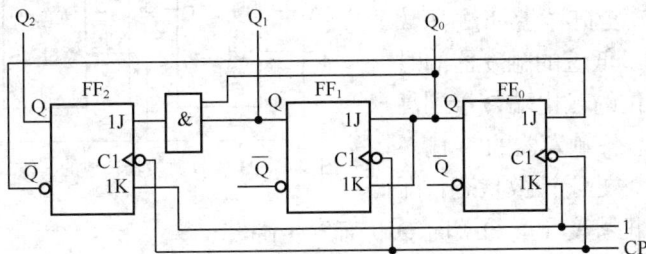

图 6.3.5　五进制计数器逻辑电路图

5. 检查电路能否自启动

将各个无效状态（101，110，111）依次代入状态方程和输出方程进行分析，分析结果分别为 010，010，100。计数器的无效状态在时钟信号脉冲作用下，可以转入有效状态，所以计数器可以自启动，无效状态转换表如表 6.3.1 所示。

表 6.3.1　　　　　　　　　　无效状态转换表

Q_2^n	Q_1^n	Q_0^n	Q_2^{n+1}	Q_1^{n+1}	Q_0^{n+1}	C
1	0	1	0	1	0	1
1	1	0	0	1	0	1
1	1	1	1	0	0	1

电路书面设计完成后，试制应看作设计过程的一部分。方案是否可行，需要做什么样的修改，元器件的合理选用和排布，需要做哪些必要的调节，往往要在试制中才能合理解决。

6.4　计数器

6.4.1　计数器的分类

所谓"计数"，就是统计输入脉冲的个数。计数器就是实现"计数"操作的时序逻辑电路。计数器的应用十分广泛，不仅可以用来计数，还可用来定时、分频、测量等。

按计数脉冲引入的方式可将计数器分为同步计数器和异步计数器；按计数的进制不同可分为二进制计数器、十进制计数器及 N 进制计数器；按计数值增减规律，可分为加法计数器、减法计数器和可逆计数器。

6.4.2　二进制计数器

一、异步二进制计数器

由于每一个触发器可以存储一位二进制信息，由若干个触发器按一定的方式连接构成计数器电路，即可实现以若干位编码输出的二进制计数器。若各触发器状态不是随计数脉冲时钟信号的输入而同时翻转，这种计数方式称为异步计数方式。

电路组成：图 6.4.1 是用 3 个 D 触发器构成的三位二进制异步加法计数器。计数脉冲送到最低位的触发器的时钟控制端 CP_0，低位的输出端 Q 接到高一位的时钟控制端。各触发器的 D 输入端接到其输出端 $\overline{Q}$，处于计数状态，即当时钟控制端接到正跳变（0→1）时 Q 状态发生翻转。

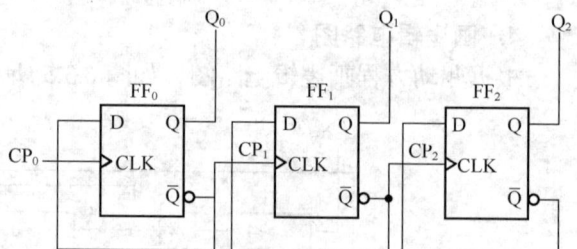

图 6.4.1　3 个 D 触发器构成的三位二进制异步加法计数器

工作原理：假设计数前，各触发器的初始状态为 $Q_2Q_1Q_0=000$。

第一个计数脉冲上升沿作用后，FF_0 状态发生翻转，计数器的状态变为 001，$\overline{Q_0}$ 产生负跳变（1→0），Q_2、Q_1 不变。

第二个计数脉冲上升沿作用后，FF_0 状态再次发生翻转，Q_0 由 1 变为 0；$\overline{Q_0}$ 产生正跳变，FF_1 状态发生翻转，Q_1 由 0 变为 1；Q_2 不变，计数器的状态变为 010。

按此规律，每输入一个脉冲，Q_0 的状态就改变一次；而 Q_0 由 1 变为 0 时，Q_1 的状态就改变一次；而 Q_1 由 1 变为 0 时，Q_2 的状态就改变一次，则可得如表 6.4.1 所示计数器状态表及如图 6.4.2 所示的工作波形。

表 6.4.1 三位异步二进制加法计数器状态表

输入脉冲数	触发器状态			输入脉冲数	触发器状态		
	Q_2	Q_1	Q_0		Q_2	Q_1	Q_0
0	0	0	0	5	1	0	1
1	0	0	1	6	1	1	0
2	0	1	0	7	1	1	1
3	0	1	1	8	0	0	0
4	1	0	0	9	0	0	1

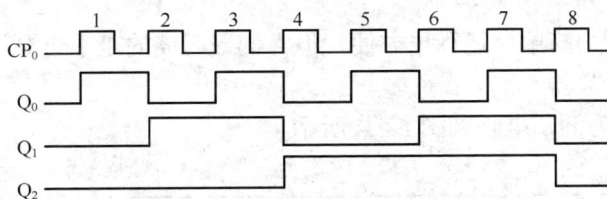

图 6.4.2 三位异步二进制加法计数器波形图

如果将图 6.4.1 中的 CP_1 接 FF_0 的 Q 输出端，CP_2 接 FF_1 的 Q 输出端，则可构成一个异步二进制减法计数器。原理请读者自己分析。

异步二进制计数器电路简单，但由于各触发器状态的改变是逐位进行的，所以计数速度慢。

二、同步二进制计数器

为了提高计数的速度，将计数脉冲送到每一个触发器的时钟控制端，使触发器的状态变化与计数脉冲同步，这种方式的计数器称为同步计数器。

电路组成：图 6.4.3 所示为同步二进制加法计数器电路。电路由 3 个下降沿触发的 JK 触发器构成，每个 JK 触发器接成 T 触发器，时钟信号计数脉冲同时送到了每一个触发器的时钟控制端。各触发器的输入为：$T_0=1$，$T_1=Q_0^n$，$T_2=Q_0^n Q_1^n$。

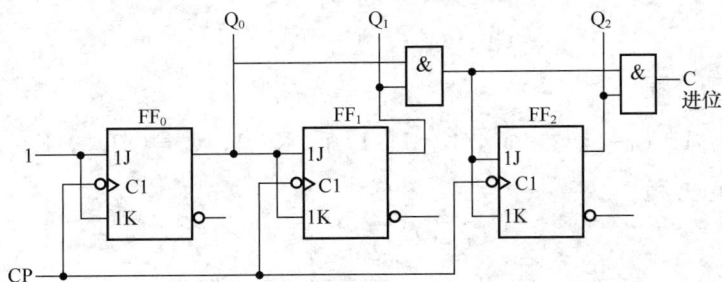

图 6.4.3 同步二进制加法计数器电路

工作原理：计数前先清零，使计数器的初始状态为 000。此时各触发器的准备状态为：$T_0=1$，$T_1=0$，$T_2=0$，即 FF_0 处于计数状态，FF_1、FF_2 处于保持状态。

第一个计数脉冲下降沿作用后，FF_0 状态发生翻转，计数器的状态变为 001。此时各触发器的准备状态为：$T_0=1$，$T_1=1$，$T_2=0$，即 FF_0、FF_1 处于计数状态，FF_2 处于保持状态。

第二个计数脉冲下降沿作用后，计数器状态由 001 变为 010，同时，$T_0=1$，$T_1=0$，$T_2=0$，即 FF_0 处于计数状态，FF_1、FF_2 处于保持状态。

第三个计数脉冲下降沿作用后，计数器状态由 010 变为 011，同时，$T_0=1$，$T_1=1$，$T_2=1$，即 FF_0、FF_1、FF_2 处于计数状态。

第四个计数脉冲下降沿作用后，计数器状态由 011 变为 100。

依此类推，当计数器稳定状态为 111 时，表示已经输入了 7 个计数脉冲。在第 8 个计数脉冲输入后，计数器由 111 转换为 000，回到初始 000 状态，完成一次状态循环。其状态表和波形图与异步二进制加法计数器相同，这里不再画出。

如果把图 6.4.3 所示的电路中接 Q_0 和 Q_1 的线分别改接到 $\overline{Q_0}$ 和 $\overline{Q_1}$ 上，则可以构成同步二进制减法计数器。同样可用上述方法分析其工作原理。

6.4.3 十进制计数器

二进制计数器结构简单，运算也方便，但人们最习惯的是十进制计数器，所以在应用中经常使用十进制计数器。

以 8421BCD 码为例，电路如图 6.4.4 所示。

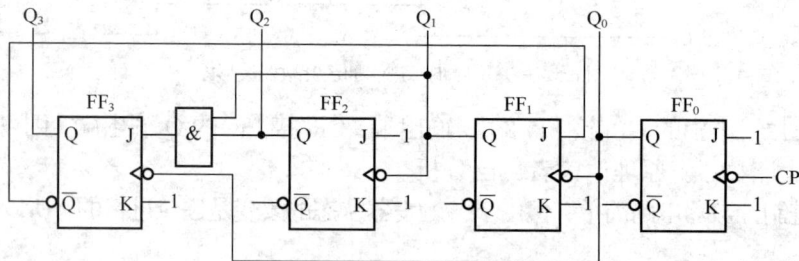

图 6.4.4　8421BCD 码十进制计数器电路

分析步骤如下。

1. 写出时钟方程

$$CP_0=CP;\quad\downarrow（下降沿触发）$$
$$CP_1=Q_0^n;\quad\downarrow$$
$$CP_2=Q_1^n;\quad\downarrow$$
$$CP_3=Q_0^n;\quad\downarrow$$

2. 写出驱动方程

$$J_0=1,\ K_0=1;\ J_1=\overline{Q_3^n},\ K_1=1;\ J_2=1,\ K_2=1;\ J_3=Q_1^nQ_2^n,\ K_3=1$$

3. 写出状态方程

$$Q_0^{n+1}=\overline{Q_0^n}$$
$$Q_1^{n+1}=\overline{Q_3^n}\ \overline{Q_1^n}$$

$$Q_2^{n+1} = \overline{Q_2^n}$$

$$Q_3^{n+1} = Q_2^n Q_1^n \overline{Q_3^n}$$

4. 列出状态转换表（表 6.4.2）和波形图（图 6.4.5）

表 6.4.2　　　　　　　　　　　　　十进制计数器状态表

计数脉冲 CP	触发器状态				对应的十进制数
	Q_3	Q_2	Q_1	Q_0	
0	0	0	0	0	0
1	0	0	0	1	1
2	0	0	1	0	2
3	0	0	1	1	3
4	0	1	0	0	4
5	0	1	0	1	5
6	0	1	1	0	6
7	0	1	1	1	7
8	1	0	0	0	8
9	1	0	0	1	9
10	0	0	0	0	0

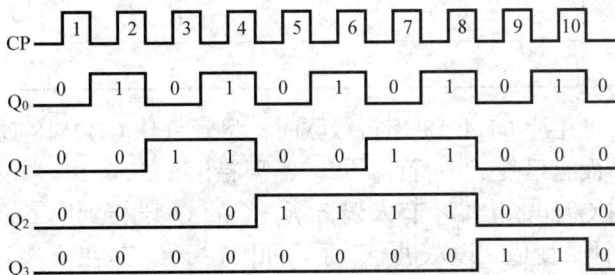

图 6.4.5　十进制计数器波形图

6.5　集成计数器及其应用

集成计数器属于中规模集成电路，种类很多，应用也很广泛。按其工作步调一般可分为同步计数器和异步计数器两大类，通常为 BCD 码十进制和 4 位二进制计数器。这些计数器功能比较完善，同时还附加了辅助控制端，可进行功能扩展。目前，芯片厂商生产的 TTL 和 CMOS 电路中规模集成计数器品种较多，通用性强。

6.5.1　集成十进制同步双计数器 CD4518

CD4518 是常用的计数器电路，内部包含 2 个二–十进制同步加法计数器，每个计数器由 4 个 T 触发器（$T_1 \sim T_4$）构成，引脚排列如图 6.5.1（a）所示。为便于使用，CD4518 设计了 2 个时钟输入端：CP、EN。CP 端上升沿触发，此时要求 EN=1；EN 端下降沿触发，要求 CP=0。CR 为清

集成计数器芯片
及其应用

零端，CR=1（接高电平或正脉冲）时计数器清零，正常计数时 CR=0。$Q_3 \sim Q_0$ 为 BCD 码输出端，可输出 8421 编码的数据。CD4518 的最高工作频率与电源电压有关，当 $V_{CC}=5V$ 时，$f_{max} \approx 1MHz$；$V_{CC}=15V$ 时，$f_{max} \approx 7MHz$。为保证计数可靠，要求时钟信号的沿口陡直。

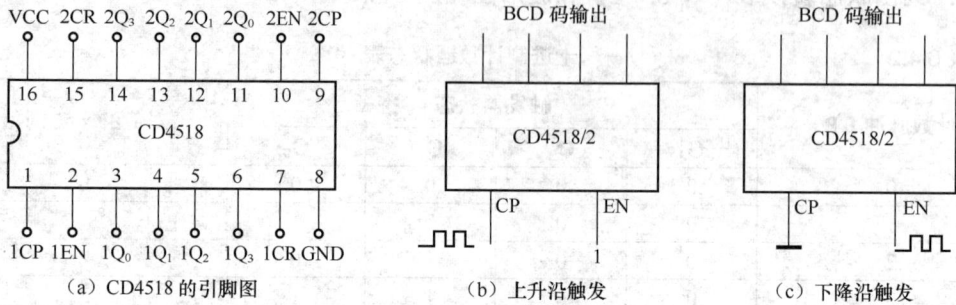

图 6.5.1 CD4518 的引脚排列

（a）CD4518 的引脚图　　（b）上升沿触发　　（c）下降沿触发

CD4518 的功能表如表 6.5.1 所示。

表 6.5.1　　　　　　　　　　　　　　CD4518 的功能表

CR	EN	CP	执行功能
1	×	×	清零
0	1	↑	加计数
0	↓	0	加计数
0	0	×	保持

多级串行计数：将几片 CD4518 串行级联时，尽管每片 CD4518 属并行计数，但就整体而言已变成串行计数了。需要指出，CD4518 未设置进位端，但可利用 Q_3 作输出端。有人误将第一级的 Q_3 端接到第二级的 CP 端，结果发现计数变成"逢八进一"了。原因在于 Q_3 是在第八个时钟信号作用下产生正跳变的，其上升沿不能做进位脉冲，只有其下降沿才是"逢十进一"的进位信号 [见图 6.5.1（c）]。正确接法应是将低位的 Q_3 端接高位的 EN 端，高位计数器的 CP 端接 GND。CD4518 串行级联电路如图 6.5.2 所示。对最低位计数器而言，用 CP 或 EN 作时钟输入端均可。

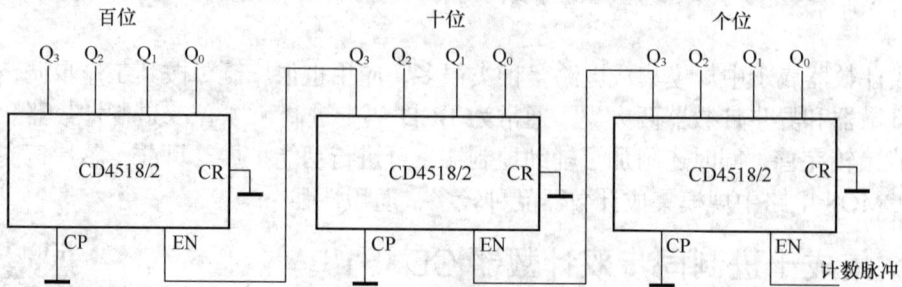

图 6.5.2　CD4518 串行级联电路

6.5.2　集成十进制异步计数器 74LS90

74LS90 内部电路由两个独立的计数器组成，一个是以 CP_1 为时钟信号输入端，Q_1、

Q_2、Q_3 为输出端的五进制计数器；另一个是以 CP_0 为时钟信号输入端，Q_0 为输出端的二进制计数器；其引脚排列图和逻辑符号示意图如图 6.5.3 所示。

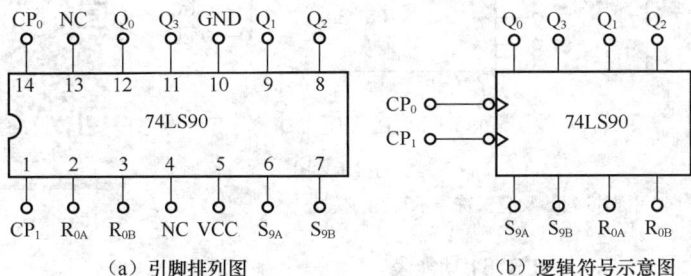

（a）引脚排列图　　　　　　　　（b）逻辑符号示意图

图 6.5.3　74LS90 引脚排列图及逻辑符号示意图

74LS90 具有直接置 0 和直接置 9 的功能，其功能表如表 6.5.2 所示。用一片 74LS90 可以连接成十进制计数器，可以是先五进制后二进制的连接方法，即 CP_1 接计数脉冲，CP_0 接 Q_3，构成 5421BCD 码计数器，输出数据顺序为 $Q_0 Q_3 Q_2 Q_1$；也可以用先二进制后五进制的连接方法，即 CP_0 接计数脉冲，CP_1 接 Q_0，构成 8421BCD 码计数器，输出数据顺序为 $Q_3 Q_2 Q_1 Q_0$。

表 6.5.2　　　　　　　　　　　　　74LS90 功能表

输　　入						输　　出			
R_{0A}	R_{0B}	S_{9A}	S_{9B}	CP_0	CP_1	Q_0^{n+1}	Q_1^{n+1}	Q_2^{n+1}	Q_3^{n+1}
1	1	0	×	×	×	0	0	0	0（清零）
1	1	×	0	×	×	0	0	0	0（清零）
×	×	1	1	×	×	1	0	0	1（置 9）
×	0	×	0	↓	0	二进制计数			
×	0	0	×	0	↓	五进制计数			
0	×	×	0	↓	Q_0	8421BCD 码十进制计数			
0	×	0	×	Q_3	↓	5421BCD 码十进制计数			

6.5.3　4 位二进制同步集成加法计数器 74LS161

图 6.5.4 是 74LS161 引脚排列图及逻辑符号示意图，$\overline{CR}$ 是清零端，$\overline{LD}$ 为置数控制端，CT_T、CT_P 为计数控制端，CO 为进位输出端。其功能说明如下：$\overline{CR}$ 为异步清零端，当 $\overline{CR}=0$ 时，不管其他输出端如何，触发器清零，即 $Q_3 Q_2 Q_1 Q_0 = 0000$。由于清零与时钟信号无关，所以称为异步清零。$\overline{LD}$ 为同步并行置数端，当 $\overline{CR}=1$，$\overline{LD}=0$ 时，时钟信号上升沿一到来，触发器便分别接受并行数据输入信号 $D_0 \sim D_3$，即 $Q_3 Q_2 Q_1 Q_0 = D_3 D_2 D_1 D_0$。由于置数操作必须有时钟信号的上升沿相配合，故称为同步预置。当 $\overline{CR}=\overline{LD}=1$ 且 $CT_T \cdot CT_P = 0$ 时，各触发器保持原状态。当 $\overline{CR}=\overline{LD}=1$ 且 $CT_T = CT_P = 1$ 时，按照 4 位二进制码进行同步二进制计数。进位输出端 $CO = CT_T Q_3 Q_2 Q_1 Q_0$，表明进位输出通常为 0，只有当计数控制端 $CT_T = 1$ 且 $Q_3 Q_2 Q_1 Q_0 = 1111$ 时，CO 才能输出高电平。74LS161 功能表如表 6.5.3 所示。

（a）引脚排列图　　　　　　　　　　　　（b）逻辑符号示意图

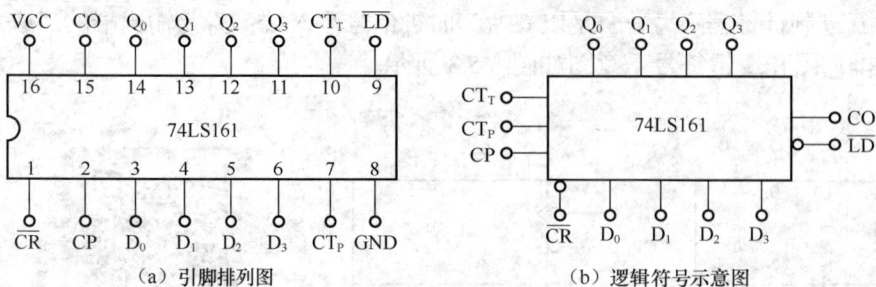

图 6.5.4　74LS161 引脚排列图及逻辑符号示意图

表 6.5.3　　　　　　　　　　　　　74LS161 功能表

CT_T	CT_P	$\overline{LD}$	$\overline{CR}$	CP	执行功能
×	×	×	0	×	清零
1	1	1	1	↑	异步计数
×	×	0	1	↑	同步置数
0	×	1	1	×	保持
×	0	1	1	×	保持

　　74LS163 的引脚排列和 74LS161 相同，不同之处是 74LS163 采用同步清零方式，而 CD40161 的引脚和功能完全与 74LS161 相同，可以代换。

6.5.4　4 位集成二进制同步可逆计数器

　　74LS193 具有预置数码、加法、减法的同步计数功能，应用十分方便。图 6.5.5 是 74LS193 引脚排列图及逻辑符号图，功能表如表 6.5.4 所示。

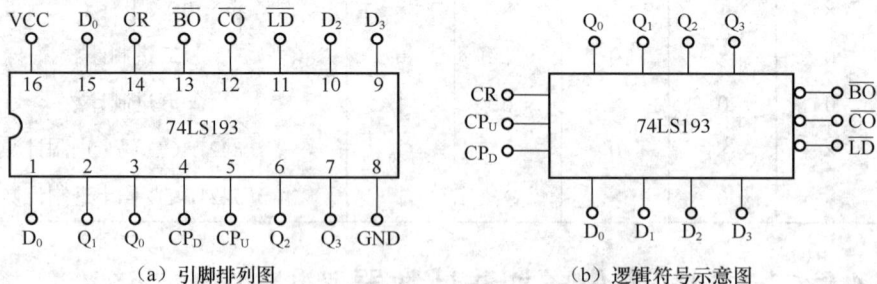

（a）引脚排列图　　　　　　　　　　　　（b）逻辑符号示意图

图 6.5.5　74LS193 引脚排列图及逻辑符号示意图

表 6.5.4　　　　　　　　　　　　　74LS193 功能表

输　　入				输　　出			
CR	$\overline{LD}$	CP_U	CP_D	Q_3	Q_2	Q_1	Q_0
1	×	×	×	0	0	0	0
0	0	×	×	D_3	D_2	D_1	D_0
0	1	↑	1	加法计数			
0	1	1	↑	减法计数			

　　CR 为清零端，高电平有效；$\overline{LD}$ 为异步置数控制端，低电平有效；CP_U 为加法计数脉

冲输入端，CP_D 为减法计数脉冲输入端，二者都是上升沿计数；$\overline{BO}$ 为借位输出器（减法计数下溢时，该端输出低电平）；$\overline{CO}$ 为进位输出器（加法计数上溢时，该端输出低电平）。

6.5.5　集成十进制加减计数/译码/锁存/驱动器 CD40110

CD40110 为十进制可逆计数器/锁存器/译码器/驱动器，具有加减计数、计数器状态锁存、七段显示译码输出等功能，引脚排列如图 6.5.6 所示。CD40110 有 2 个计数时钟输入端 CP_U 和 CP_D，分别用作加计数时钟输入和减计数时钟输入。由于电路内部有一个时钟信号预处理逻辑，因此当一个时钟输入端计数工作时，另一个时钟输入端可以是任意状态。CD40110 的进位输出 CO 和借位输出 BO，一般为高电平，当计数器从 0 变为 9 时，BO 输出负脉冲；从 9 变为 0 时 CO 输出负脉冲。在多片级联时，只需要将 CO 和 BO 分别接至下级 CD40110 的 CP_U 和 CP_D 端，就可组成多位计数器。

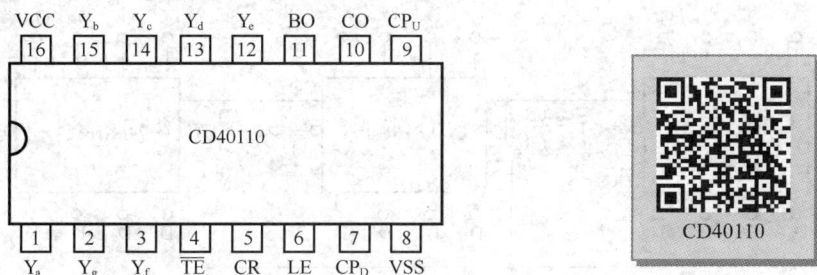

图 6.5.6　CD40110 引脚排列图

引出端符号：BO 为借位输出端，CO 为进位输出端，CP_D 为减计数器时钟输入端，CP_U 为加计数器时钟输入端，CR 为清零端，$\overline{TE}$ 为计数允许端，LE 为锁存器预置端，VCC 为正电源输入端，VSS 为接地端，$Y_a \sim Y_g$ 为锁存译码输出端。译码输出端为高电平有效，可直接驱动共阻数码管，表 6.5.5 为其功能表。

表 6.5.5　　　　　　　　　　　　　　CD40110 功能表

输　　入					计数器功能	显　　示
CP_U	CP_D	LE	$\overline{TE}$	CR		
↑	×	0	0	0	加 1	随计数器显示
×	↑	0	0	0	减 1	随计数器显示
↓	↓	×	×	0	保持	保持
×	×	×	×	1	清除	显示 "0"
×	×	×	1	0	禁止	不变
↑	×	1	0	0	加 1	不变
×	↑	1	0	0	减 1	不变

还有很多集成计数器芯片，这里不再详述，读者可查阅相关的集成芯片手册，也可登录一些电子类网站。

6.5.6　利用集成计数器构成 N 进制计数器

计数器一般为 4 位、8 位二进制或十进制，其计数范围是有限的，当计数模值超过计数范围时，可用计数器的级联来实现。当需要其他任意一种进制的计数器，如要得到一个 N 进制计数器，只要 $N < M$，M 选用集成计数器的进制数，可以在 M 进制计数器的顺序计数过程中跳过（$M - N$）个状态，从而获得 N 进制计数器。

一、中规模集成计数器的级联

同步计数器 74LS161 有进位或借位输出端，可以选择合适的进位或借位输出信号来驱动下一级计数器计数。同步计数器级联的方式有两种：一种级间采用串行进位方式，即异步方式，这种方式是将低位计数器的进位输出直接作为高位计数器的时钟信号，异步方式的速度较慢；另一种级间采用并行进位方式，即同步方式，这种方式一般是把各计数器的 CP 端连在一起接统一的时钟信号，而低位计数器的进位输出送高位计数器的计数控制端。本例采用第二种级联方式，如图 6.5.7 所示，构成一个 12 位二进制计数器。

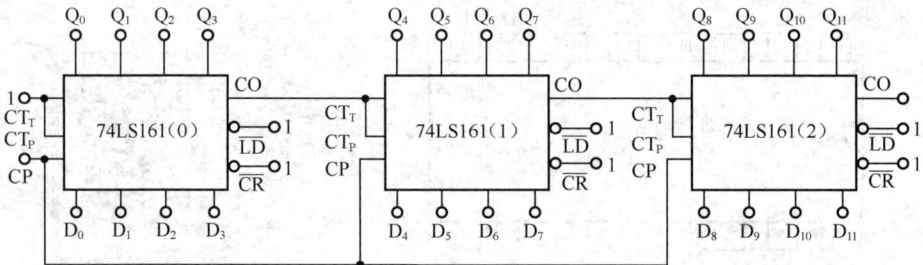

图 6.5.7　同步集成计数器 74LS161 的同步级联

二、利用置零法获得任意进制计数器

74LS161 具有异步清零功能，因此可以采用异步置零法，使复位端 $\overline{CR}$ 为零，迫使计数器在正常计数过程中跳过无效状态，实现所需进制的计数器。图 6.5.8（a）利用 74LS161 的 $\overline{CR}$ 端构成十二进制计数器。

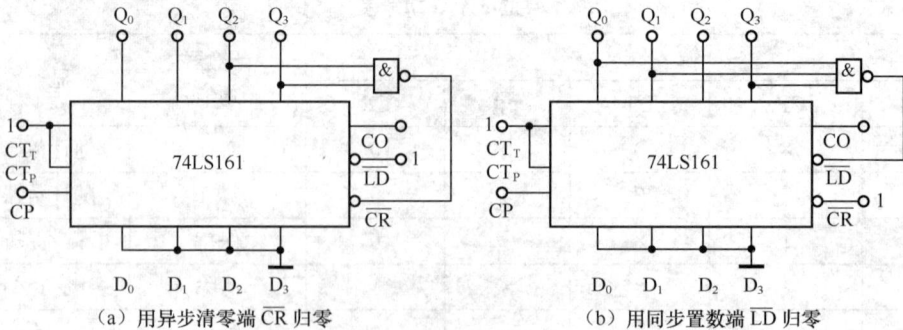

（a）用异步清零端 $\overline{CR}$ 归零　　　　　　（b）用同步置数端 $\overline{LD}$ 归零

图 6.5.8　利用 74LS161 构成十二进制计数器

三、利用置数法获得任意进制计数器

利用 74LS161 的同步置数功能，通过反馈使计数器回至预置的初态，也能构成任意进制计数器。图 6.5.8（b）所示是利用 74LS161 的 $\overline{LD}$ 端构成的十二进制计数器。

将两种方法相比较，同步置数法在第 12 个脉冲到来时，输出端不会出现瞬间的过渡状态。这里举例用 74LS161 构成任意进制计数器，也可利用其他集成计数器构成任意进制计数器。

6.6　实验六　计数器的测试与应用

6.6.1　实验目的

（1）通过组成计数器，进一步掌握计数器的逻辑功能。

（2）掌握计数器逻辑功能的测试方法。

（3）熟悉计数器件实现 N 进制计数器的方法。

6.6.2　实验技术与设备

1. 74LS193 芯片介绍

它是可预置的 4 位二进制同步加/减计数器，其引出端符号说明如下。

$\overline{BO}$：借位输出端（低电平有效）。

$\overline{CO}$：借位输出端（低电平有效）。

CP_D：减计数器时钟输入端。

CP_U：加计数器时钟输入端。

CR：异步清零端（高电平有效）。

$\overline{LD}$：异步并行置数控制端（低电平有效）。

$D_0 \sim D_3$：并行数据输入端（权为 1，2，4，8）。

$Q_0 \sim Q_3$：输出端（权为 1，2，4，8）。

其外引脚排列如图 6.6.1 所示，功能表如表 6.6.1 所示。

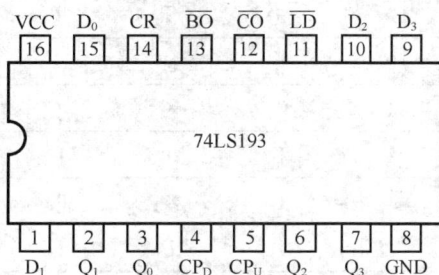

图 6.6.1　74LS193 芯片引脚排列图

表 6.6.1　　　　　　　　　74LS193 功能表

输　　入				输　　出			
CR	$\overline{LD}$	CP_U	CP_D	Q_3	Q_2	Q_1	Q_0
1	×	×	×	0	0	0	0
0	0	×	×	D_3	D_2	D_1	D_0
0	1	↑	1	加法计数			
0	1	1	↑	减法计数			

从表 6.6.1 中可以看出，该计数器有以下特点。

（1）当 CR 端为高电平时，无论时钟输入端（CP_D、CP_U）的状态如何，都可完成消除功能。

（2）当异步并行置数控制端 $\overline{LD}$ 为 0 时，无论时钟输入端（CP_D、CP_U）状态如何，输出端 $Q_0 \sim Q_3$ 都可预置成与输入端 $D_0 \sim D_3$ 相一致的状态。

（3）当 CP_D 端有效，即加入计数脉冲，构成十六进制减法计数器，此时 CP_U 要置高电平。

（4）当 CP_U 端有效，即加入计数脉冲，构成十六进制加法计数器，此时 CP_D 要置高电平。

（5）当进行减法计数时，计数下溢，借位输出端 $\overline{\text{BO}}$ 端输出一个宽度等于 CP_D 低电平部分的低电平脉冲。

（6）当进行加法计数时，计数上溢，进位输出端 $\overline{\text{CO}}$ 端输出一个宽度等于 CP_U 低电平部分的低电平脉冲。

（7）把 $\overline{\text{BO}}$ 端和 $\overline{\text{CO}}$ 端分别与后一级的 CP_D、CP_U 相连，可以进行级联。

2. 74LS161 可预置四位二进制计数器

其引脚排列图如图6.6.2所示，功能表如表6.6.2所示。

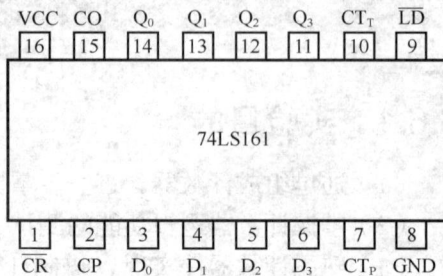

图 6.6.2　74LS161 引脚排列图

表 6.6.2　　　　　　　　　　　74LS161 功能表

输　　　入					输　　　出			
$\overline{\text{CR}}$	$\overline{\text{LD}}$	CT_P	CT_T	CP	Q_3	Q_2	Q_1	Q_0
0	×	×	×	×	0	0	0	0（异步清零）
1	0	×	×	↑	D_3	D_2	D_1	D_0（同步并行置数）
1	1	0	1	×	保持			
1	1	×	0	×	保持			
1	1	1	1	↑	计数			

3. 74LS193 组成 N 进制计数器应用

（1）74LS193 构成减法计数器的连接方法。把借位输出端 $\overline{\text{BO}}$ 端连接到异步并行置数控制端 $\overline{\text{LD}}$，当借位输出端 $\overline{\text{BO}}$ 端输出 0 时，就可以将数据 $D_0 \sim D_3$ 直接置入计数器 $Q_0 \sim Q_3$，改变 $D_0 \sim D_3$ 的数码就可以成为 N 进制计数器；当 $D_3 \sim D_0 = 1001$（十进制数 9），就成为九进制计数器，74LS193 组成九进制减法计数器的连接图如图 6.6.3 所示。

（2）74LS193 构成加法计数器的连接方法。把进位输出端 $\overline{\text{CO}}$ 端连接到异步并行置数控制端 $\overline{\text{LD}}$，当进位输出端 $\overline{\text{CO}}$ 端输出 0 时，就可以将数据 $D_0 \sim D_3$ 直接置入计数器 $Q_0 \sim Q_3$，改变 $D_0 \sim D_3$ 的数码就可以成为 [N（N=(16-1-M)）] 进制计数器；当预置数 $D_3 \sim D_0 = 0101$（十进制数 M=5）时，就成为十进制计数器（16-1-5=10），74LS193 组成十进制加法计数器的连接图如图 6.6.4 所示。

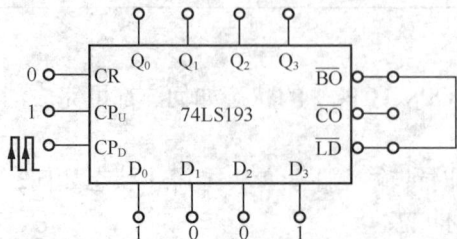

图 6.6.3　74LS193 组成九进制减法计数器的连接图　　图 6.6.4　74LS193 组成十进制加法计数器的连接图

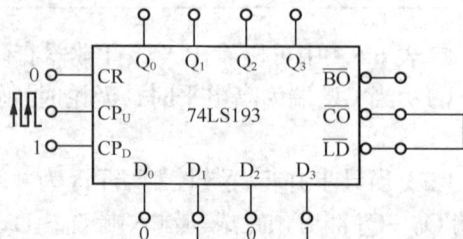

方法如下：在产生进位时，将 [（16-1）-M]（M 是预置数的值）置入计数器，例如 $D_3 \sim D_0 = 0101$（十进制数 5）时候，就可以得到 N=10 进制计数器 [N=(16-1-M)=16-1-5=10]；反之，若要得到 N=10 进制计数器，则预置数 M=16-1-N=16-1-10=5，即 M=5（$D_3 \sim D_0 = 0101$）。

（3）用反馈清零法 CR 端将 74LS193 构成 N 进制计数器，这里不再介绍。

6.6.3 实验仪器与芯片

数字逻辑实验箱，74LS161，74LS193，74LS00。

6.6.4 实验内容与步骤

【实验内容 1】74LS161 构成 N 进制计数器

验证 74LS161 的加法功能。按照图 6.6.5 所示进行连线，将测试结果填入表 6.6.3 中。

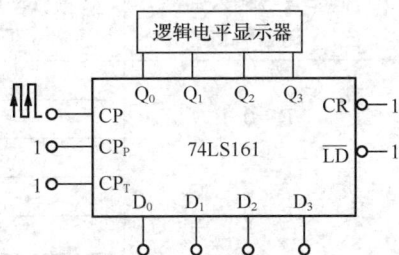

图 6.6.5 N 进制计数器连线图

表 6.6.3 74LS161 计数测试表

CP（上升沿）	CP=1Hz				CP（上升沿）	CP=1Hz			
	Q_3	Q_2	Q_1	Q_0		Q_3	Q_2	Q_1	Q_0
1					9				
2					10				
3					11				
4					12				
5					13				
6					14				
7					15				
8					16				

N 进制计数器=

【实验内容 2】用反馈置数法构成 N 进制（十进制、六进制）计数器

按照图 6.6.6 和图 6.6.7 连线，构成十进制和六进制计数器，用 74LS161 的 $\overline{LD}$ 端反馈，分别构成十进制、六进制加法计数器，其中 $D_3 \sim D_0 = 0001$，即初始值为 1，将 $Q_0 \sim Q_3$ 接逻辑电平显示器，将测试结果填入表 6.6.4 中。

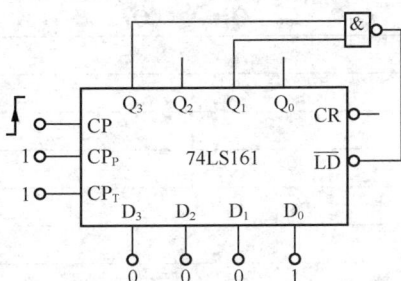

图 6.6.6 十进制计数器连线图（1）　　图 6.6.7 六进制计数器连线图（1）

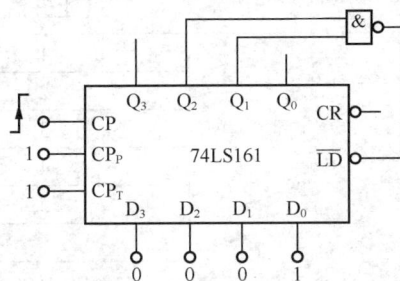

表 6.6.4 反馈置数法测试记录表

同步置数输入端 $D_3 \sim D_0$	CP_U（上升沿）	$CP_U = CP$			
		Q_3	Q_2	Q_1	Q_0
$D_3 = 0$	1				
	2				

同步置数输入端 $D_3 \sim D_0$	CP_U （上升沿）	$CP_U = CP$			
		Q_3	Q_2	Q_1	Q_0
$D_2=0$	3				
	4				
	5				
$D_1=0$	6				
	7				
	8				
$D_0=1$	9				
	10				
计数进制 N		$N=$			

【实验内容 3】用反馈清零法构成 N 进制（十进制、六进制）计数器

按照图 6.6.8 与图 6.6.9 接线，用 74LS161 的 CR 端反馈，构成 N 进制（N=10，N=6）加法计数器，其中 $D_3 \sim D_0$ 悬空，即初始值为 0，将 $Q_0 \sim Q_3$ 接逻辑电平显示器，将结果填入表 6.6.5 中，注意观察暂态。

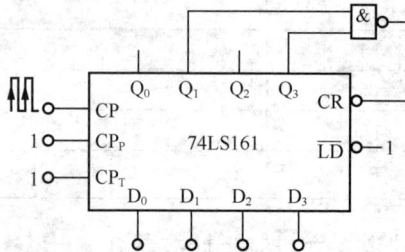

图 6.6.8 十进制计数器接线图（2）　　　　图 6.6.9 六进制计数器接线图（2）

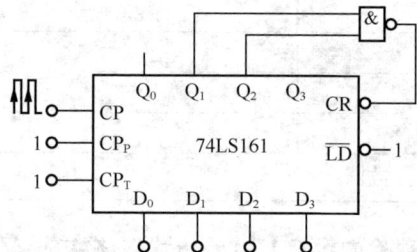

表 6.6.5　　　　　　　　　　　　　　反馈清零法测试记录表

异步清零法输入端	CP （上升沿）	$CP_U = CP$			
		Q_3	Q_2	Q_1	Q_0
	1				
	2				
	3				
	4				
	5				
	6				
	7				
	8				
	9				
	10				
计数进制 N		$N=$			

【实验内容 4】用 74LS193 组成 N 进制计数器

（1）构成十六进制加法计数器。按照图 6.6.10 接线，在 CP_U 端加入 1Hz 的时钟信号，

CR=0，CP_D=1，$\overline{LD}$=1，$Q_0 \sim Q_3$ 接逻辑电平显示器，将输出的结果填入表 6.6.6 中。

（2）构成十六进制减法计数器。按照图 6.6.11 接线，在 CP_D 端加入 1Hz 的时钟信号，CR=0，CP_U=1，$\overline{LD}$=1，$Q_0 \sim Q_3$ 接逻辑电平显示器，将输出的结果填入表 6.6.6 中。

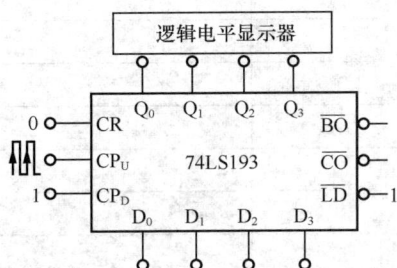

图 6.6.10 74LS193 组成十六进制加法计数器接线图　　图 6.6.11 74LS193 组成十六进制减法计数器接线图

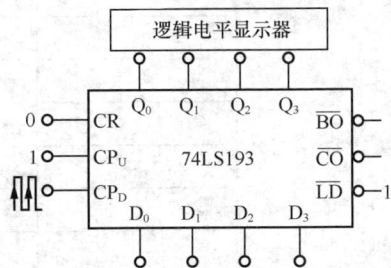

表 6.6.6 　　　　74LS193 加/减法计数器测试记录表

CP_U（上升沿）	CP_U =CP				CP_D（上升沿）	CP_D =CP			
	Q_3	Q_2	Q_1	Q_0		Q_3	Q_2	Q_1	Q_0
1					1				
2					2				
3					3				
4					4				
5					5				
6					6				
7					7				
8					8				
9					9				
10					10				
11					11				
12					12				
13					13				
14					14				
15					15				
16					16				
计数方式					计数方式				

（3）按照图 6.6.3 接线，将 74LS193 的 $\overline{LD}$ 端与 $\overline{BO}$ 端连接起来，构成 N 进制减法计数器，其中 $D_3 \sim D_0$=1001，将 $Q_0 \sim Q_3$ 接逻辑电平显示器，将结果填入表 6.6.7 中，注意观察暂态。

（4）按照图 6.6.4 接线，将 74LS193 的 $\overline{LD}$ 端与 $\overline{CO}$ 端连接起来，其中 $D_3 \sim D_0$=1001，构成 N 进制加法计数器，将 $Q_0 \sim Q_3$ 接逻辑电平显示器，将结果填入表 6.6.7 中，注意观察暂态。

表 6.6.7   N 进制计数器测试记录表

异步置数输入端 D₃~D₀	CP_U（上升沿）	CP_U = CP				CP_D=CP			
		Q₃	Q₂	Q₁	Q₀	Q₃	Q₂	Q₁	Q₀
$D_3=1$ $D_2=0$ $D_1=0$ $D_0=1$									
计数进制 N		$N=$				$N=$			

6.6.5　实验总结

（1）列出用一片 74LS193 预置数法实现 N 进制计数器预置表，按照图 6.6.3 和图 6.6.4 所示的方法分别填入表 6.6.8 中。

表 6.6.8   任意进制数据的预置表

减法计数器					加法计数器				
N 进制	预置数码				N 进制	预置数码			
	D_3	D_2	D_1	D_0		D_3	D_2	D_1	D_0
2					2				
3					3				
4					4				
5					5				
6					6				
7					7				
8					8				
9					9				
10					10				
11					11				
12					12				
13					13				
14					14				
15					15				

（2）若要实现 2000 分频，则需要_____片 74LS193。

6.7　寄存器与存储器

6.7.1　寄存器

把二进制数据或代码暂时存储起来的操作叫作寄存。其实，人们生活中经常会遇到寄存问题，如出外旅游，把小件行李暂时寄存在车站或码头的暂存处，到自选商场将随身携带的物品暂时存放到保管处等，都是寄存。

具有寄存功能的电路称为寄存器。寄存器是一种基本时序电路，在各种数字系统中，几乎无所不在。因为任何现代数字系统，都必须把需要处理的数据、代码先寄存起来，以便随时取用。

图 6.7.1 所示是 n 位寄存器的结构示意框图。寄存器的主要特点是由具有存储功能的触发器组合起来构成的。这些触发器可以是基本触发器、同步触发器、主从触发器或边沿触发器，电路结构比较简单。寄存器的任务主要是暂时存储二进制数据或者代码，一般情况下，寄存器不对存储内容进行处理，逻辑功能比较单一。常把寄存器分成两大类：数码寄存器和移位寄存器。

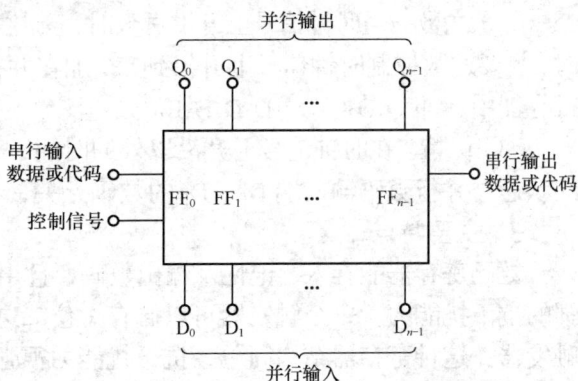

图 6.7.1　n 位寄存器结构示意框图

一、数码寄存器

1. 电路组成

图 6.7.2 所示是 4 边沿 D 触发器 74LS175 的逻辑电路图和逻辑符号。$D_0 \sim D_3$ 是并行数码输入端，$\overline{CR}$ 是清零端，CP 是控制时钟脉冲端，$Q_0 \sim Q_3$ 是并行数码输出端。表 6.7.1 所示是 4 边沿 D 触发器 74LS175 的功能表。

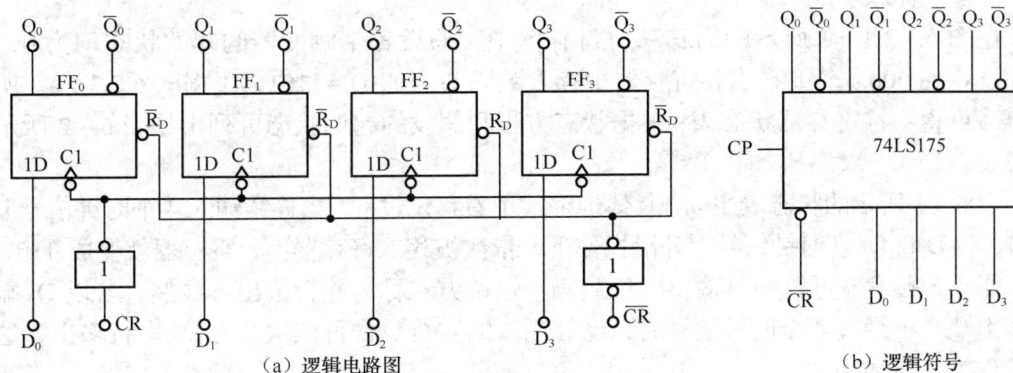

（a）逻辑电路图　　　　（b）逻辑符号

图 6.7.2　4 边沿 D 触发器 74LS175 的逻辑
电路图和逻辑符号

表 6.7.1   4 边沿 D 触发器 74LS175 的功能表

$\overline{CR}$	CP	D_n	Q_n	$\overline{Q}_n$
0	×	×	0	1
1	↑	0	0	1
1	↑	1	1	0
1	0	×	不变	不变

2．工作原理

（1）$\overline{CR}$ 异步清零。无论寄存器中原来的内容是什么，只要 $\overline{CR}=0$，寄存器就立即通过异步输入端将 4 个边沿 D 触发器都复位到 0 状态。

（2）送数。当时钟信号上升沿送数时，无论寄存器中原来存储的数码是什么，在 $\overline{CR}=1$ 时，只要送数控制时钟信号上升沿到来，加在并行数码输入端 $D_0 \sim D_3$ 的数码马上就被送进寄存器中，即 $Q_3 Q_2 Q_1 Q_0 = D_3 D_2 D_1 D_0$。

（3）保持。在时钟信号上升沿以外的时间，寄存器保持内容不变，即各个输出端 Q、$\overline{Q}$ 的状态与并行数码输入端 $D_0 \sim D_3$ 的数码无关，都将保持不变。

3．主要特点

数码寄存器能存入、记忆及输出数码，且用边沿 D 解发器作寄存器，其输入端具有很强的抗干扰能力。一个触发器可以储存 1 位二进制数码；寄存 n 位二进制数码，需要 n 个触发器。这种寄存器结构简单，抗干扰能力很强，应用十分广泛。

二、移位寄存器

移位寄存器除了能存放数码外，在移位命令操作下还具有数码移位的功能。移位寄存器按照移位方向的不同，分为单向移位寄存器（左移或右移）和双向移位寄存器两大类。

1．单向移位寄存器

（1）电路组成

图 6.7.3 所示是用边沿 D 触发器构成的单向移位寄存器。从电路结构看，它有两个基本特征：一是由相同存储单元组成，存储单元的个数就是移位寄存器的位数；二是各个存储单元共用一个时钟信号-移位操作命令，电路工作是同步的，属于同步时序电路。

（2）工作原理

在图 6.7.3（a）所示的右移移位寄存器中，假设各个触发器的起始状态均为 0，即 $Q_3 Q_2 Q_1 Q_0 = 0000$。若要在右移寄存器中存入数码 $D_3 D_2 D_1 D_0 = 1101$，根据图 6.7.3（a）所示的电路可得右移寄存器状态表，根据状态方程和假设的起始状态可列出如表 6.7.2 所示的状态表。

表 6.7.2 所示的状态表生动、具体地描述了右移位过程。当连续输入 4 个时钟信号上升沿时，$D_3 D_2 D_1 D_0$ 在时钟信号上升沿操作下，依次被移入寄存器中，寄存器就变成 1101 状态，即 4 个触发器可以同时输出 4 位数码，这种方式称为并行输出。显然，若以 Q_3 端作为输出端，再经过 4 个时钟信号后，已经输入的并行数据可依次从 Q_3 端串行输出，这种方式称为串行输出。

图 6.7.3（b）所示为左移移位寄存器，其工作原理与右移移位寄存器没有本质区别，只是因为连线接反了，所以移位方向也随之变成由右至左。

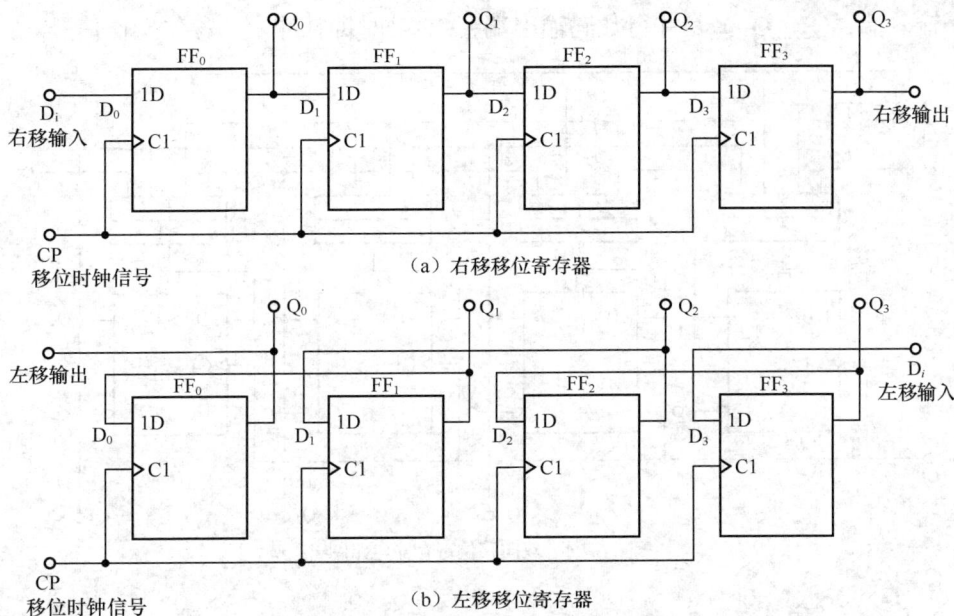

图 6.7.3　边沿 D 触发器构成的单向移位寄存器

表 6.7.2　　　　　　　　　　　　　　　 4 位右移移位寄存器的状态表

时钟信号	输　　入	输　　出			
		Q_0	Q_1	Q_2	Q_3
0	0	0	0	0	0
1	1	1	0	0	0
2	1	1	1	0	0
3	0	0	1	1	0
4	1	1	0	1	1

（3）主要特点

① 单向移位寄存器中的数码，在时钟信号作用下，可以依次右移（右移移位寄存器）或左移（左移移位寄存器）。

② n 位单向移位寄存器可以寄存 n 位二进制数码。n 个时钟信号即可完成串行输入工作，此后可从 Q_{n-1} 端获得串行的 n 位二进制数码，再用 n 个时钟信号又可实现串行输出操作。

③ 若串行输入端状态为 0，则 n 个时钟信号后，寄存器便被清零。

2. 双向移位寄存器

把左移移位寄存器和右移移位寄存器组合起来，加上移位方向控制信号，即可方便地构成双向移位寄存器。

图 6.7.4 所示是基本的 4 位双向移位寄存器电路图。M 是移位方向控制信号，D_{SR} 是右移串行输入端，D_{SL} 是左移串行输入端，$Q_3Q_2Q_1Q_0$ 是并行输出端，CP 是时钟脉冲——移位操作信号。

在实际应用中一般采用集成移位寄存器。集成移位寄存器产品较多，现以比较典型的 4 位双向移位寄存器 74LS194 为例，做简单说明。

图 6.7.5 所示是 4 位双向移位寄存器 74LS194 的引出端排列图和逻辑功能示意图。$\overline{CR}$ 是清零端，M_1、M_0 是工作状态控制端，D_{SR}、D_{SL} 分别为右移和左移串行数码输入端，是并

行数码输入端，$Q_3Q_2Q_1Q_0$ 是并行数码输出端，CP 是时钟脉冲——移位操作信号。

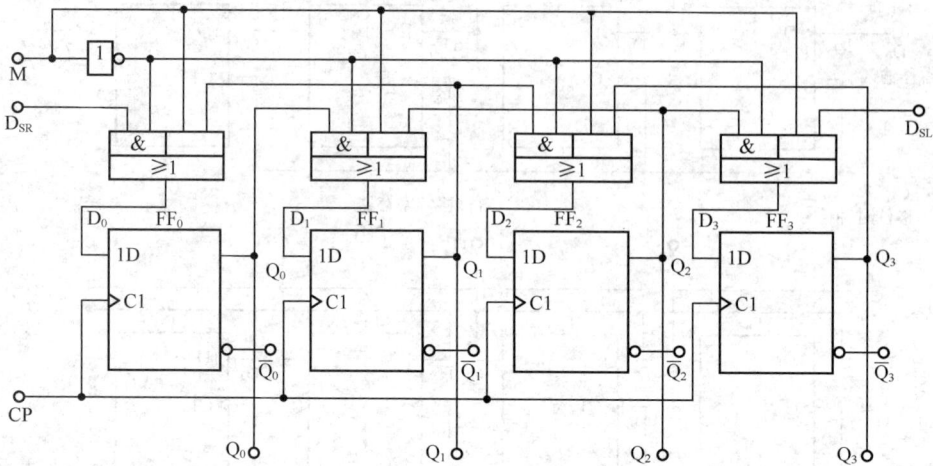

图 6.7.4　双向移位寄存器电路图

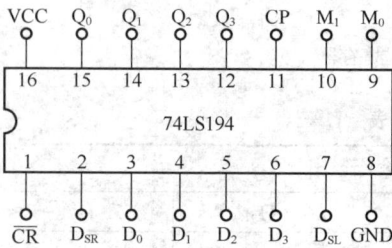

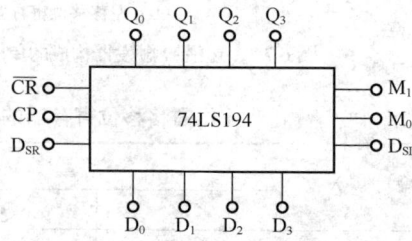

（a）引脚排列图　　　　　　　　（b）逻辑功能示意图

图 6.7.5　4 位双向移位寄存器 74LS194 引出端排列图和逻辑功能示意图

　　表 6.7.3 所示是 74LS194 的功能表，它十分清晰地反映出 4 位双向移位寄存器 74LS194 具有的功能。

表 6.7.3　　　　　　　　　　　　74LS194 的功能表

$\overline{CR}$	M_1	M_0	CP	工作状态
0	×	×	×	异步清零
1	0	0	×	保持
1	0	1	↑	右移
1	1	0	↑	左移
1	1	1	↑	并行置数

　　（1）清零功能。当 $\overline{CR}=0$ 时，双向移位寄存器异步清零。

　　（2）保持功能。当 $\overline{CR}=1$ 且 $M_1M_0=00$ 或 CP 无上升沿时，双向移位寄存器保持状态不变。

　　（3）并行送数功能。当 $\overline{CR}=1$ 且 $M_1M_0=11$ 时，CP 上升沿可将加在并行输入端的数码 $D_3D_2D_1D_0$ 送入寄存器中。

　　（4）右移串行送数功能。当 $\overline{CR}=1$ 且 $M_1M_0=01$ 时，在 CP 上升沿的作用下，可依次把加在 D_{SR} 端的数码串行送入寄存器中。

　　（5）左移串行送数功能。当 $\overline{CR}=1$ 且 $M_1M_0=10$ 时，在 CP 上升沿的作用下，可依次

将加在 D_{SL} 端的数码串行送入寄存器中。

6.7.2　存储器

前面已经叙述过触发器能存储一位二进制数，由多个触发器构成的寄存器能存储一组二进制信息，事实上寄存器本身也是一类存储器。然而，寄存器只能组成小规模的存储器，存储器实际要存储的信息量要比寄存器大得多，半导体存储器是存储大量二进制数据的器件，存储器可以保持写入的信息并能随时读出存储数据，相当于存储信息的仓库。

半导体存储器具有集成度高、体积小、可靠性高、价格低、外围电路简单和便于批量生产等特点。半导体存储器主要用于电子计算机和某些数字系统中，用来存储程序和数据，是数字系统中不可缺少的组成部分。半导体存储器根据用途不同，可分为两大类：随机存储器（简称 RAM）和只读存储器（简称 ROM）。

ROM：在工作时只能从中读出信息，不能写入信息，且断电后其所存储的信息不会消失。

RAM：在工作时既能从中读出（取出）信息，又能随时写入（存入）信息，但断电后其所存储的信息会消失。

一、只读存储器

只读存储器因工作时其内容只能读出而得名，按照数据写入方式特点的不同，分成掩膜 ROM（固定 ROM）、可编程 ROM（PROM）、可擦除可编程 ROM（EPROM）、电可擦除 ROM（EEPROM）和闪存 ROM（Flash ROM）5 种类型，然而就总体结构、基本工作原理和使用方法而言，它们之间并无区别。掩膜 ROM 的内容是在掩膜版的控制下，由厂家在生产过程中写入的，出厂时已完全固定下来，使用时不能更改；可编程 ROM，其内容可由用户编好后写入，但只能写一次，一经写入就不能再更改；可擦除可编程 ROM，存储的数据可以改写，比较适合试制工作的需要，但其改写过程是用紫外光擦除的，需要长达 20min 的擦除时间，比较麻烦，因此在工作时也只能进行读操作；电可擦除 ROM 可以多次擦除，而且擦除时间短，编程简单，存取速度快，功耗低；闪存 ROM 除具有电可擦除 ROM 的特点外，还具有容量大、体积小、价格低的特点，是一种全新的存储结构，可应用在 U 盘、数码相机、电子记事本中。

1.　固定 ROM 的基本结构

（1）内部结构示意图

图 6.7.6 所示是固定 ROM 的内部结构示意图，输入的 n 位地址码经地址译码器译码后，产生 2 个输出信号，可看成是一个个具体的地址。ROM 有 2 个存储单元，每一个单元都有一个相应的地址，例如 0 单元的地址就是 W_0，1 单元的地址就是 W_1，单元的地址又叫作字线。每个地址中存储的二进制数据，到底是哪一个存储单元中的内容会出现在输出端，则完全由输入的地址码决定。例如，若要把 1 单元储存的 b 位二进制数据读取出来，则只需要地址码 $0\cdots010$，因这时地址译码器输出的地址是 $W=1$，选中的是 1 单元。

（2）工作原理

输出信号的逻辑表达式由图 6.7.7 所示的电路可得：

$$W_0 = m_0 = \overline{A}_1\overline{A}_0 \qquad W_1 = m_1 = \overline{A}_1\overline{A}_0 \qquad W_2 = m_2 = \overline{A}_1\overline{A}_0 \qquad W_3 = m_3 = \overline{A}_1\overline{A}_0$$

$$D_3 = W_0 + W_2 = m_0 + m_2 \qquad D_2 = W_1 + W_2 + W_3 = m_1 + m_2 + m_3$$

$$D_1 = W_0 + W_3 = m_0 + m_3 \qquad D_3 = W_0 + W_1 + W_3 = m_0 + m_1 + m_3$$

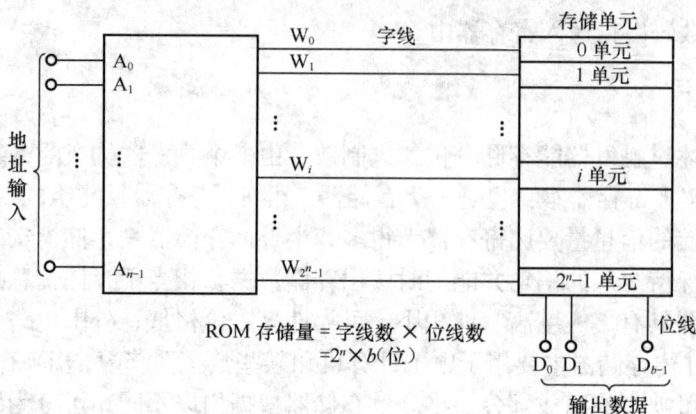

图 6.7.6 固定 ROM 的内部结构示意图

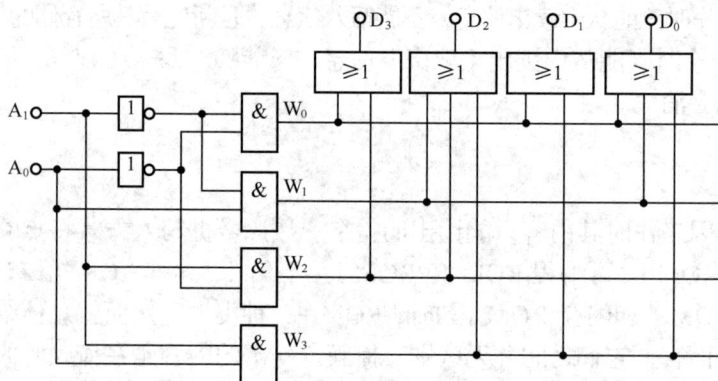

图 6.7.7 固定 ROM 结构图

根据上述表达式，可列出输出信号的真值表如表 6.7.4 所示。

表 6.7.4   固定 ROM 存储内容

地 址		字 线				存 储 内 容			
A_1	A_0	W_0	W_1	W_2	W_3	D_3	D_2	D_1	D_0
0	0	1	0	0	0	1	0	1	1
0	1	0	1	0	0	0	1	0	1
1	0	0	0	1	0	1	1	0	0
1	1	0	0	0	1	0	1	1	1

（3）功能说明

从表 6.7.4 中可以看出，把固定 ROM 看成存储器，输入一个地址码可得到相应的一个 4 位数码；也可将固定 ROM 看成一个组合逻辑电路，A_1A_0 为输入变量，$D_3D_2D_1D_0$ 为输出变量，则可得到 4 个逻辑函数。由此可见固定 ROM 不仅可以存放数据，而且可以用来实现组合逻辑电路的功能。

2. ROM 应用举例

固定 ROM 只适用于产品数量较大时的情况，需要制作专门的掩膜片，成本高，周期长。固定 ROM 的内容写好以后就不能再更改了，如果在编写过程中出错，或者经过实践后需要对内容作一些改动时，则只能用新的芯片，显然很不方便。实际上，用户大量直接使用的是可擦除可编程 ROM。

（1）作函数运算表电路

函数运算是数控装置和数字系统中需要经常进行的操作，如果事先把要用到的基本函数变量在一定范围内的取值和相应的函数值列成表格，写入只读存储器中，则在需要时只要给出规定"地址"就可非常快速地得到相应的函数值。实际上这种 ROM 已经成为函数运算表电路。

图 6.7.8 所示是 ROM 应用举例及容量扩展。

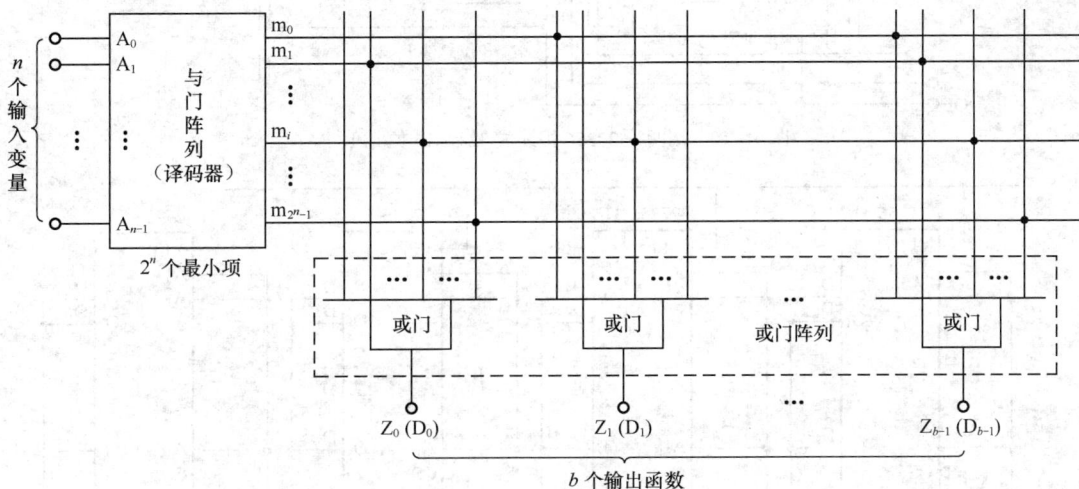

图 6.7.8　ROM 应用举例及容量扩展

（2）ROM 容量扩展

常用集成 ROM 芯片型号有 2764、27128、27256 和 27512 等。图 6.7.9 所示是 EPROM 27256 引脚排列图。正常使用时，$V_{CC}=5V$，$V_{PP}=5V$。编程时，$V_{PP}=25V$；$\overline{OE}$ 为输出使能端，$\overline{OE}=0$ 时允许输出；$\overline{OE}=1$ 时，输出被禁止，ROM 输出端为高阻态。$\overline{CS}$ 为片选端，$\overline{CS}=0$ 时，ROM 工作；$\overline{CS}=1$ 时，ROM 停止工作，且输出为高阻态（不论 $\overline{OE}$ 为何值）。

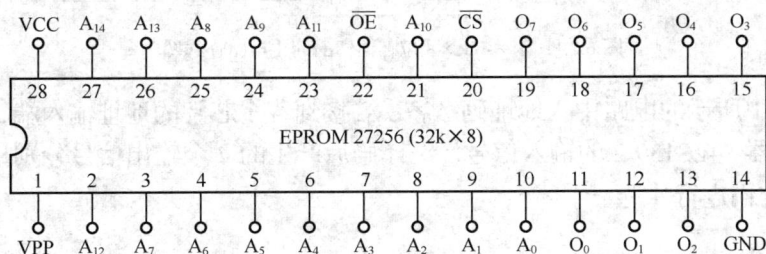

图 6.7.9　EPROM 27256 引脚排列图

在实际工作中，常常需要应用大容量的 ROM（EPROM），当已有芯片的容量不够时，可以用扩展容量的方法解决。

① 字长的扩展（位扩展）。现有型号的 EPROM 输出多为 8 位，若要扩展成 16 位，则只需将两个 8 位输出芯片的地址线和控制线分别并联起来，输出一个作为高 8 位，另一个作为低 8 位即可。图 6.7.10 所示是将两片 27256 芯片扩展成 32k×16 位 EPROM 的连线图。

② 字数扩展（地址码扩展，即字扩展）。把各个芯片的输出数据线和输入地址线都对应地并联起来，用高位地址的译码输出作为各芯片的片选信号 $\overline{CS}$，即可组成总容量等于各芯片容量之和的存储体。图 6.7.11 所示是用 4 片 27256 芯片扩展成为 4×32k×8 位存储

体的简化电路连线图。

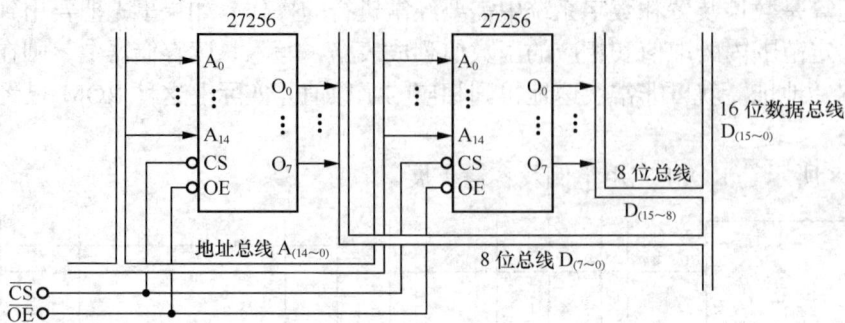

图 6.7.10　用两片 27256 扩展成 32k×16 位 EPROM

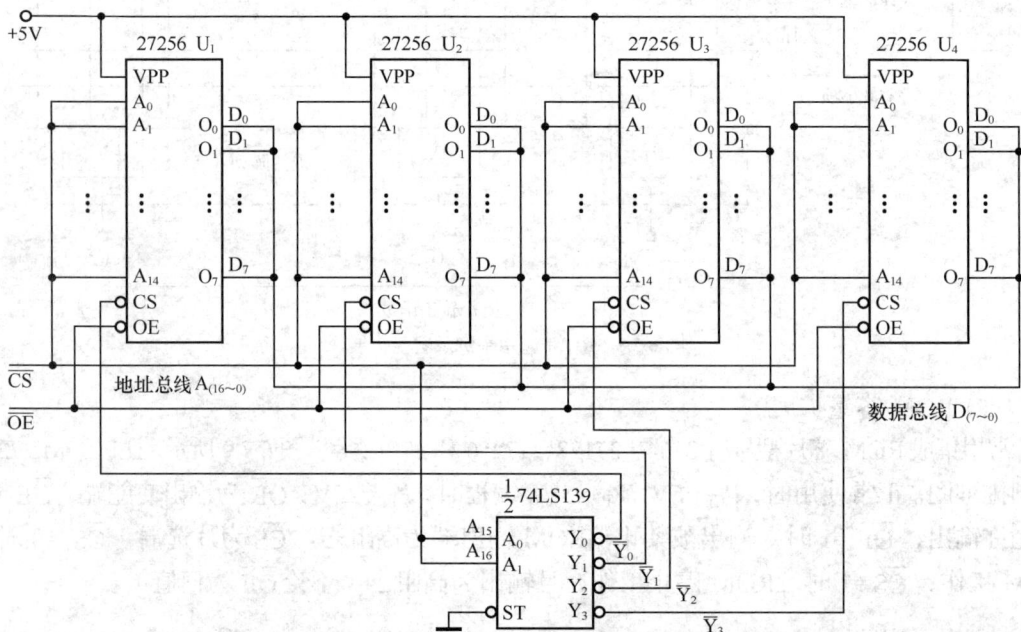

图 6.7.11　4×32k×8 位存储体的简化电路连线图

　　在图 6.7.11 所示的电路中，地址码 $A_0 \sim A_{14}$ 接到各个芯片的地址输入端，高位地址为 2 线–4 线译码器 74LS139/2 的输入信号，经译码后产生的 4 个输出信号分别接到 4 个芯片的 $\overline{\text{CS}}$ 端，对它们进行片选。

二、随机存储器

　　随机存储器（RAM）也叫作读/写存储器，其功能与基本寄存器并无本质区别，可以把 RAM 看成是由许许多多基本寄存器组合起来构成的大规模集成电路。如果把基本寄存器比作暂存处，那么 RAM 就是大仓库。

　　RAM 与 ROM 比较起来，最大的优点是读/写方便，使用灵活，既能不破坏地读出所存储的数码，又能随时写入新的数码；其缺点是易失性，即一旦停电，RAM 所存储的内容便全部丢失。

1. RAM 的结构

　　图 6.7.12 给出的是 RAM 的典型结构示意框图，它由下列几部分组成。

（1）地址译码器

RAM 中的寄存器很多，为了区分起见，通常给每个寄存器都编上一个号，称为地址。每次存入（称为写数）或取出（称为读数）信息，都只能和某一个指定地址的寄存器"打交道"，或者把一个字存入该寄存器中，或者把该寄存器中存放的字取出来，这个过程称

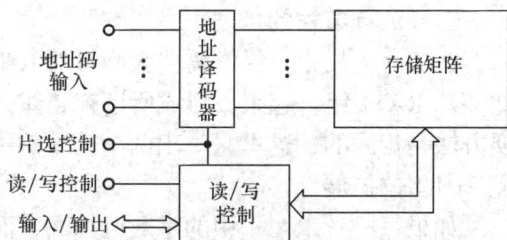

图 6.7.12　RAM 的典型结构示意图

为访问存储器。将表示所要访问地址的二进制数送给地址译码器，经译码后，在相应的某一根输出线上给出信号，控制被选中的寄存器与存储器的输出（或输入）端接通，从而进行读数或写数。

（2）读/写控制

访问 RAM 时，对被选中的地址，究竟是读还是写，由读/写控制线进行控制。例如，有的 RAM 读/写控制线为高电平时是读，为低电平时是写；也有的 RAM 读/写控制线是分开的，一根为读，另一根为写。

（3）输入/输出

RAM 通过输入/输出端与计算机的中央处理器（CPU）交换信息，读时它是输出端，写时它是输入端，即一线二用，由读/写控制线控制。输入/输出端数决定于一个地址中寄存器的位数，例如，在 1 位 RAM 中，每个地址中只有一个存储单元，所以只有一个输入/输出端；而在 4 位 RAM 中，每个地址中有 4 个存储单元，所以有 4 根输入/输出线。也有的 RAM，其输入线和输出线是分开的，输出端一般都具有集电极开路或三态输出结构。

（4）片选控制

由于集成度的限制，经常需要把许多片 RAM 组装在一起，才能构成一台计算机的存储器。CPU 访问存储器时，一次只与许多片 RAM 中的某一片（或几片）来往，即存储器中只有一片（或几片）RAM 中的一个地址与 CPU 接通，交换信息，而其他片 RAM 与 CPU 不发生联系，片选就是用来实现这种控制的。通常一片 RAM 有一根或几根片选线，当某一片的片选线为有效电平时，则该片被选中，地址译码器的输出信号控制该片某个地址与 CPU 接通；片选线为无效电平时，则该片与 CPU 处于断开状态。

（5）存储矩阵

RAM 中的存储单元通常都被排列成矩阵形式，称为存储矩阵。地址译码器的输出，控制着存储矩阵与输入/输出端的连接，凡是被选中的单元就接通，未被选中的就处在断开状态。图 6.7.13 为 4 位 RAM 的存储矩阵。每根行选择线选择一行，每根列选择线选择一列，图中 $Y_1 = 1$，$X_2 = 1$，位于 X_2 和 Y_1 交叉处的字单元可以进行读出或写入操作，而其余任何字单元都不会被选中。

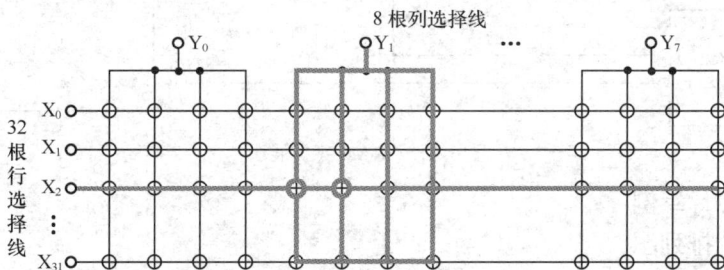

图 6.7.13　4 位 RAM 的存储矩阵

2. RAM 容量的扩展

在实际应用中，经常需要大容量的 RAM。当已有芯片容量不够时，就需要进行扩展，把多片 RAM 组合起来，形成所谓存储体。扩展方法与前面介绍的 ROM（EPROM）的扩展方法是相同的，这里只举出两个简单例子作说明。

（1）位扩展

如果每一片 RAM 中的字数已够用，而每个字的位数不够用时，可采用位扩展连接方式解决。图 6.7.14 所示是用 8 片 1024×1 RAM 构成的 1024×8 RAM。图中 8 个芯片的地址线、读/写线和片选线是并联在一起的，而输入/输出线则是分开使用的。

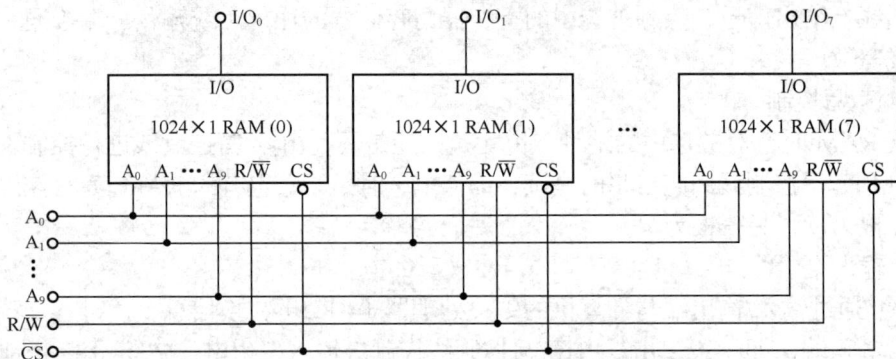

图 6.7.14　RAM 位扩展法

（2）字扩展

如果每一片的数据已够用，但字数不够用时，可采用字扩展连接方式（也称为地址扩展方式）解决。图 6.7.15 所示是用 4 片 256×8 RAM 构成的 1024×8 RAM。图中输入/输出线、读/写线和地址线 $A_0 \sim A_7$ 是并联起来的，高位地址码 A_8、A_9 经译码后送到各片的片选端，以实现字扩展。

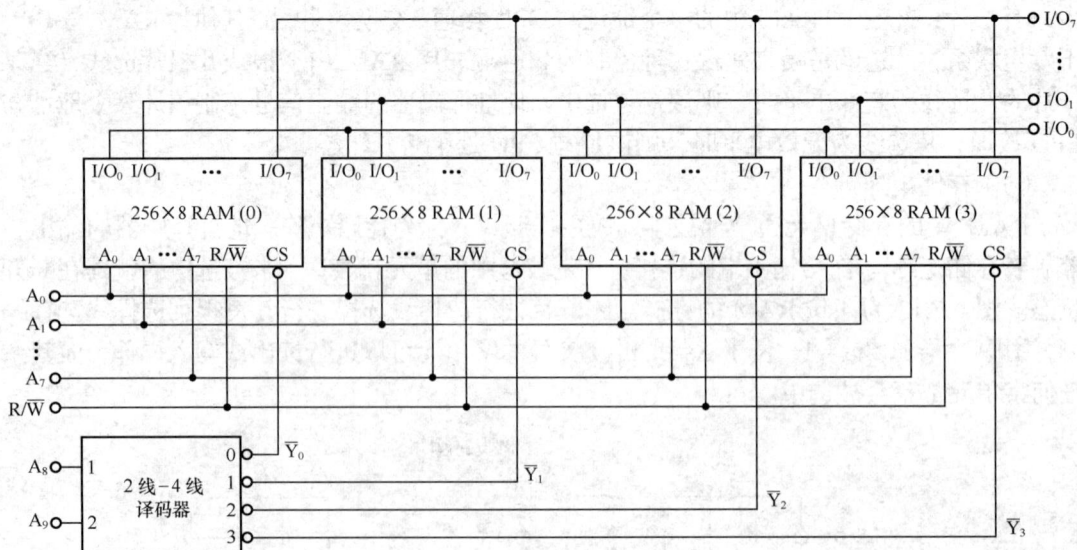

图 6.7.15　RAM 字扩展法

3. RAM 芯片举例

（1）引出端排列图

图 6.7.16 所示是 6116 静态 RAM 的引脚排列图。$\overline{CS}$ 是片选端，$\overline{OE}$ 是输出使能端，$\overline{WE}$

是写入控制端，$A_0 \sim A_{10}$ 是地址码输入端，$D_0 \sim D_7$ 是数码输出端。

（2）6116 静态 RAM 的工作方式和控制信号间的关系

表 6.7.5 所示是 6116 静态 RAM 的工作方式与控制信号间的关系，读出和写入线是分开的，而且写入优先。

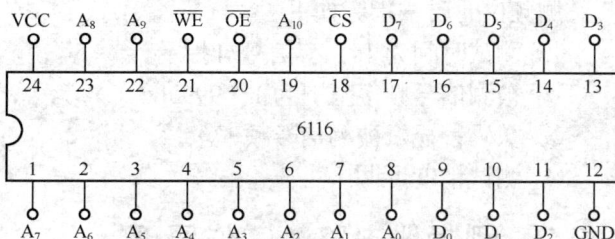

图 6.7.16　6116 静态 RAM 引脚排列图

表 6.7.5　　　　　6116 静态 RAM 的工作方式与控制信号间的关系

$\overline{CS}$	$\overline{OE}$	$\overline{WE}$	工作方式
0	0	1	读
0	1	0	写
1	×	×	未选

6.8　项目五　测频仪的制作与调试

6.8.1　项目概述

测频仪又称为数字频率计，是一种实用的测量信号频率的器件。

请根据给定电路的结构和指标，制作一个简易的数字测频仪，并用标准测频仪进行校正。测频仪电路原理图，如图 6.8.1 所示。

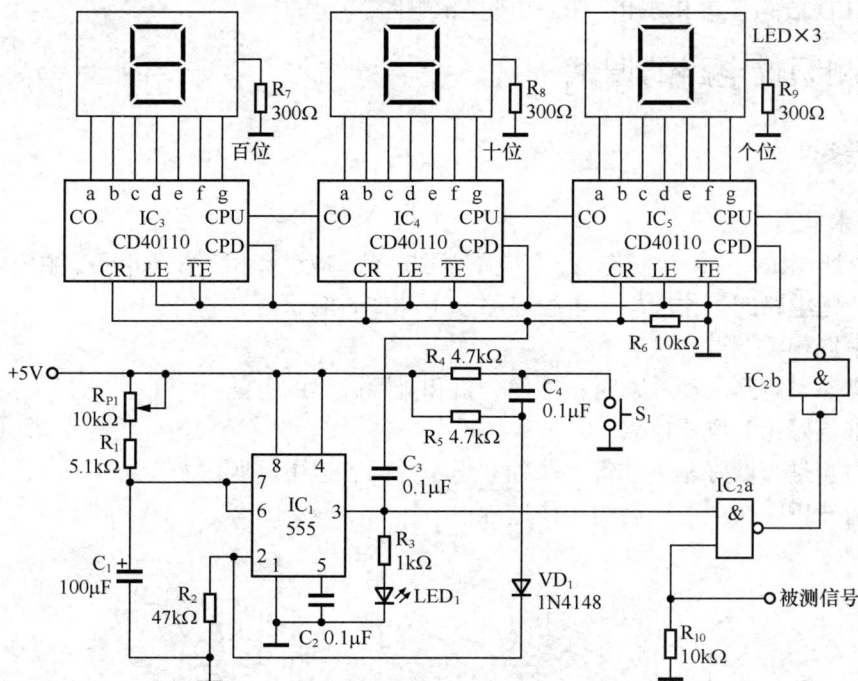

图 6.8.1　测频仪电路原理图

测频仪的质量指标如下。

① 测试时间为 1s，有信号灯指示。

② 被测信号频率范围为 1～999Hz。

③ 数码管显示被测信号频率。

④ 测试精度可调。

6.8.2　测频仪电路的工作原理

测频仪电路由取样电路、门槛电路、计数译码电路和显示电路构成。

（1）由 IC_1（555）、R_1、R_{P1}、C_1 等构成单稳态触发器，其工作原理见本书第 5 章第 5.3 节内容"单稳态触发器"，暂稳态维持时间为 1s。R_4、R_5、C_4、VD_1 等构成单稳态触发电路，静态时按钮开关处于断开状态，5V 电压经过 R_5，使 VD_1 导通，R_5 与 R_2 串联分压，由于 R_2 远大于 R_5，使 IC_1 的 2 脚 $\overline{TR}$ 为高电平，电路处于稳态，输出为"0"；当按下按钮开关，由于电容 C_4 的电压不能突变，VD_1 阳极电位下降为零，VD_1 截止，使 IC_1 的 2 脚 $\overline{TR}$ 为低电平，电路进入暂稳态，输出为"1"，同时由于 R_5、C_4 的充电时间常数很小，VD_1 阳极电位很快变为高电平，VD_1 重新导通，使 $\overline{TR}$ 恢复为高电平。电路进入暂稳态后，其维持时间由 R_1、R_{P1}、C_1 决定，调整 R_{P1}，使维持时间为 1s。

（2）IC_{2a}、R_{10} 构成门槛电路，当单稳态触发器处于稳态时，IC_1 的 3 脚输出低电平，门槛关闭，被测信号不能被送进计数器计数；当按下按钮 S_1，单稳态触发器处于暂稳态时，IC_1 的 3 脚输出高电平，门槛打开，计数器开始对被测信号计数，计数时间为 1s。

（3）IC_3、IC_4、IC_5 构成计数译码电路，3 块集成计数/译码/驱动电路构成 3 位十进制计数器。每一次重新计数之前必须将计数器清零。本电路由 C_3、R_6 构成的微分电路完成自动清零功能。

（4）LED 数码管与 R_7、R_8、R_9 构成显示电路。

6.8.3　测频仪电路的调试

一、调试准备

1. 技术准备

为了保证调试工作的顺利进行，在电路调试之前，应进行相关技术准备，主要内容如下。

（1）清楚电路的工作原理，了解电路发生动作时的状态。

（2）掌握相关调试方法。

（3）掌握当电路出现故障时，如何分析和排除故障的方法。

（4）准备好相关仪器仪表。

为了检测是否做好相关准备，请独立思考并回答以下问题。

（1）请分析电路上电以后的工作过程。

（2）请分析按下 S_1 后电路的工作过程。

（3）请分析测频仪测试精度调节的方法。

（4）本次电路调试需要准备的仪器仪表有：

_____

2. 方案准备

为了保证调试工作的顺利进行，在调试电路之前，还应准备好电路的调试方案。请思考本电路的调试步骤，并写在表 6.8.1 中。

表 6.8.1　　　　　　　　　　　　测频仪电路调试数据

序　号	步　　骤	检查内容与注意事项
1	通电前检查	
2	上电状态测试	
3	测频功能测试	

二、电路调试与维修

1. 电路调试
请按照以上制订的调试方案进行调试。

2. 故障分析与排除
当调试过程中的现象有一个或多个与正常现象不相符时，表明电路工作不正常，需进入相应故障分析与排除步骤。

一般出现什么故障就查故障所在的电路部分。

请将电路板出现的故障及故障分析与故障处理的过程记录在表 6.8.2 和表 6.8.3 中。

（1）上电状态故障分析与排除。

表 6.8.2　　　　　　　　　　通电状态故障分析与排除记录表

故 障 现 象	故 障 分 析	故 障 处 理

（2）测频功能故障分析与排除。

表 6.8.3　　　　　　　　　　测频功能故障分析与排除记录表

故 障 现 象	故 障 分 析	故 障 处 理

三、电路测试

请设计电路测试表格并进行测试。

四、电路拓展分析

（1）若要正确测量被测信号的频率，LED$_1$ 的发光持续时间应该维持几秒？由哪些参数决定？

（2）图 6.8.2 为时间可调的定时器电路，可定时 30 秒，也可定时 60 秒；试分析该电路中 555 定时器的作用。

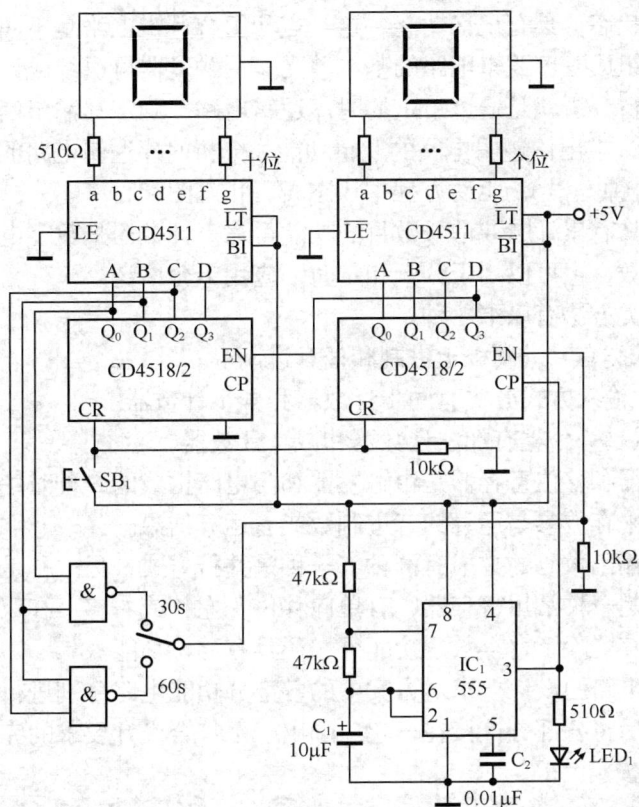

图 6.8.2 时间可调定时器电路图

555 定时器的作用：

（3）小组讨论该电路的工作原理。

本 章 小 结

（1）时序逻辑电路任何时刻的输出不仅与该时刻各输入量的状态有关，而且还取决于该时刻以前的电路状态，具有记忆功能。这一点和组合逻辑电路是不同的。

（2）触发器是组成时序逻辑电路的基本单元，用触发器可以组成计数器、寄存器等。对时序逻辑电路进行分析就是通过给定的时序逻辑电路，确定其输出信号与输入信号和时钟信号之间的关系，求出该逻辑电路的逻辑功能。分析时序逻辑电路的五要素：状态方程（包括输出方程和时钟方程）、驱动方程、状态表、状态图和时序图。

（3）计数器因具有累计脉冲信号数目的功能得名。计数器是数字电路工作系统的主要部件，可以用于计数，也可以用于分频和定时，应用十分广泛。

（4）计数器分类方法有以下3种。

① 按进位制分类有二进制、十进制和任意进制等。

② 按计数脉冲输入方式分类有同步计数器和异步计数器。

③ 按计数增减趋势分类有加法计数器和减法计数器。

（5）数码寄存器和移位寄存器是由触发器和门电路构成的一种时序逻辑电路。在数字电路系统中，它用来存放参与运算的二进制数或者运算结果。

寄存器输入或输出数码的方式有两种，一种是并行方式，另一种是串行方式。

移位寄存器也是一种常用寄存器，有单向移位（左移或右移）和双向移位（左移和右移）两类。移位寄存器除了寄存数码功能外，还具有移位功能。

（6）时序逻辑电路的设计要求对方案中的各部分功能电路分别进行电路设计、参数计算和器件选择，最后将各部分连接在一起，画出一个符合设计要求的完整电路图。

习 题

一、选择题

1. 同步计数器和异步计数器相比较，同步计数器的显著优点是_____。
   A. 工作速度高   B. 触发器利用率高
   C. 电路简单   D. 不受时钟 CP 控制

2. 把一个五进制计数器与一个四进制计数器串联可得到_____进制计数器。
   A. 四   B. 五   C. 九   D. 二十

3. 下列逻辑电路中为时序逻辑电路的是_____。
   A. 变量译码器   B. 加法器   C. 数码寄存器   D. 数据选择器

4. N 个触发器可以构成最大计数长度（进制数）为_____的计数器。
   A. N B. $2N$ C. N^2 D. 2^N

5. N 个触发器可以构成能寄存_____位二进制数码的寄存器。
   A. $N-1$ B. N C. $N+1$ D. $2N$

6. 同步时序电路和异步时序电路相比较，其差异在于后者_____。
   A. 没有触发器   B. 没有统一的时钟脉冲控制
   C. 没有稳定状态   D. 输出只与内部状态有关

7. 一位 8421BCD 码计数器至少需要_____个触发器。
   A. 3   B. 4   C. 5   D. 10

8. 欲设计 0，1，2，3，4，5，6，7 这几个数的计数器，如果设计合理，采用同步二进制计数器，最少应使用_____级触发器。

  A. 2   B. 3   C. 4   D. 8

  9. 8 位移位寄存器，串行输入时经_____个时钟信号后，8 位数码全部移入寄存器中。

  A. 1   B. 2   C. 4   D. 8

  10. 用二进制异步计数器从 0 做加法，计到十进制数 178，则最少需要_____个触发器。

  A. 2   B. 6   C. 7   D. 8   E. 10

  11. 某电视机水平-垂直扫描发生器需要一个分频器，将 31 500Hz 的时钟信号转换为 60Hz 的脉冲，欲构成此分频器至少需要_____个触发器。

  A. 10   B. 60   C. 525   D. 31 500

  12. 某移位寄存器的时钟信号频率为 100kHz，欲将存放在该寄存器中的数左移 8 位，完成该操作需要_____。

  A. 10μs   B. 80μs   C. 100μs   D. 800ms

  13. 一个 4 位二进制异步加法计数器用作分频器时，能输出时钟信号的频率有_____个。

  A. 8   B. 4   C. 2

  14. 可预置式的十进制减法计数器，预置初始值为 1001，当输入第 6 个计数时钟信号后，其输出为_____状态。

  A. 0101   B. 0110   C. 0011

  15. 要构成容量为 4k×8 的 RAM，需要_____片容量为 256×4 的 RAM。

  A. 2   B. 4   C. 8   D. 32

二、判断题

  1. 同步时序电路由组合电路和存储器两部分组成。   （ ）

  2. 组合电路不含有记忆功能的器件。   （ ）

  3. 时序电路不含有记忆功能的器件。   （ ）

  4. 同步时序电路具有统一的时钟信号控制。   （ ）

  5. 异步时序电路的各级触发器类型不同。   （ ）

  6. 计数器的模是指构成计数器的触发器的个数。   （ ）

  7. 计数器的模是指输入的计数脉冲的个数。   （ ）

  8. D 触发器的特征方程为 $Q^{n+1}=D$，与 Q^n 无关，所以 D 触发器不是时序电路。

                          （ ）

  9. 把一个五进制计数器与一个十进制计数器串联可得到十五进制计数器。（ ）

  10. 同步二进制计数器的电路比异步二进制计数器复杂，所以实际应用中较少使用同步二进制计数器。   （ ）

  11. 通常以字数和位数的乘积表示存储容量。   （ ）

  12. RAM 由若干位存储单元组成，每个存储单元可存放一位二进制信息。（ ）

  13. 动态随机存取存储器需要不断地刷新，以防止电容上存储的信息丢失。（ ）

  14. 用 2 片容量为 16KB×8 的 RAM 构成容量为 32KB×8 的 RAM 是位扩展。

                          （ ）

  15. 所有的半导体存储器在运行时都具有读和写的功能。   （ ）

  16. ROM 和 RAM 中存入的信息在电源断掉后都不会丢失。 （ ）

17. 当电源断掉后又接通，ROM 中原来存储的信息不会改变。　　（　　）

18. 存储器字数的扩展可以利用外加译码器控制数个芯片的片选输入端来实现。（　　）

三、填空题

1. 寄存器按照功能不同可分为两类：_____寄存器和_____寄存器。

2. 数字电路按照是否有记忆功能通常可分为两类：_____、_____。

3. 一个 4 位二进制异步加法计数器，若输入时钟信号的频率为 6 400Hz，在 3 200 个时钟信号到来后，并行输出信号的频率分别为_____，_____，_____，_____。

4. 时序逻辑电路按照其触发器是否有统一的时钟控制分为_____时序电路和_____时序电路。

5. 4 位右移移位寄存器初始状态为 0000，在 4 个时钟信号作用下，输入的数码依次为 1011，经过 3 个时钟信号周期后，有_____位数码被移入移位寄存器中，串行输出的状态是_____，并行输出的状态是_____。

6. 存储器的_____和_____是反映系统性能的两个重要指标。

7. GAL 的输出电路是_____。

8. 寻址容量为 16KB×8 的 RAM 需要_____根地址线。

9. 若 RAM 的地址码有 8 位，行、列地址译码器的输入端都为 4 个，则它们的输出线（即字线加位线）共有_____条。

10. 某存储器具有 8 根地址线和 8 根双向数据线，则该存储器的容量为_____。

四、综合题

1. 试分析图 6.8.3 所示的同步计数器电路，列出状态转移表，说明该计数器的模，并分析该计数器能否自行启动。

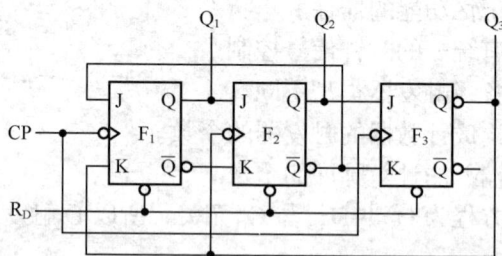

图 6.8.3　综合题 1 图

2. 用示波器在某计数器的 3 个触发器的输出端 Q_0、Q_1、Q_2 观察到如图 6.8.4 所示的波形，求该计数器的模数（进制），并列表表示其计数状态。

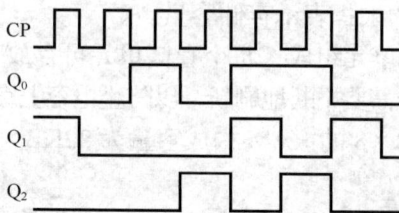

图 6.8.4　综合题 2 图

3. 使用 74LS194 4 位双向移位寄存器分别接成如图 6.8.5 所示电路，由 CP 端加入连续时钟信号，试写出其状态转换图，并验证该电路能否自启动。

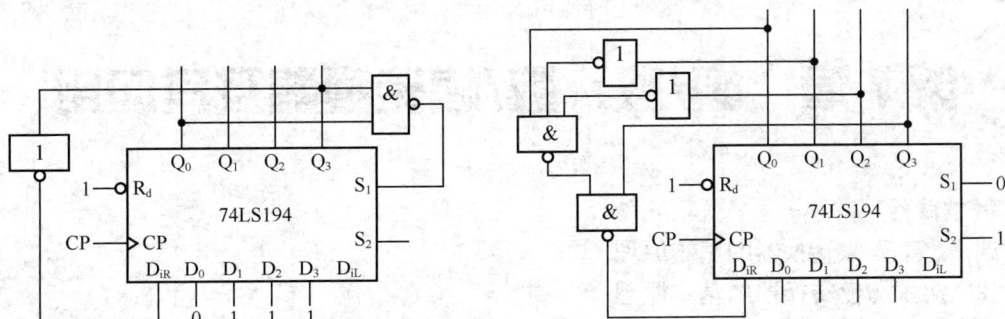

图 6.8.5 综合题 3 图

4. 某台数字仪器采用 CD4511 译码驱动 LED 显示器。发现有一只数码管本应显示数字 2，却没有 b 段，试分析可能的故障原因，用何种方法可判定该数码管的质量好坏？

5. 利用同步二进制计数器 C40161，试选择合适的与非门，利用 $\overline{CR}$ 或 $\overline{LD}$ 构成十三进制计数器。

6. 趣味制作定时器，如图 6.8.6 所示。

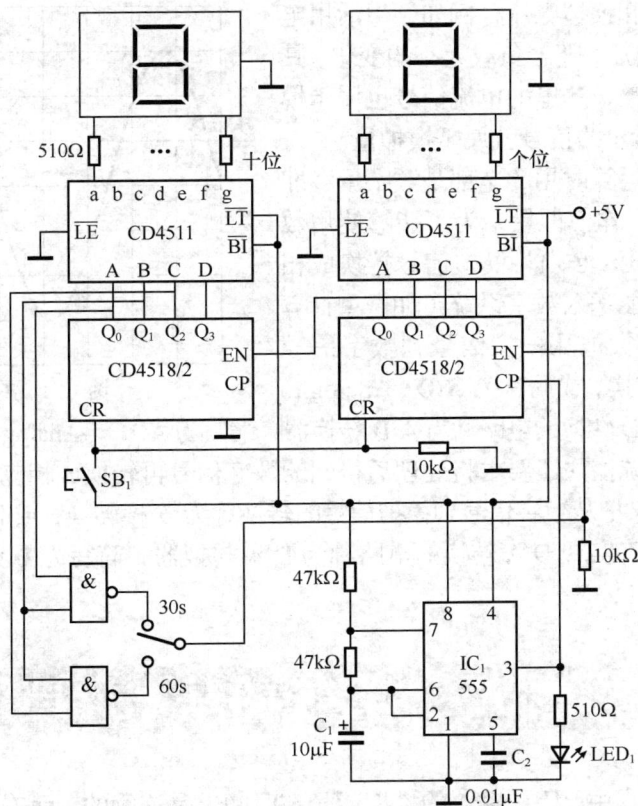

图 6.8.6 综合题 6 图

（1）时钟信号：由 IC_1 组成的多谐振荡器产生。

（2）计数器：由 CD4518 构成十进制计数器。

第7章 模/数、数/模转换器及其应用

教学目标

① 了解模/数转换器的基本原理。
② 了解数/模转换器的基本原理。
③ 了解模/数转换器和数/模转换器的主要性能指标。
④ 掌握常用模/数转换器和数/模转换器的典型应用电路。

7.1 模/数、数/模转换器概述

日常生活中的很多量，如温度、压力、位移、图像等都是模拟量。电子线路中模拟量通常包括模拟电压和模拟电流，例如，生活用电 220V 就属于模拟电压，随着负载大小的变化，其电流大小也跟着变化，这里的电流信号也属于模拟电流。图 7.1.1 所示的信号就属于模拟量。

数字系统内部运算时用的全部是数字量，即 0 和 1，无法直接操作模拟量，为了能够使用数字电路处理模拟信号，必须将模拟信号转换成相应的数字信号，才能送入数字系统（如微型计算机）进行处理。人们把从模拟信号到数字信号的转换称为模/数转换，或简称为 **A/D**（Analog to Digital），将实现 A/D 转换的电路称为 **A/D** 转换器，缩写为 **ADC**（Analog-Digital Converter）。与此对应，数字系统往往还要求将处理后得到的数字信号再转换成相应的模拟信号，作为最后的输出，所以又把从数字信号到模拟信号的转换称为数/模转换，或简称为 **D/A**（Digital to Analog）转换，将实现 D/A 转换的电路称为 D/A 转换器，简写为 **DAC**（Digital-Analog Converter）。

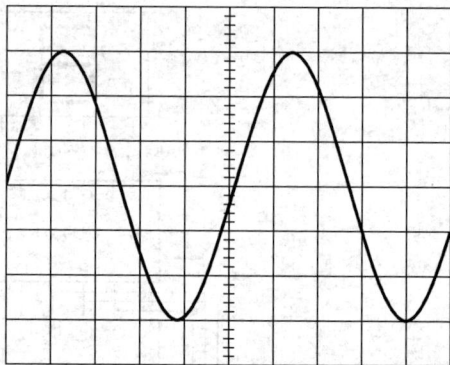

图 7.1.1 正弦波模拟量

7.2 A/D 转换的基本原理

在 A/D 转换过程中，因为输入的模拟信号在时间上是连续的，而输出的数字信号代码是离散的，所以 A/D 转换器在进行转换时，必须在选定的时间点上对输入的模拟信号采样，然后再把这些采样值转换为数字量。因此，一般的 A/D 转换过程是通过采样保持、量化和编码这 3 个步骤完成的，即首先对输入的模拟电压信号采样，采样结束后进入保持时间，在这段时间内将采样的电压量转化为数字量，并按一定的编码形式给出转换结果，然后开始下一次采样。图 7.2.1 所示为模拟量到数字量转换框图。

模拟信号　　　　采样　　　　量化　　　　　　数字信号

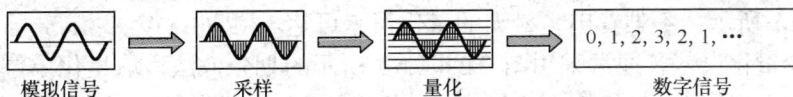

图 7.2.1 模拟量到数字量转换框图

1. 采样定理

可以证明，为了能够正确无误地用图 7.2.2 中所示的采样信号 V_s 表示模拟信号 V_I，必须满足：

$$f_s \geqslant 2f_{i(max)} \qquad (7.2.1)$$

式中，f_s 为采样频率，$f_{i(max)}$ 为输入信号 V_I 的最高频率分量的频率。

在满足采样定理的条件下，可以用一个低通滤波器将采样信号 V_s 还原为模拟信号 V_I，这个低通滤波器的电压传输频率特性 $|A(f)|$ 在低于 $f_{i(max)}$ 的范围内应保持不变，而在 $f_s - f_{i(max)}$ 以前应迅速下降为零，如图 7.2.3 所示。因此，采样定理规定了 A/D 转换的频率下限。

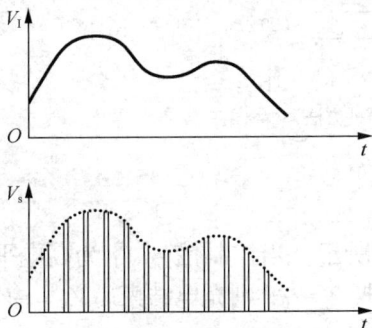

图 7.2.2 对输入模拟信号采样　　　　图 7.2.3 滤波器的频率特性

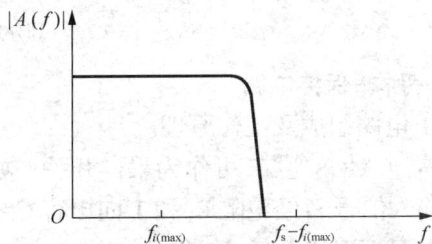

因此，A/D 转换器工作时的采样频率必须高于式（7.2.1）所规定的频率。采样频率提高以后，留给 A/D 转换器每次进行转换的时间也相应缩短了，这就要求转换电路必须具备更快的工作速度。因此，不能无限制地提高采样频率，通常取 $f_s \geqslant (3 \sim 5)f_{i(max)}$ 就能够满足要求。

因为每次把采样电压转换为相应的数字量都需要一定的时间，所以在每次采样以后，必须把采样电压保持一段时间。可见，进行 A/D 转换时所用的输入电压，实际上是每次采样结束时的模拟信号值。

2. 量化和编码

数字信号的特征是时间上离散，数值的变化也是不连续的。任何一个数字量的大小，都是以某个最小数量单位的整倍数来表示的。因此，在用数字量表示采样电压时，也必须把它化成这个最小数量单位的整倍数，这个转化过程就叫作量化。所规定的最小数量单位叫作量化单位，用 Δ 表示。显然，数字信号最低有效位中的 1 表示的数量大小，就等于 Δ。把量化的数值用二进制代码表示，称为编码，这个二进制代码就是 A/D 转换的输出信号。

既然模拟电压是连续的，那么它就不一定能被 Δ 整除，因而不可避免地会引入误差，人们把这种误差称为量化误差。在把模拟信号划分为不同的量化等级时，用不同的划分方法可以得到不同的量化误差。

假定需要把 $0 \sim 1\text{V}$ 的模拟电压信号转换成 3 位二进制代码，这时便可以取 $\Delta = (1/8)\text{V}$，并规定凡数值为 $0 \sim (1/8)\text{V}$ 的模拟电压都当作 $0 \times \Delta$ 看待，用二进制的 000 表示；凡数值为 $(1/8) \sim (2/8)\text{V}$ 的模拟电压都当作 $1 \times \Delta$ 看待，用二进制的 001 表示，并依次类推，

如图7.2.4（a）所示。不难看出，最大的量化误差可达Δ，即(1/8)V。

为了减少量化误差，通常采用图7.2.4（b）所示的划分方法，取量化单位$\Delta=$（2/15）V，并将000代码所对应的模拟电压规定为0～（1/15）V，即0～$\Delta/2$。这时，最大量化误差将减少为$\Delta/2=$（1/15）V。因为现在把每个二进制代码所代表的模拟电压值规定为它所对应的模拟电压范围的中点，所以最大的量化误差自然就缩小为$\Delta/2$。

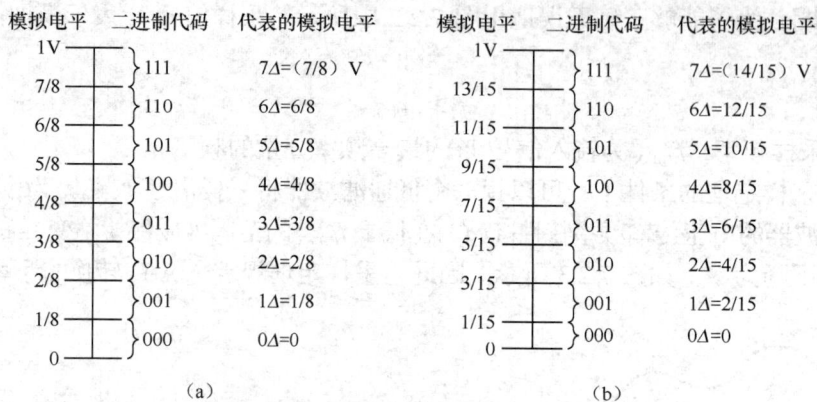

图7.2.4 划分量化电平的两种方法

3. 采样-保持电路

（1）电路组成及工作原理。

N沟道MOS管T可作为采样开关，如图7.2.5所示。当控制信号V_L为高电平时，T导通，输入信号V_I经电阻R_I和T向电容C_H充电。若取$R_I=R_F$，则充电结束后$V_O=-V_I=V_C$。当控制信号返回低电平，T截止。由于C_H无放电回路，所以V_O的数值被保存下来。电路缺点是采样过程中需要通过R_I和T向C_H充电，所以使采样速度受到了限制。同时，R_I的数值又不允许取得很小，否则会进一步降低采样电路的输入电阻。

（2）改进电路及其工作原理。

LF198是一个经过改进的单片集成采样-保持电路，如图7.2.6所示是LF198的电路原理图及符号。图7.2.6中A_1、A_2是两个运算放大器，S是电子开关，L是开关的驱动电路，当逻辑输入为V_I，即V_L为高电平时，S闭合；V_L为0，即低电平时，S断开。

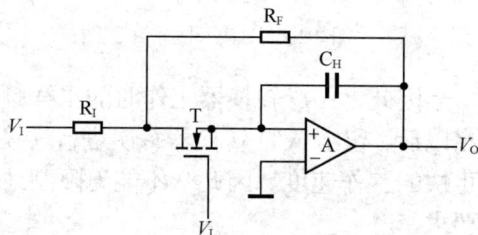

图7.2.5 采样-保持基本电路形式

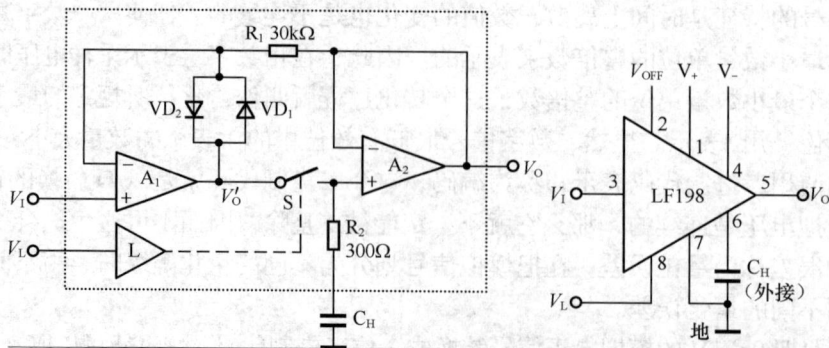

图7.2.6 LF198的电路原理图及符号

当S闭合时，A_1、A_2均工作在单位增益的电压跟随器状态，所以$V_O=V_O'=V_I$。如果将

电容 C_H 接到 R_2 的引出端和地之间，则电容上的电压也等于 V_I。当 V_L 返回低电平以后，虽然 S 断开了，但由于 C_H 上的电压不变，所以输出电压 V_O 的数值得以保持。

在 S 再次闭合以前的这段时间里，如果 V_I 发生变化，V_O' 可能变化非常大，甚至会超过开关电路所能承受的电压，因此需要增加 VD_1 和 VD_2，构成保护电路。当 V_O' 比 V_O 所保持的电压高（或低）时，并能够使 VD_1（或 VD_2）导通，从而将 V_O' 限制在 $V_I + V_D$（其中 V_D 为二极管 VD_1 和 VD_2 两端电压）以内。而在开关 S 闭合的情况下，V_O' 和 V_O 相等，故 VD_1 和 VD_2 均不导通，保护电路不起作用。

7.3　A/D 转换器的原理与主要性能指标

随着超大规模集成电路技术的飞速发展和电子计算机技术在工程领域的广泛应用，A/D 转换器的设计思想和制造技术不断提高。为满足各种不同的检测及控制任务的需要，大量结构不同、性能各异的 A/D 转换电路应运而生。根据 A/D 转换器的原理可将 A/D 转换器分成两大类，一类是直接型 A/D 转换器，另一类是间接型 A/D 转换器。

A/D 转换器的分类如图 7.3.1 所示。

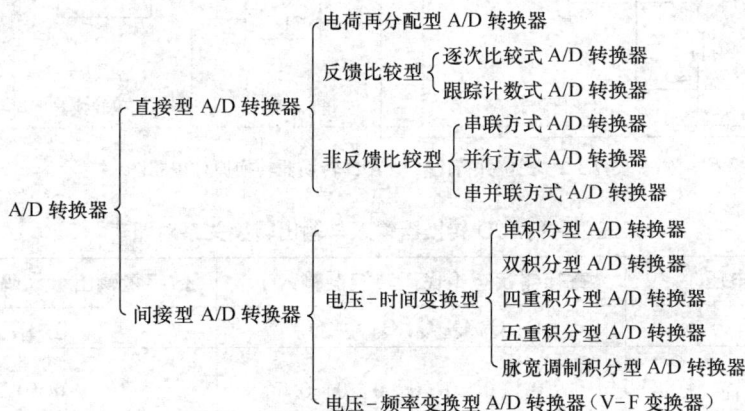

图 7.3.1　A/D 转换器分类图

7.3.1　A/D 转换器的原理

一、直接型 A/D 转换器

直接型 A/D 转换器能把输入的模拟电压直接转换成输出的数字量而不需要经过中间变量。其常用的电路有并行比较型和反馈比较型两类。

1. 并行比较型 A/D 转换器

三位并行比较型 A/D 转换器转换原理电路如图 7.3.2 所示，它由电压比较器、寄存器和代码转换器三部分组成。电压比较器中量化电平的划分采用电阻分压的方式，用电阻链把参考电压 V_{REF} 分压，得到从 $\frac{1}{15}V_{REF} \sim \frac{7}{15}V_{REF}$ 的 7 个比较电平，量化单位 $\Delta = \frac{2}{15}V_{REF}$。然后，把这 7 个比较电平分别接到 7 个比较器 $C_1 \sim C_7$ 的输入端，作为比较基准。同时，将要输入的模拟电压同时加到每个比较器的另一个输入端上，与这 7 个比较基准进行比较。三位并行 A/D 转换器输入与输出转换关系对照表如表 7.3.1 所示。

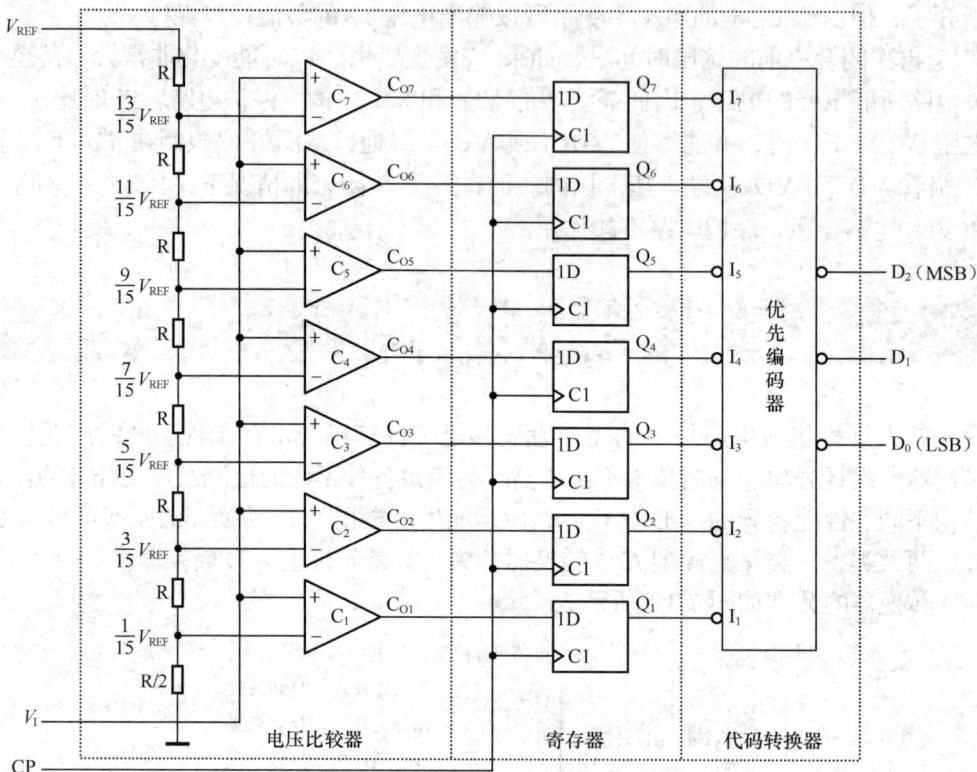

图 7.3.2　三位并行比较型 A/D 转换器转换原理电路图

表 7.3.1　　　　　　　　三位并行 A/D 转换器输入与输出转换关系对照表

模拟输入电压	寄存器状态（代码转换器输入）	数字量输出（代码转换器输入）
V_I	$Q_7\ Q_6\ Q_5\ Q_4\ Q_3\ Q_2\ Q_1$	$D_2\ D_1\ D_0$
$\left(0 \sim \dfrac{1}{15}\right)V_{REF}$	0　0　0　0　0　0　0	0　0　0
$\left(\dfrac{1}{15} \sim \dfrac{3}{15}\right)V_{REF}$	0　0　0　0　0　0　1	0　0　1
$\left(\dfrac{3}{15} \sim \dfrac{5}{15}\right)V_{REF}$	0　0　0　0　0　1　1	0　1　0
$\left(\dfrac{5}{15} \sim \dfrac{7}{15}\right)V_{REF}$	0　0　0　0　1　1　1	0　1　1
$\left(\dfrac{7}{15} \sim \dfrac{9}{15}\right)V_{REF}$	0　0　0　1　1　1　1	1　0　0
$\left(\dfrac{9}{15} \sim \dfrac{11}{15}\right)V_{REF}$	0　0　1　1　1　1　1	1　0　1
$\left(\dfrac{11}{15} \sim \dfrac{13}{15}\right)V_{REF}$	0　1　1　1　1　1　1	1　1　0
$\left(\dfrac{13}{15} \sim \dfrac{15}{15}\right)V_{REF}$	1　1　1　1　1　1　1	1　1　1

并行比较型 A/D 转换器的产品较多，如 AD9012（8 位）、AD9002（8 位）、AD9020（10 位）等。

并行 A/D 转换器具有如下特点。

① 由于转换是并行的，其转换时间只受比较器、触发器和编码电路延迟时间限制，因此转换速度快。

② 随着分辨率的提高，元件数目要按几何级数增加。从图 7.3.2 得知，一个 n 位转换器，所用的比较器为 2^n-1 个和触发器为 2^n-1 个，如 8 位的并行 A/D 转换器就需要 $2^8-1=255$ 个比较器和 255 个触发器。由于位数愈多，电路愈复杂，因此制成分辨率较高的集成并行 A/D 转换器是比较困难的。

③ 使用这种含有寄存器的并行 A/D 转换电路时，可以不用附加采样保持电路，因为比较器和寄存器这两部分也兼有采样保持功能，这也是该电路的一个优点。

并行比较型 A/D 转换器的缺点是输出为 n 位二进制代码的转换器中应当有 2^n-1 个电压比较器和 2^n-1 个触发器，如果输出为 10 位二进制代码，则需要用 $2^{10}-1=1023$ 个比较器和 1023 个触发器，以及一个规模相当大的代码转换电路，电路的规模随着输出代码位数的增加而急剧增加。

2. 反馈比较型 A/D 转换器

反馈比较型 A/D 转换器的原理是取一个数字量加到 D/A 转换器上，于是得到一个对应的输出模拟电压，将这个模拟电压和输入的模拟电压信号比较，如果两者不相等，则调整所取的数字量，直到两个模拟电压相等为止，最后所取的这个数字量就是所求的转换结果。

在反馈比较型 A/D 转换器中经常采用的有计数型和逐次比较型两种方案。

图 7.3.3 为计数型 A/D 转换器原理图。转换电路由比较器 C、D/A 转换器、计数器、脉冲源、控制门 G 以及输出寄存器等几部分组成。

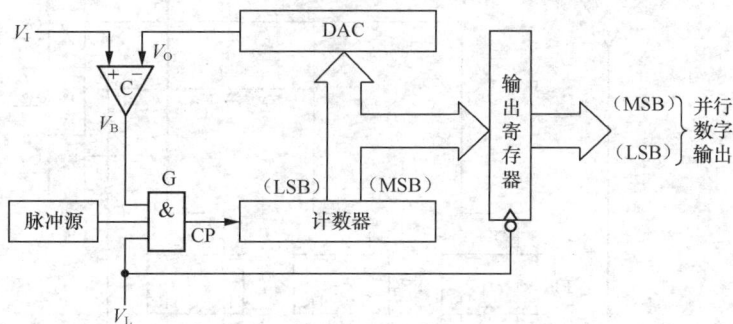

图 7.3.3 计数型 A/D 转换器原理图

转换开始前先用复位信号将计数器置 0，而且转换信号应停留在 $V_L=0$ 的状态，这时控制门 G 被封锁，计数器不工作。计数器加给 D/A 转换器的是全 0 信号，所以 D/A 转换器输出的模拟电压 $V_O=0$。如果 V_I 为正电压信号，则比较器的输出电压为 1。依同样方法比较完 D/A 转换器的全部位数。

因为在转换过程中计数器中的数字不停地变化，所以不宜将计数器的状态直接作为输出信号，为此在输出端设置了输出寄存器，在每次转换完成以后，用转换控制信号的下降沿将计数器输出的数字置入输出寄存器中，并且以寄存器的状态作为最终的输出信号。这个方案的明显问题是转换时间长，当输出为 n 位二进制数码时，最长的转换时间可达到 2^n-1 倍的时钟信号周期，因此这种方法只能用在对转换速度要求不高的场合。因为该电路非常简单，所以在对转换速度没有严格要求时仍是一种可取的方案。

为了提高转换速度，在计数型 A/D 转换器的基础上又产生了逐次比较型 A/D 转换器。逐次比较型 A/D 转换器就是将输入模拟信号与不同的参考电压做多次比较，使转换所得的数字量在数值上逐次逼近输入模拟量的对应值。

三位逐次比较型 A/D 转换器的逻辑电路如图 7.3.4 所示。这是一个输出为三位二进制数的逐次比较型 A/D 转换器。图 7.3.4 中 C 为电压比较器，当 $V_I \geqslant V_O$ 时，比较器的输出为 0；反过来，输出为 1。FF_A、FF_B、FF_C 3 个触发器组成了三位数码寄存器，触发器 $FF_1 \sim FF_5$ 和门电路 $G_1 \sim G_9$ 组成控制逻辑电路。

其主要原理为：将一待转换的模拟输入信号 V_I 与一个推测信号 V_O 相比较，根据推测信号大于还是小于输入信号来决定增大还是减少该推测信号，以便向模拟输入信号逼近。推测信号由 D/A 转换器的输出获得，当推测信号与模拟信号相等时，向 D/A 转换器输入的数字就是对应模拟输入量的数字量。

其"推测"值的算法如下：二进制计数器中（输出锁存器）的每一位从最高位起依次置 1，每接一位时，都要进行测试。若模拟输入信号 V_I 小于推测信号 V_O，则比较器输出为零，并使该位清零；若模拟输入信号 V_I 大于推测信号 V_O，比较器输出为 1，并使该位保持为 1。无论哪种情况，均应继续比较下一位，直到最末位为止。此时，D 转换器的数字输入即为对应模拟输入信号的数字量。将此数字量输出就完成了 A/D 转换过程。逐次比较型 A/D 转换器完成一次转换所需时间与其位数和时钟脉冲频率有关，位数愈少，时钟频率越高，转换所需时间越短。这种 A/D 转换器具有转换速度快、精度高的特点。

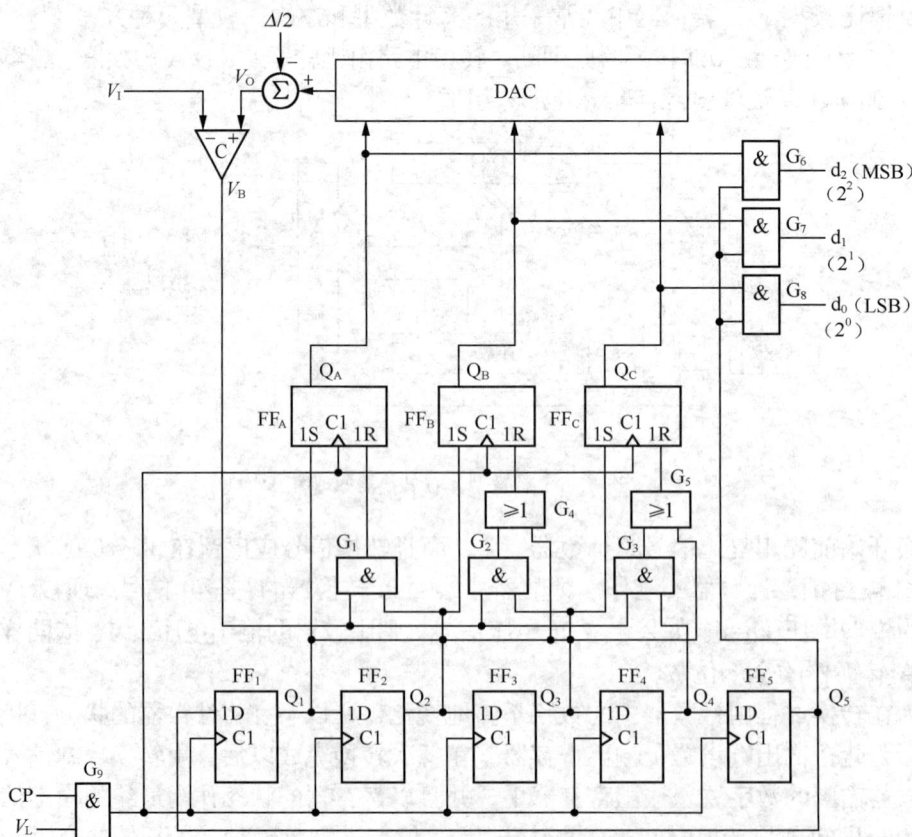

图 7.3.4 三位逐次比较型 A/D 转换器逻辑电路

集成逐次比较型 A/D 转换器有 ADC0804/0808/0809 系列（8 位）、AD575（10 位）、

AD574A（12 位）等。

二、间接型 A/D 转换器

在间接型 A/D 转换器中，首先把输入的模拟电压转换成某种中间变量（时间、频率、脉冲宽度等），然后再把这个中间变量转换为数字代码输出。目前使用的间接型 A/D 转换器多半都属于电压-时间变换型（V-T 变换型）和电压-频率变换型（V-F 变换型）两类。

在 V-T 变换型 A/D 转换器中，首先把输入的模拟电压信号转换成与之成正比的时间宽度信号，然后在这个时间宽度里对固定频率的时钟脉冲计数，计数的结果就是正比于输入模拟电压的数字信号。

在 V-F 变换型 A/D 转换器中，则首先把输入的模拟电压信号转换成与之成正比的频率信号，然后在一个固定的时间间隔里对得到的频率信号计数，所得到的结果就是正比于输入模拟电压的数字量。作为了解内容，这里给出 V-T 变换型和 V-F 变换型两种 A/D 转换器的结构框图，如图 7.3.5 和图 7.3.6 所示。

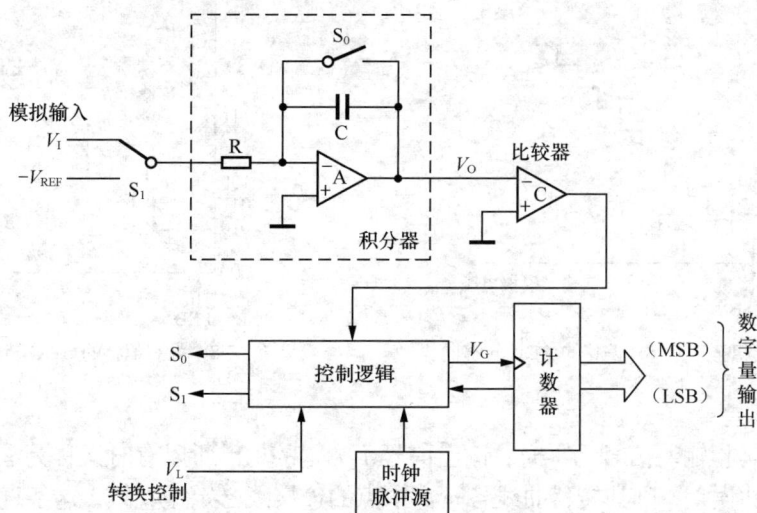

图 7.3.5　V-T 变换型 A/D 转换器的结构框图

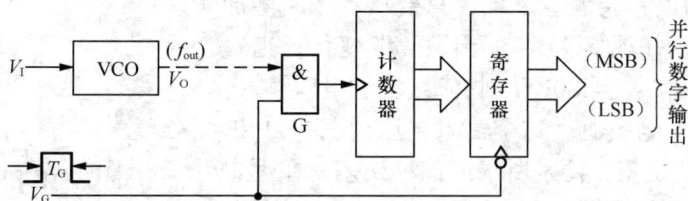

图 7.3.6　V-F 变换型 A/D 转换器的结构框图

7.3.2　A/D 转换器的主要性能指标

无论是分析或设计 ADC 及接口电路，还是面对课题项目选购 ADC 芯片，都会涉及有关 ADC 的技术指标及术语。因此，了解一些经常出现的 ADC 主要性能指标术语的确切含义及有关的基本概念是非常必要的。

1. 分辨率

对于 ADC 来说，分辨率表示输出数字量变化一个相邻数码所需输入模拟电压的变化量。转换器的分辨率定义为满刻度电压与 2^n 的比值，其中 n 为 ADC 的位数。例如，具有 12 分辨率的 ADC 能够分辨出满刻度的 $1/2^{12}$ 或满刻度的 0.024 4%。一个 10V 满刻度的 12 位 ADC 能够分辨输入电压变化的最小值为 2.4mV。

2. 量化误差

量化误差是由 ADC 的有限分辨率而引起的误差。图 7.3.7 和图 7.3.8 所示的都是 8 位 ADC 的转移特性曲线，在不计其他误差的情况下，一个分辨率有限的 ADC 的阶梯状转移特性曲线与具有无限分辨率的 ADC 转移特性曲线（直线）之间的最大偏差，称为量化误差。

对于图 7.3.7，由于在零刻度处适当地偏移了 1/2LSB，故量化误差为 1/2LSB。对于图 7.3.8，由于没有加入偏移量，故量化误差为−1LSB。例如，现有一个如图 7.3.7 所示偏置的 12 位 ADC，则量化误差可表示为 1/2LSB，或为 0.012%满刻度（相对误差）。而对于 8 位 ADC 的量化误差则为 0.195%满刻度（相对误差）。因此，分辨率高的 ADC 具有较小的量化误差。

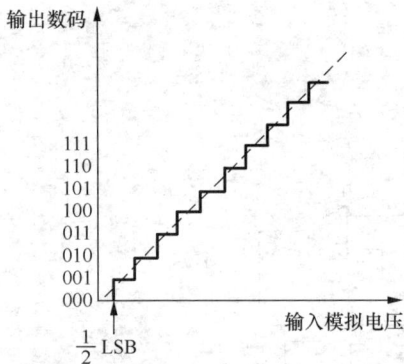

图 7.3.7 在零刻度有 1/2LSB 偏移的 ADC 转移曲线

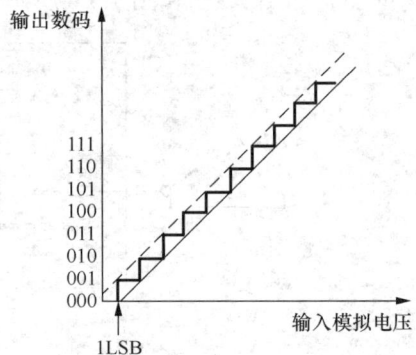

图 7.3.8 没有偏移的 ADC 转移曲线

3. 偏移误差

偏移误差是指输入信号为零时，输出信号不为零的值，所以有时又称为零值误差。假定 A/D 没有非线性误差，则其转移曲线各阶梯中点的连接线必定是直线，这条直线与横轴相交点所对应的输入电压值就是偏移误差，如图 7.3.9 所示。

测量 ADC 的偏移误差也不难，只要从零不断增加输入电压的幅值，并观察 ADC 输出数码的变化，当发现输出数码从 00…0 跳至 00…1 时，停止增加电压输入，并记下此时的输入电压值。这个输入电压值与 1/2LSB 的理想输入电压值之差，便是所求的偏移误差。在理想情况下，即在具有零值偏移误差的情况下，上述数码从 00…0 到 00…1 跳变的时刻所测得的电压值应等于 1/2 LSB 的电压值。

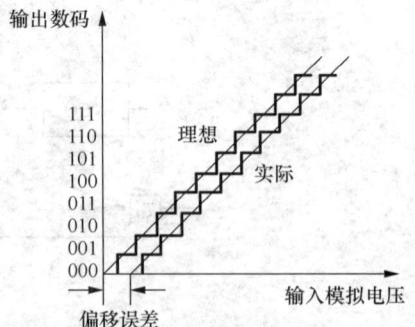

图 7.3.9 ADC 偏移误差示意图

偏移误差通常是由于放大器或比较器输入的偏移电压或电流引起的。一般在 ADC 外部加一个做调节用的电位器，便可使偏移误差调至最小。偏移误差也可用满刻度的百分数表示。

4. 满刻度误差

满刻度误差又称为增益误差（Gain Error）。ADC 的满刻度误差是指满刻度输出数码所对应的实际输入电压与理想输入电压之差。一般满刻度误差的调节在偏移误差调整后进行。

5. 线性度

线性度有时又称为非线性度（Non-Linearity），它是指转换器实际的转移函数与理想直线的最大偏移。理想直线可以通过理想的转移函数的所有点来画，为了方便起见，也可以通过两个端点连接而成。ADC 的线性度示意图如图 7.3.10 所示，其典型值是 1/2 LSB。

注意：线性度不包括量化误差、偏移误差和满刻度误差。

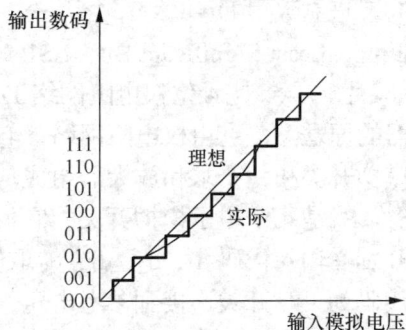

图 7.3.10 ADC 的线性度示意图

6. 绝对精度

在一个转换器中，任何数码所相对应的实际模拟电压与其理想的电压值之差并非是一个常数，把这个差的最大值定义为绝对精度。对于 ADC 而言，可以在每一个阶梯的水平中心点进行测量，它包括所有的误差，也包括量化误差。

7. 相对精度

它与绝对精度相似，所不同的是把这个最大偏差表示为满刻度模拟电压的百分数，或者用二进制分数来表示相对应的数字量。它通常不包括能被用户消除的刻度误差。

8. 转换速率

ADC 的转换速率就是能够重复进行数据转换的速度，即每秒转换的次数。而完成一次 A/D 转换所需的时间（包括稳定时间），则是转换速率的倒数。

7.4 D/A 转换器的原理和主要性能指标

数字量是用二进制代码按数位组合起来表示的，对于有权码，每位代码都有一定的权。为了将数字量转换成模拟量，必须将每 1 位代码按其权的大小转换成相应的模拟量，然后将这些模拟量相加，即可得到与数字量成正比的总模拟量，从而实现数/模转换。

7.4.1 D/A 转换器的原理

D/A 转换器一般都具有如图 7.4.1 所示的电路结构，即由数码寄存器、电子模拟开关、基准电压源、译码网络及求和放大器等部分所组成。其工作原理是：需要转换的 n 位二进制数首先存入数码寄存器，由数码寄存器的输出控制相应的电子模拟开关；n 位电子模拟开关的通断决定将译码网络的相应部分接基准电压源或接地；最后求和放大器将所得各位的电压或电流求和并放大，输出为与数字量成正比的模拟量。DAC 的转换方式主要由译码网络的电路形式所决定，常见的译码网络的电路形式有权电阻网络、倒 T 形电阻网络等。其中倒 T 形电阻网络的转换速度最快。

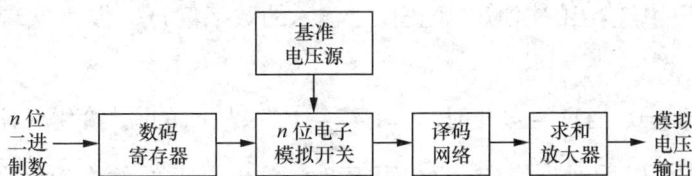

图 7.4.1 DAC 组成框图

1. 权电阻网络 D/A 转换器

一个多位二进制数中的每一位 1 所代表的数值大小称为这一位的位权。如果一个 n 位的二进制数用 $D_n = d_{n-1} \, d_{n-2} \, d_{n-3} \cdots d_1 \, d_0$ 表示，它的最高位（Most Significant Bit，MSB）到最低位（Least Significant Bit，LSB）的位权依次为 2^{n-1}，2^{n-2}，$\cdots$，2^1，2^0。

图 7.4.2 是 4 位权电阻网络 D/A 转换器的原理图，它由权电阻网络、4 个电子模拟开关和一个求和放大器组成。S_3，S_2，S_1，S_0 是 4 个电子模拟开关，它们的状态分别受输入代码 d_3，d_2，d_1，d_0 取值控制，代码为 1 时开关连接到参考电压，代码为 0 时开关接地。故 $d_i = 1$ 时有支路电流 I_i 流向放大器，$d_i = 0$ 时支路电流为零。

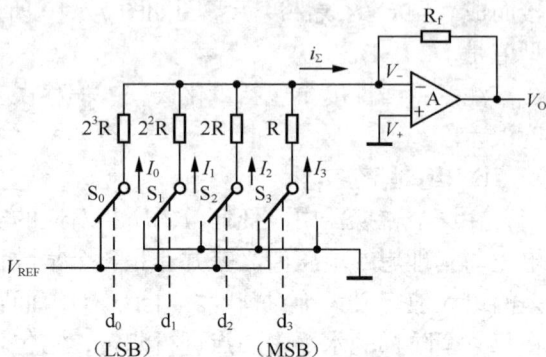

图 7.4.2 4 位权电阻网络 D/A 转换器的原理图

求和放大器是一个接成负反馈的运算放大器。为了简化分析计算，可以把运算放大器近似地看成理想放大器，即它的开环放大倍数为无穷大，输入电流为零（输入电阻为无穷大），输出电阻为零，当同相输入端的电位 V_+ 高于反相输入端的电位 V_- 时，输出端对地的电压 V_O 为正；当 V_- 高于 V_+ 时，V_O 为负。当参考电压经电阻网络加到 V_- 时，只要 V_- 稍高于 V_+，便在输出端产生负的输出电压。V_O 经 R_f 反馈到反相输入端使 V_- 降低，其结果必然使 $V_- \approx V_+ = 0$。

在认为运算放大器输入电流为零的条件下可以得到

$$V_O = -R_f i_\Sigma = -R_f(I_3 + I_2 + I_1 + I_0) \qquad (7.4.1)$$

由于 $V_- \approx 0$，各支路电流分别为

$$I_3 = \frac{V_{REF}}{R} d_3 \quad (\text{当 } d_3 = 1 \text{ 时，} I_3 = \frac{V_{REF}}{R}；\text{当 } d_3 = 0 \text{ 时，} I_3 = 0)$$

$$I_2 = \frac{V_{REF}}{2R} d_2$$

$$I_1 = \frac{V_{REF}}{2^2 R} d_1$$

$$I_0 = \frac{V_{REF}}{2^3 R} d_0$$

将它们代入式（7.4.1），取 $R_f = R/2$，得到

$$V_O = -\frac{V_{REF}}{2^4}(d_3 2^3 + d_2 2^2 + d_1 2^1 + d_0 2^0) \qquad (7.4.2)$$

对于 n 位的权电阻网络 D/A 转换器，当反馈电阻 $R_f = R/2$ 时，输出电压的计算公式可写成

$$V_O = \frac{-V_{REF}}{2^n}(d_{n-1} 2^{n-1} + d_{n-2} 2^{n-2} + \cdots + d_1 2^1 + d_0 2^0) = -\frac{V_{REF}}{2^n} D_n \qquad (7.4.3)$$

式（7.4.3）表明，输出的模拟电压正比于输入的数字量 D_n，从而实现了从数字量到模拟量的转换。

当 $D_n = 0$ 时，$V_O = 0$；当 $D_n = 1\cdots 1$ 时，$V_O = -\frac{2^{n-1}}{2^n} V_{REF}$，故 V_O 的最大变化范围是 $0 \sim -\frac{2^{n-1}}{2^n} V_{REF}$。

从式（7.4.3）可以看到，在 V_{REF} 为正电压时，输出电压 V_O 始终为负值，要想得到正的输出电压，可以将 V_{REF} 取负值即可。

权电阻网络 D/A 转换器的优点是结构简单，缺点是电阻值相差大，难以保证精度，且大电阻不宜集成在 IC 内部。

2. 倒 T 形电阻网络 D/A 转换器

针对权电阻网络 D/A 转换器中电阻阻值相差太大的问题，设计了倒 T 形电阻网络的 D/A 转换器。在单片集成 D/A 转换器中，使用最多的是 4 位倒 T 形电阻网络 D/A 转换器。4 位倒 T 形电阻网络 D/A 转换器的原理图如图 7.4.3 所示。

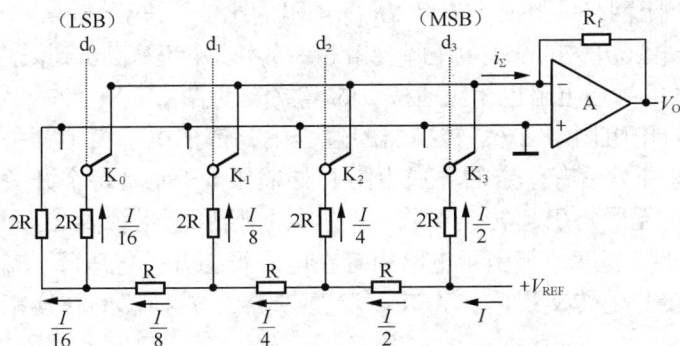

图 7.4.3　4 位倒 T 形电阻网络 D/A 转换器的原理图

$K_0 \sim K_3$ 为电子模拟开关，R-2R 电阻解码网络呈倒 T 形，运算放大器 A 构成求和电路。K_i 由输入数码 d_i 控制，当 $d_i = 1$ 时，K_i 接运放反相输入端（"虚地"），I_i 流入求和电路；当 $d_i = 0$ 时，K_i 将电阻 2R 接地。

无论电子模拟开关 K_i 处于何种位置，与 K_i 相连的 2R 电阻均等效接 "地"（地或虚地）。这样流经 2R 电阻的电流与开关位置无关，为确定值。

在计算倒 T 形电阻网络中各支路的电流时，可以将电阻网络等效地画成图 7.4.4 所示的电路。分析 R-2R 电阻解码网络不难发现，从每个节点向左看的二端口网络等效电阻均为 R，流入每个 2R 电阻的电流从高位到低位按 2 的整倍数递减。设由基准电压源提供的总电流为 I

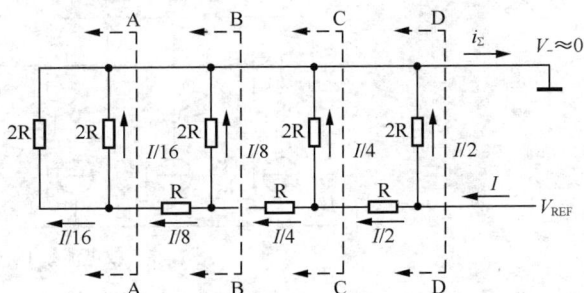

图 7.4.4　计算倒 T 形电阻网络支路的电流等效图

（V_{REF}/R），则流过各开关支路（从右到左）的电流分别为 $I/2$，$I/4$，$I/8$，$I/16$。

于是，可得总电流

$$i_\Sigma = \frac{V_{REF}}{R}\left(\frac{d_0}{2^4} + \frac{d_1}{2^3} + \frac{d_2}{2^2} + \frac{d_3}{2^1}\right) = \frac{V_{REF}}{2^4 R}D_4 \qquad （7.4.4）$$

输出电压

$$V_O = -i_\Sigma R_f = -\frac{R_f}{R}\frac{V_{REF}}{2^4}D_4 \qquad （7.4.5）$$

将输入数字量扩展到 n 位，可得 n 位数字量 D_n 倒 T 形电阻网络 D/A 转换器输出模拟量与输入数字量之间的一般关系式如下。

$$V_O = -\frac{R_f}{R}\frac{V_{REF}}{2^n}D_n \qquad （7.4.6）$$

在倒 T 形电阻网络 D/A 转换器中，各支路电流直接流入运算放大器的输入端，它们之间不存在传输上的时间差，不仅提高了转换速度，而且减少了动态过程中输出端可能出现的尖脉冲。它是目前广泛使用的 D/A 转换器中速度较快的一种。

常用的 CMOS 电路开关倒 T 形电阻网络 D/A 转换器的集成电路有 AD7520（10 位）、DAC1210（12 位）和 AK7546（16 位高精度）等。

要使倒 T 形电阻网络 D/A 转换器具有较高的精度，就要求电路具有如下特点。

（1）基准电压稳定性好。

（2）倒 T 形电阻网络中阻值为 R 和 $2R$ 的电阻的比值精度要高。

（3）每个电子模拟开关的开关电压降要相等，为实现电流从高位到低位按 2 的整数倍递减，电子模拟开关的导通电阻也相应地按 2 的整数倍递增。

在前面分析权电阻网络 D/A 转换器的过程中，都把电子模拟开关当作理想开关处理，而实际上这些开关总有一定的导通电阻和导通压降，而且每个开关的情况又不完全相同，它们的存在无疑将引起转换误差，影响转换精度。尽管倒 T 形电阻网络 D/A 转换器具有较高的转换速度，但由于电路中存在电子模拟开关电压降，流过各支路的电流稍有变化时，就会产生转换误差。为进一步提高 D/A 转换器的转换精度，可采用权电流型 D/A 转换器。

图 7.4.5 中，恒流源从高位到低位电流的大小依次为 $I/2$，$I/4$，$I/8$，$I/16$，它和输入的二进制数对应位的"位权"成正比。由于采用了恒流源，每个支路的电流大小不再受开关内阻和压降的影响，从而降低了对开关电路的要求。

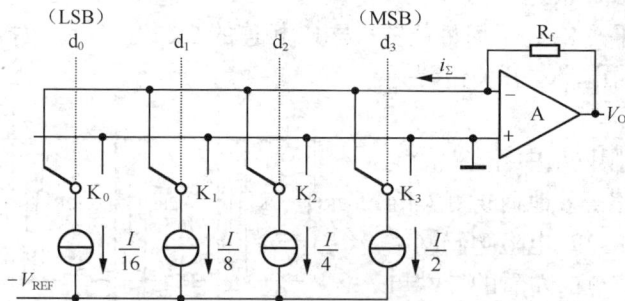

图 7.4.5 权电流型 D/A 转换器原理图

当输入数字量的某一位代码 $d_i=1$ 时，开关 K_i 接运算放大器的反相输入端，相应的权电流流入求和电路；当 $d_i = 0$ 时，开关 K_i 接地。分析该电路可得出，输出和输入数字量成正比。

$$
\begin{aligned}
V_O &= i_\Sigma R_f \\
&= R_f\left(\frac{I}{2^1}d_3 + \frac{I}{2^2}d_2 + \frac{I}{2^3}d_1 + \frac{I}{2^4}d_0\right) \\
&= \frac{I}{2^4}R_f(d_3 2^3 + d_2 2^2 + d_1 2^1 + d_0 2^0) = \frac{I}{2^4}R_f D_4
\end{aligned} \tag{7.4.7}
$$

3. 具有双极性输出的 D/A 转换器

因为在二进制算术运算中通常都把带符号的数值表示为补码的形式，所以希望 D/A 转换器能够把以补码形式输入的正、负极性数分别转换成正、负极性的模拟电压。

举例说明其转换原理。3 位二进制补码可以表示从 −4～+3 的任何整数，它们与十进制的对应关系，以及希望得到的输出模拟电压如表 7.4.1 所示。

表 7.4.1　　　　　　　　　　　输入为 3 位二进制补码时要求 D/A 转换器的输出

补码输入			对应十进制	要求输出
d_2	d_1	d_0		
0	1	1	+3	+3V
0	1	0	+2	+2V
0	0	1	+1	+1V
0	0	0	0	0V
1	1	1	−1	−1V
1	1	0	−2	−2V
1	0	1	−3	−3V
1	0	0	−4	−4V

　　在图 7.4.6 所示的 D/A 转换电路中，如果没有接入反相器 G 和偏移电阻 R_B，它就是一个普通的 3 位倒 T 形电阻网络 D/A 转换器。此时，如果把输入的 3 位代码看作无符号的 3 位二进制（即全都是正数）代码，并且取 $V_{REF}=-8V$，则输入代码为 111 时，输出电压 $V_O=7V$，输入代码为 000 时，输出电压 $V_O=0V$，如表 7.4.2 所示。

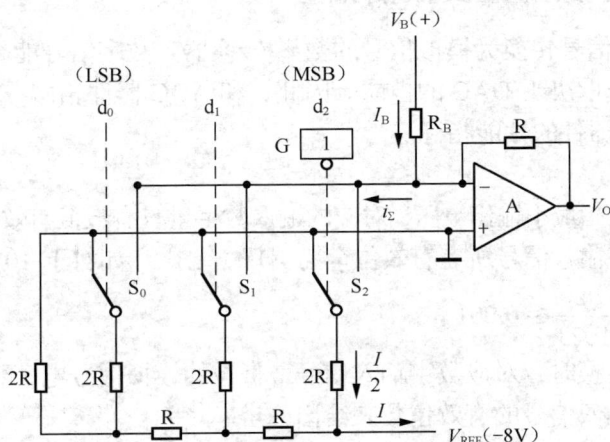

图 7.4.6　具有双极性输出的 D/A 转换器

表 7.4.2　　　　　　　　　　　　具有偏移的 D/A 转换器的输出

补码输入			对应的输出	偏移后的输出
d_2	d_1	d_0		
1	1	1	+7V	+3V
1	1	0	+6V	+2V
1	0	1	+5V	+1V
1	0	0	+4V	0V
0	1	1	+3V	−1V
0	1	0	+2V	−2V
0	0	1	+1V	−3V
0	0	0	0V	−4V

从表 7.4.1 和表 7.4.2 可以发现，如果把表 7.4.2 中间一列的输出电压偏移−4V，则偏移后的输出电压恰好同表 7.4.1 要求输出电压相同。

然而，在前面讲过的 D/A 转换电路输出电压都是单极性的，得不到正、负极性的输出电压，为此在图 7.4.6 的 D/A 转换电路中增设了 R_B 和 V_B 组成的偏移电路，为了使输入代码为 100 时的输出电压等于零，只要使 I_B 与此时的 i_Σ 大小相等即可。故应该取

$$\frac{|V_B|}{R_B} = \frac{I}{2} = \frac{|V_{REF}|}{2R} \qquad (7.4.8)$$

图 7.4.6 中所标示的 I_B，i_Σ 和 I 的方向都是电流的实际方向。

再将表 7.4.1 和表 7.4.2 最左边一列代码对照一下可以发现，只要把表 7.4.1 中补码的符号位 d_2 求反，再加到偏移后的 D/A 转换器上，就可以得到表 7.4.1 中需要得到的输入与输出关系。为此，在图 7.4.6 中是将符号位 d_2 经反相器 G 反相后才加到 D/A 转换电路上去的。

只要在求和放大器的输入端接入一个偏移电流，使输入最高位为 1 而其他各位输入为 0 时的输出电压 $V_O = 0$，同时将输入的符号位反相后接到一般的 D/A 转换器的输入端，就得到了双极性输出的 D/A 转换器。

7.4.2　D/A 转换器的主要性能指标

DAC 是将数字信号转换为模拟信号的数/模转换器。数字信号能否正确还原为符合要求的模拟信号，同样取决于 DAC 的性能。因此，和 ADC 器件相似，在选择 DAC 器件的时候也要关注 DAC 器件的性能指标。

1. 分辨率

这里的分辨率是指最小输出电压（对应的输入数字量只有最低有效位为"1"）与最大输出电压（对应的数字输入信号所有有效位全为"1"）之比。如对于 10 位 D/A 转换器，其分辨率为：$\frac{1}{2^{10}-1} = \frac{1}{1023} \approx 0.001$。

分辨率越高，转换时，对应数字输入信号最低位的模拟信号电压数值越小，也就越灵敏。有时也用数字输入信号的有效位数来给出分辨率。

例如，单片集成 D/A 转换器 AD 7541 的分辨率为 12 位，单片集成 D/A 转换器 DAC0832 的分辨率为 8 位等。

2. 线性度

通常用非线性误差的大小表示 D/A 转换器的线性度。并且，把理想的输入/输出特性的偏差-与满刻度输出之比的百分数，定义为非线性误差。

例如，单片集成 D/A 转换器 AD7541 的线性度（非线性误差）小于等于 0.02%FSR（FSR 为满刻度的英文缩写）。

3. 转换精度

转换精度以最大的静态转换误差的形式给出。这个转换误差应该是包含非线性误差、比例系数误差及漂移误差等综合误差。但是有的产品说明书中，只是分别给出各项误差，而不给出综合误差。

应该注意，精度和分辨率是两个不同的概念。精度是指转换后所得的实际值对于理想值的接近程度，而分辨率是指能够对转换结果发生影响的最小输入量，分辨率很高的 D/A 转换器并不一定具有很高的精度。

4. 建立时间

对于一个理想的 D/A 转换器，其数字输入信号从一个二进制数变到另一个二进制数时，其输出模拟信号电压，应立即从原来的输出电压跳变到与新的数字信号相对应的新的输出电压。但是在实际的 D/A 转换器中，电路中的电容、电感和开关电路会引起电路时间延迟。所谓建立时间，是指数/模转换器中的输入代码有满度值的变化时，其输出模拟信号电压（或模拟信号电流）达到满刻度值 ± 1/2LSB（或与满刻度值的相对误差）时所需要的时间。不同型号的 D/A 转换器，其建立时间不同，一般从几毫秒到几微秒。输出形式是电流的，其 D/A 转换器的建立时间是很短的；输出形式是电压的，D/A 转换器的主要建立时间是其输出运算放大器所需的响应时间。

例如，单片集成 D/A 转换器 AD7541 的建立时间为其输出达到与满刻度值差 0.01% 时所需的时间，建立时间 ≤0.1μs。而单片集成 D/A 转换器 AD561J 的建立时间为当其输出达到满刻度值 ± 1/2LSB 时所需的时间，建立时间为 250ms。

5. 温度系数

在满刻度输出的条件下，温度每升高 1℃，输出值的相对变化定义为温度系数。

例如，单片集成 AD561J 的温度系数为 $\leq 10^{-5}/℃$（FSR）。

6. 电源抑制化

对于高质量的 D/A 转换器，要求开关电路及运算放大器所用的电源电压发生变化时，对输出的电压影响极小。通常把满量程电压变化的百分数与电源电压变化的百分数之比称为电源抑制比。

7. 输出电平

不同型号的数/模转换器件的输出电平相差较大，一般为 5～10V，有的高压输出型的输出电平则高达 24～30V。还有些电流输出型的 D/A 转换器，低的为几毫安到几十毫安，高的可达 3A。

8. 输入代码

有二进制码、BCD 码（二-十进制编码），双极性时的符号——数值码、补码、偏移二进制码等。

9. 输入数字电平

指输入数字信号分别为 "1" 和 "0" 时，所对应的输入高、低电平的阈值。

例如，单片集成 D/A 转换器 AD7541 的输入数字电平：$V_{IH} > 2.4V$，$V_{IL} < 0.8V$。

10. 工作温度范围

由于工作温度会对运算放大器和加权电阻网络等产生影响，所以只有在一定的温度范围，才能保证额定精度指标。较好的转换器工作温度范围为 -40～85℃，较差的转换器工作温度范围为 0～70℃。

7.5 集成 A/D、D/A 转换器芯片介绍及其应用

单片集成 A/D 和 D/A 转换器体积小，成本低，在一块芯片内集成了多种高性能模拟和逻辑部件，在精度、速度及商业性等方面获得了优异的综合特性，其控制逻辑与大多微处理器相兼容。在微机数据采集和控制系统中，这种器件有着广泛的应用。

7.5.1　集成 A/D 转换器芯片介绍及其应用

ADC080x 系列 A/D 转换器 ADC0801、ADC0802、ADC0803、ADC0804、ADC0805，是当前最流行的中速廉价型单通道 8 位全 MOS A/D 转换器。这一系列的 5 个不同型号产品的结构原理基本相同，但非线性误差不同。其最大非线性误差 ADC0801 为 ±1/4LSB、ADC0802/0803 为 ±1/2LSB、ADC0804/0805 为 ±1LSB。

这个系列是 20 引脚双列直插式封装芯片。其特点是内含时钟电路，只要外接一个电阻和一个电容就可由自身提供时钟信号，也可自行提供 $V_{REF}/2$ 端的参考电压，允许模拟输入信号是差动的电压信号。

1. ADC0804 芯片的引脚功能及应用特性

图 7.5.1 为该系列芯片的引脚图，引脚功能及应用特性如下。

（1）$\overline{CS}$、$\overline{RD}$、$\overline{WR}$（引脚 1、2、3）。

引脚 1、2、3 是数字控制输入端，满足标准 TTL 逻辑电平。$\overline{CS}$ 和 $\overline{WR}$ 用来控制 A/D 转换的启动信号。$\overline{CS}$ 和 $\overline{RD}$ 用来读 A/D 转换的结果，当它们同时为低电平时，输出数据锁存器 $DB_0 \sim DB_7$ 各端上出现的 8 位并行二进制数码。

（2）CLKI（引脚 4）和 CLKR（引脚 19）。

ADC0804 片内有时钟电路，只要在外部 "CLKI" 和 "CLKR" 两端外接一对电阻电容即可产生 A/D 转换所要求的时钟，其振荡频率 $f_{CLK} \approx 1/(1.1RC)$。其典型应用参数为：$R=10\text{k}\Omega$，$C=150\text{pF}$，$f_{CLK}=60\text{kHz}$，转换速度为 100μs。若采用外部时钟，则外部 f_{CLK} 可从 CLKI 端送入，此时不接 R、C，允许的时钟频率范围为 100～1460kHz。

图 7.5.1　ADC080x 系列 A/D 转换器引脚图

（3）$\overline{INTR}$（引脚 5）。

$\overline{INTR}$ 是转换结束信号输出端，输出跳转为低电平表示本次转换已经完成，可作为微处理器的中断或查询信号。如果将 $\overline{CS}$ 和 $\overline{WR}$ 与 $\overline{INTR}$ 端相连，则 ADC0804 处于自动循环转换状态。

（4）$V_{IN}^{(+)}$（引脚 6）和 $V_{IN}^{(-)}$（引脚 7）。

被转换的电压信号从 $V_{IN}^{(+)}$ 和 $V_{IN}^{(-)}$ 输入，允许此信号是差动的或不共地的电压信号。如果输入电压 V_{IN} 的变化范围从 0V 到 V_{max}，则芯片的 $V_{IN}^{(-)}$ 端接地，输入电压加到 $V_{IN}^{(+)}$ 引脚。由于该芯片允许差动输入，在共模输入电压允许的情况下，输入电压范围可以从非零伏开始，即 V_{min} 至 V_{max}。此时芯片的 $V_{IN}^{(-)}$ 端电压应该接近等于 V_{min} 的恒值电压，而输入电压 V_{IN} 仍然加到 $V_{IN}^{(+)}$ 引脚上。

（5）AGND（引脚 8）和 DGND（引脚 10）。

A/D 转换器一般都有这两个引脚。模拟地 AGND 和数字地 DGND 分别设置引入端，使数字电路的地电流不影响模拟信号回路，以防止寄生耦合造成的干扰。

（6）$V_{REF}/2$（引脚 9）。

参考电压可以由外部电路供给，从 $V_{REF}/2$ 端直接送入，$V_{REF}/2$ 端电压值应是输入电压

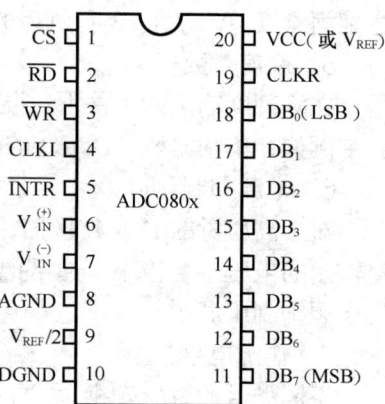

范围的二分之一。所以输入电压的范围可以通过调整 $V_{REF}/2$ 引脚处的电压加以改变，转换器的零点无须调整。例如，输入电压范围是 $0.5\sim3.5V$，在 $V_{REF}/2$ 端应加 1.5V。当输入电压是 $0\sim+5V$ 时，电源准确、稳定，也可做参考基准。此时，由 ADC0804 芯片内部设置分压电路可自行提供 $V_{REF}/2$ 参考电压，$V_{REF}/2$ 端不必外接电源，浮空即可。

为了应用系统设计时更方便、简明，特将 ADC080x 系列 A/D 转换器的主要特性总结如下。

① 与微型机总线兼容，不需要接口逻辑。

② 很容易与所有的微型机进行接口，如 MCS-51 单片机、8085、Z80、8048、M6820 等。

③ 差动模拟电压输入。

④ 逻辑输入和输出满足 TTL 电平。

⑤ 参考电压为 2.5V。

⑥ 芯片上带有时钟发生器。

⑦ 使用单电源 5V 供电，模拟电压输入范围为 $0\sim5V$。

⑧ 不需要零位调整。

2. ADC0804 工作时序与 51 单片机的接口设计

ADC0804 转换器的工作时序如图 7.5.2 和图 7.5.3 所示，主要应用有两个阶段，一个是数据转换阶段，另一个是数据读取阶段。

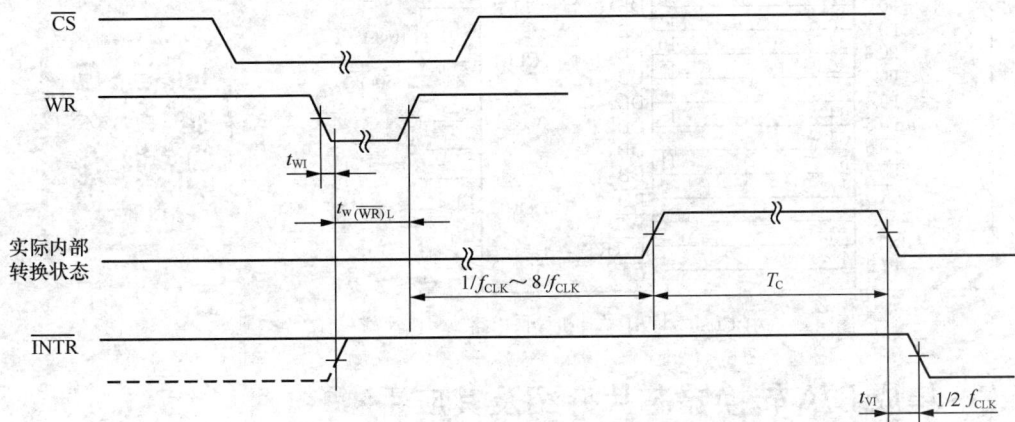

图 7.5.2　ADC0804 转换时序图

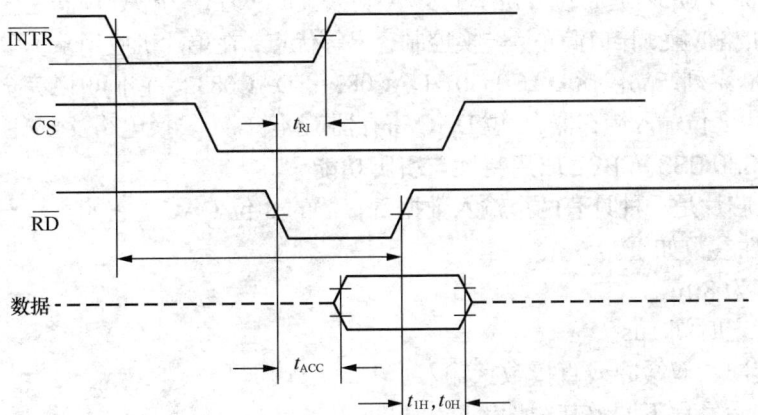

图 7.5.3　ADC0804 数据读取时序图

首先确保片选信号 $\overline{\text{CS}}$ 处于低电平（只有 $\overline{\text{CS}}$ 低电平转换器才会工作），在 ADC0804 转换期间，$\overline{\text{INTR}}$ 处于高电平，当 $\overline{\text{WR}}$ 赋予一个负低脉冲信号（脉冲宽度 ≥ 100ns，对 51 系列单片机而言，每条命令执行时间 ≥ 100ns）时，转换器开始转换，经过一段时间（该时间长短与转换器有关）的工作后，转换结束（注意：不工作时，$\overline{\text{WR}}$ 引脚是处于高电平的，只有给予其一个负脉冲后，才开始转换）。

同样，确保片选信号 $\overline{\text{CS}}$ 处于低电平，转换器转换结束后，$\overline{\text{INTR}}$ 将由转换器自动清零（若不用中断处理 A/D 转换器，$\overline{\text{INTR}}$ 脚可以不接），用单片机给 $\overline{\text{RD}}$ 赋予低电平（注意：$\overline{\text{RD}}$ 控制转换器内部的锁存器，若不给 $\overline{\text{RD}}$ 电平，将无法输出转换结果）后，可以将转换结果从 A/D 转换器的 11～18 引脚读走（赋予 $\overline{\text{WR}}$ 负脉冲信号时，要等待一段时间才能开始读取，待读取结束后，$\overline{\text{RD}}$ 引脚要置 1）。

图 7.5.4 中，ADC0804 数据输出线与 51 单片机数据总线直接相连，51 单片机的 $\overline{\text{WR}}$、$\overline{\text{RD}}$ 和 $\overline{\text{INT1}}$ 直接连到 ADC0804，用 P1.0 线产生片选信号，无须外加地址译码。当 51 单片机向 ADC0804 发 $\overline{\text{WR}}$（启动转换）、$\overline{\text{RD}}$（读取结果）信号时，只要虚拟一个系统不占用的数据存储器地址即可。

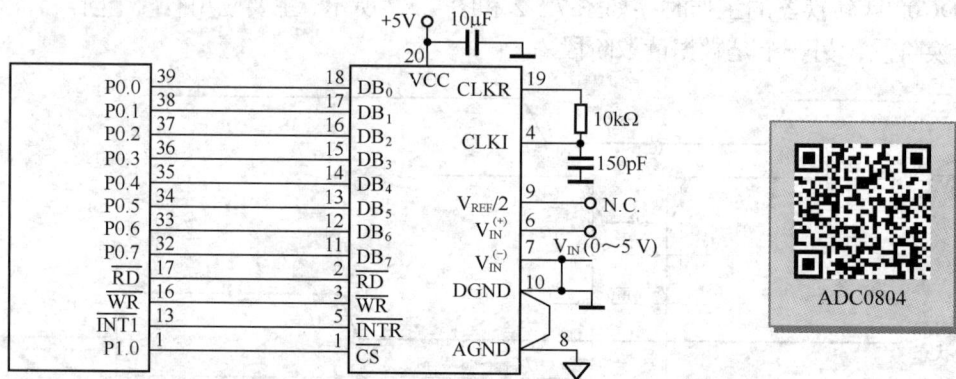

图 7.5.4　ADC0804 与 51 单片机接口电路

7.5.2　集成 D/A 转换器芯片介绍及其应用

1. 8 位集成 D/A 转换器芯片 DAC0830/0831/0832 介绍及其应用

DAC0830/0831/0832 是 8 位分辨率的 D/A 转换集成芯片，与微处理器完全兼容。这个系列的芯片以其价格低廉、接口简单、转换控制容易等优点，在单片机应用系统中得到了广泛的应用。DAC0830 系列产品包括 DAC0830、DAC0831、DAC0832，它们可以完全相互代换。这类 D/A 转换器由 8 位输入锁存器、8 位 DAC 寄存器、8 位 D/A 转换电路及转换控制电路构成。

2. DAC0830/0831/0832 应用特性与引脚功能

DAC0830 芯片是一种具有两个输入数据寄存器的 8 位 DAC。它能直接与 51 单片机接口，其主要特性参数如下。

① 分辨率为 8 位。

② 电流稳定时间 1μs。

③ 可单缓冲、双缓冲或直接数字输入。

④ 只需在满量程下调整其线性度。

⑤ 逻辑电平与 TTL 电平兼容。

⑥ 单一电源供电（+5～+15V）。

⑦ 低功耗，200mW。

DAC0832芯片是20脚双列直插式封装，引脚如图 7.5.5 所示，各引脚的功能如下。

$\overline{\text{CS}}$——片选信号输入端，低电平有效。

DI0～DI7——数据输入端，TTL 电平，有效时间应大于90ns。

$\overline{\text{WR1}}$——输入寄存器的写选通输入端，负脉冲有效（脉冲宽度应大于 500ns）。当 $\overline{\text{CS}}$ 为 0，ILE 为 1，$\overline{\text{WR1}}$ 有效时 DI0～DI7 状态被锁存到输入寄存器。

图 7.5.5 DAC0832 引脚分布图

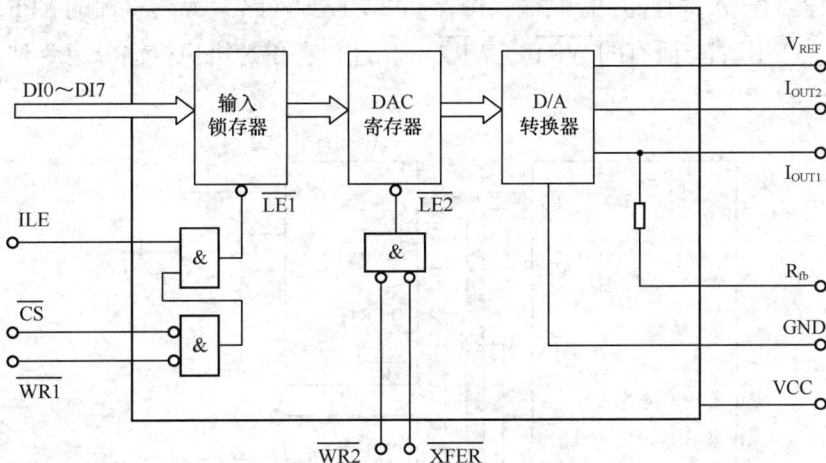

V_{REF}——基准电压输入端，电压范围为−10～+10V。

I_{OUT1}——电流输出端，当输入全为 1 时，其电流最大。

I_{OUT2}——电流输出端，其值与 I_{OUT1} 端电流之和为常数。

R_{fb}——反馈电阻端，在芯片内部此端与 I_{OUT1} 接一个 15kΩ的电阻。

$\overline{\text{XFER}}$——数据传输控制信号输入端，低电平有效。

$\overline{\text{WR2}}$——DAC 寄存器的写选通输入端，负脉冲有效（脉冲宽度应大于 500ns）。当 $\overline{\text{XFER}}$ 为 0 且 $\overline{\text{WR2}}$ 有效时，输入寄存器的状态被传到 DAC 寄存器中。

ILE——数据锁存允许信号输入端，高电平有效。

VCC——电源电压端，电压范围+5～+15V。

GND——模拟地和数字地，模拟地为模拟信号与基准电源参考地；数字地为工作电源地与数字逻辑地（两地最好在基准电源处一点共地）。

DAC0832 的逻辑结构如图 7.5.6 所示。

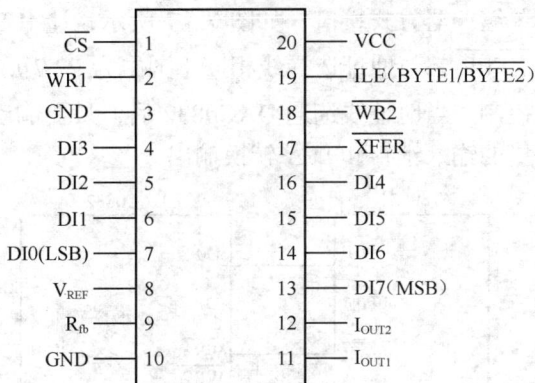

图 7.5.6 DAC0832 逻辑结构图

3. DAC0830/0831/0832 应用

DAC0832 与 51 单片机有两种基本的接口方法，即单缓冲器方式和双缓冲器同步方式。

（1）单缓冲工作方式接口。

若应用系统中只有一路 D/A 转换，或虽然是多路转换但并不要求同步输出时，则采用单缓冲器方式接口，如图 7.5.7 所示，让 ILE 接+5V，寄存器选择信号$\overline{CS}$及数据传送信号$\overline{XFER}$都与地址选择线相连（图中为 P2.7），两级寄存器的写信号都由 51 单片机的$\overline{WR}$端控制。当地址线选通 DAC0832 后，只要输出$\overline{WR}$控制信号，DAC0832 就能一步完成数字量的输入锁存和 D/A 转换输出。

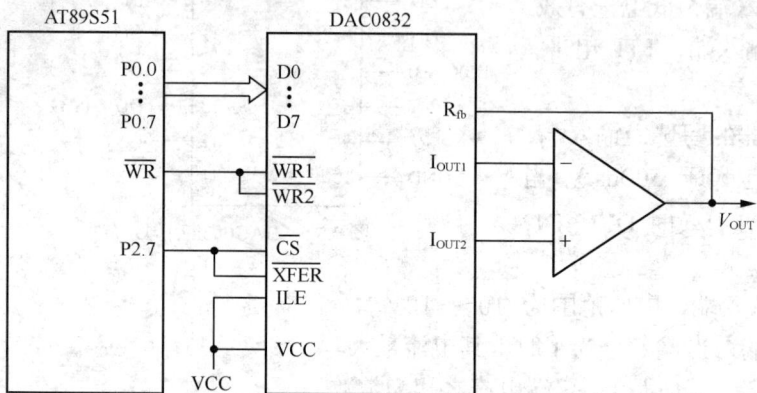

图 7.5.7　DAC0832 单缓冲接口电路

由于 DAC0832 具有数字量的输入锁存功能，故数字量可以直接从 51 单片机的 P0.0 口送入。

（2）双缓冲工作方式接口。

对于多路 D/A 转换接口，要求同步进行 D/A 转换输出时，必须采用双缓冲器同步方式接法。DAC0832 采用这种接法时，数字量的输入锁存和 D/A 转换输出是分两步完成的，即 CPU 的数据总线分时向各路 D/A 转换器输入要转换的数字量，并锁存在各自的输入寄存器中，然后 CPU 对所有的 D/A 转换器发出控制信号，使各个 D/A 转换器输入寄存器中的数据输入 DAC 寄存器，实现同步转换输出。

图 7.5.8 是 DAC0832 双缓冲工作方式接口电路。51 单片机的 P2.5 和 P2.6 分别选择两路 D/A 转换器的输入寄存器，控制输入锁存；P2.7 连到两路 D/A 转换器的$\overline{XFER}$端控制同步转换输出；$\overline{WR}$端与所有的$\overline{WR1}$、$\overline{WR2}$端相连，在单片机执行输出指令时，自动输出$\overline{WR}$控制信号。

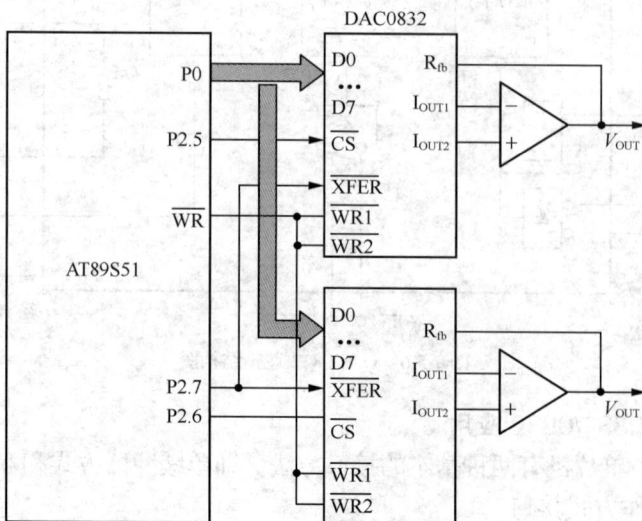

图 7.5.8　DAC0832 双缓冲工作方式接口电路

7.6　实验七　ADC0804CN 芯片的应用实验

7.6.1　实验目的

（1）熟悉 A/D 转换器芯片 ADC0804CN 的引脚功能，参数指标等。

（2）掌握 ADC0804CN 与单片机的接口电路。

（3）掌握 ADC0804CN 单片机驱动软件的使用。

（4）熟悉 A/D 系统电路的调试方法。

7.6.2　实验设备与器件

（1）8051 单片机与 ADC0804CN 系统板。

（2）单片机开发软件 keil。

（3）数字万用表。

7.6.3　实验内容与步骤

【实验内容】利用单片机控制 ADC0804 进行模/数转换，当转动实验板上的电位器 R_{P1} 时，数值在数码管的前 3 位以十进制方式动态显示出 A/D 转换后的数字量（8 位 A/D 转换后可实现 0～255 变化）。

【实验步骤】

（1）安装、焊接 8051 单片机小系统板，对照原理图 7.6.1 检查无误。

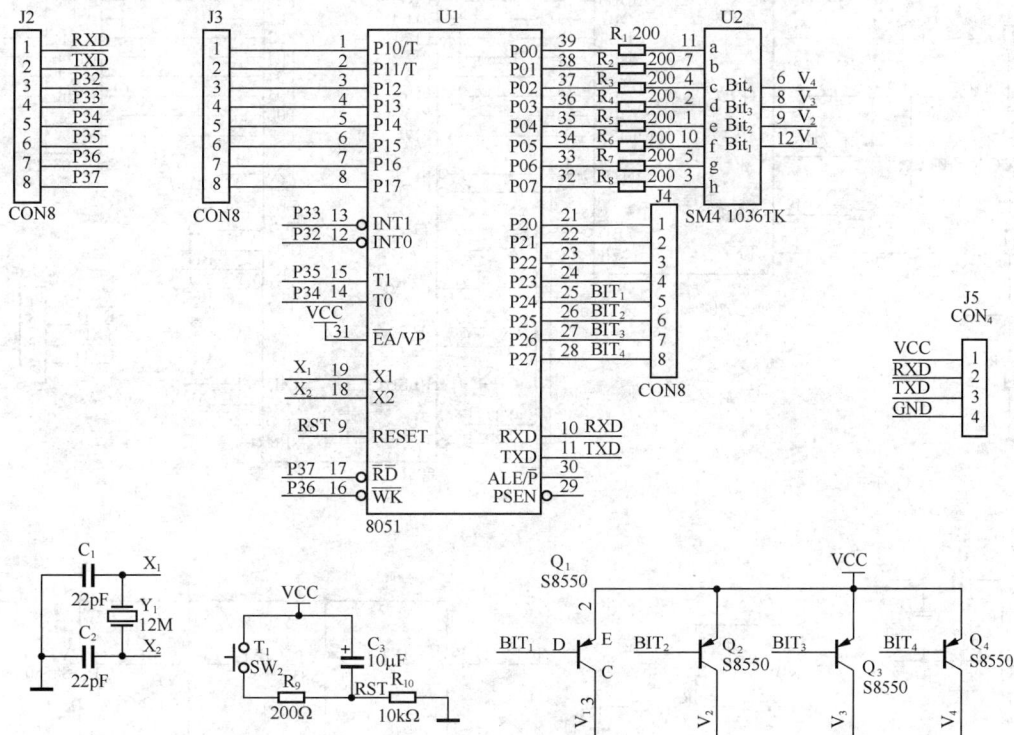

图 7.6.1　8051 单片机小系统原理图

（2）安装、焊接 ADC0804CN 接口板，对照原理图 7.6.2 检查无误。

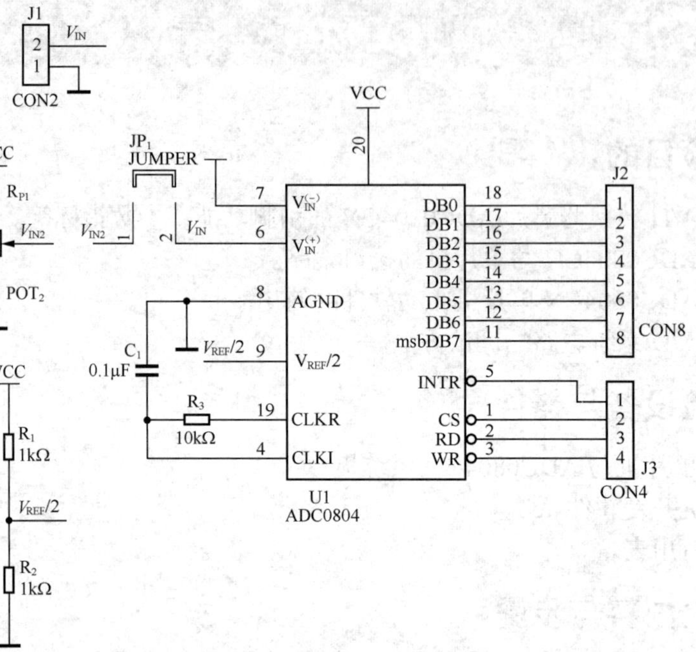

图 7.6.2　8051 单片机与 ADC0804CN 系统板原理图

（3）用杜邦线连接 8051 单片机与 ADC0804CN 系统板，如图 7.6.3 所示。

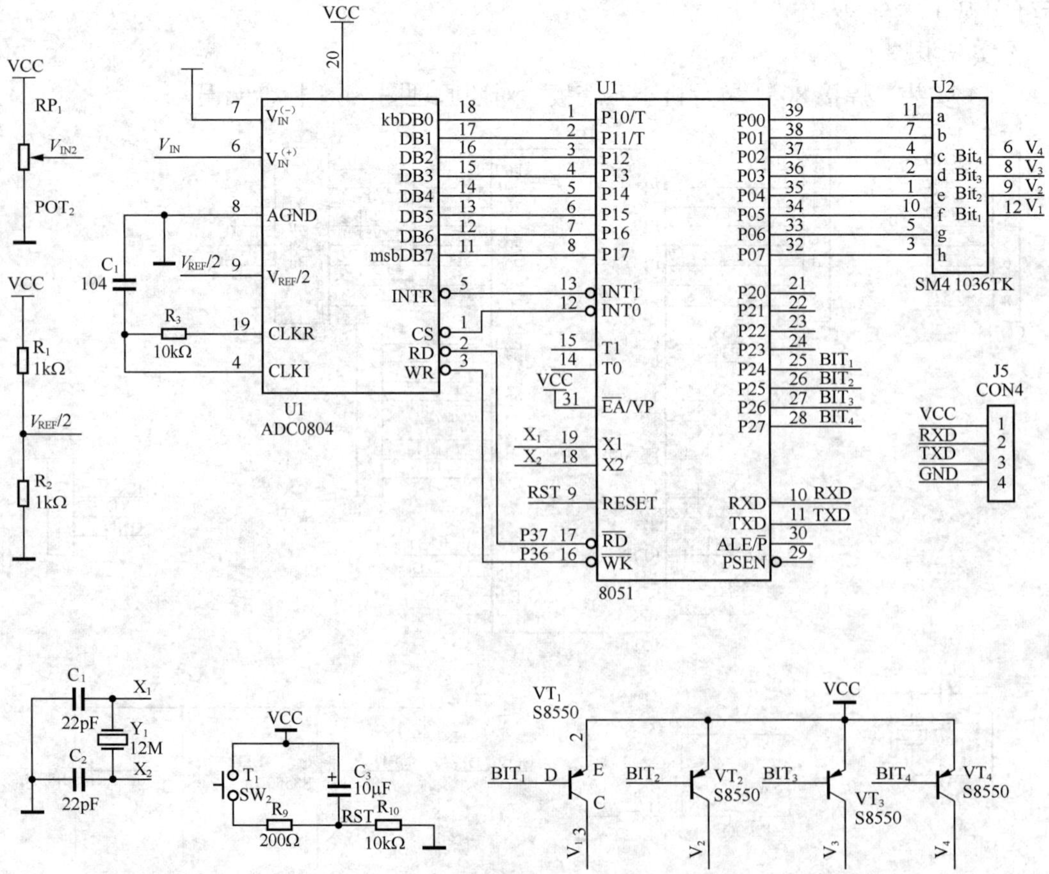

图 7.6.3　8051 单片机与 ADC0804CN 系统板连接图

（4）下载程序到单片机当中，数码管上能够显示数字，转动电位器 R_{P1}，数码管数字能够变化。

（5）观察数码管的变化，并测量 V_{IN} 电压，按照输入电压 0～5V 从小到大的顺序，完成表 7.6.1。

表 7.6.1　　　　　　　　　　　　实验测试表

序号	V_{IN} 点电压/V	数码管显示数值	备注
1			
2			
3			
4			
5			

7.6.4　实验总结

（1）输入电压如何转换为数字量?

（2）输入电压与数字量之间的对应关系是什么?

7.7　项目六　数显温度测试仪电路的制作与调试

对温度进行测试时需要将传感器的数据进行处理，通常的做法是经过 A/D 转换，把模拟量转换为数字量，通过单片机处理以后，根据需要以不同的形式显示温度，从而构成一个温度测试系统。

7.7.1　项目概述

本项目利用温度传感器 LM35DZ 测量温度信号，通过 A/D 转换器 ADC0804 转换为数字量，送给 51 单片机，由单片机小系统处理。该系统能够完成以下功能：（1）温度测试，测温范围 0～40℃，误差 ±1℃；（2）数字显示温度数值。

7.7.2 项目电路及原理分析

1. 传感器

温度传感器采用的是 NS 公司生产的 LM35DZ，输出电压与摄氏温度成正比的温度传感器。工作温度范围 0～100℃；工作电压 4～30V。它具有很高的工作精度和较宽的线性工作范围，输出电压与摄氏温度线性成比例，且无须外部校准或微调，可以提供 ± 0.25℃的常用的室温精度。

LM35DZ 的输出电压与摄氏温度成线形关系，0℃时输出为 0V，每升高 1℃，输出电压增加 10mV。其电源供应模式有单电源与正负双电源两种，其接法如图 7.7.1 与图 7.7.2 所示。正负双电源的供电模式可提供负温度的测量，单电源模式在 25℃下电流约为 50mA，非常省电。本系统采用的是单电源模式。单电源模式下，LM35DZ 的电压与温度的关系为
$V_{OUT}（T）= 10mV/℃ \times T℃$。

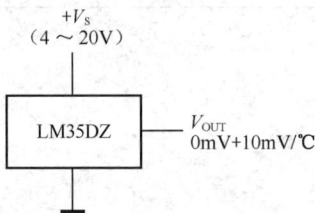

图 7.7.1　单电源方式

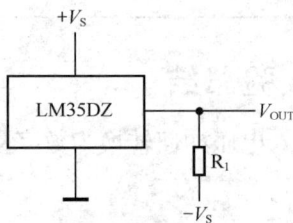

图 7.7.2　正负双电源方式

2. 信号放大电路

采用的 LM35DZ 输出电压为 0～1.0V，虽然在 ADC0804 的输入电压允许范围内，但电压信号较弱，直接进行 A/D 转换会导致数字量太小、精度低等不足，所以在转换前应先进行信号放大，放大电路如图 7.7.3 所示。ADC0804 的量程为 0～+5V，放大倍数不能超过 3 倍，ADC0804 的分辨率为 $5/2^8$V $\approx$ 0.0195V $\approx$ 20mV，而 LM35DZ 每增加 10℃，输出电压增加 10mV，即放大倍数不能小于 2 倍。假设温度为 $T℃$，ADC0804 输出数为 X，LM35DZ 经 2 倍放大后的电压为 V_{IN}=10mV/℃ $\times$ 2 $\times T℃$。作为 ADC0804 的输入电压 V_{IN} 与转换后的数值，$X(0～255)$关系是 $V_{IN}=X/2^8 \times 5$，所以，当放大 2 倍时有 $T \approx X$，可直接把 ADC0804 输出数值作为实际温度值。当放大 3 倍时，则需要在软件程序中进行相应换算才能得到温度 T，而且精确度也不高，故放大电路选择放大 2 倍。

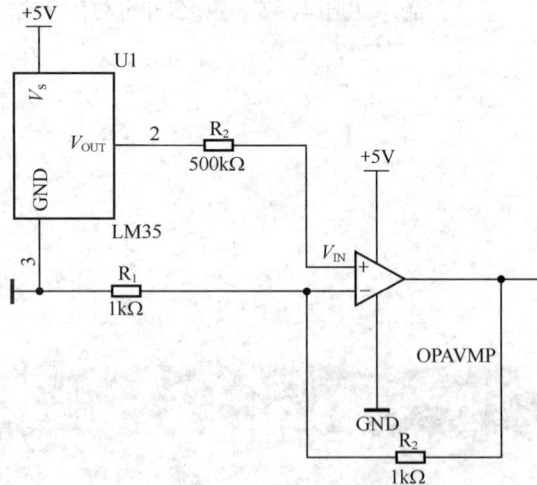

图 7.7.3　信号放大电路

3. A/D 转换电路及单片机小系统电路

同实验七。

7.7.3 项目制作与调试

（1）安装、焊接 8051 单片机小系统板或利用实验七的系统板。

（2）安装、焊接 ADC0804CN 接口板或利用实验七的系统板。

（3）编写软件。

（4）根据室温，测量传感器输出电压，测量 ADC0804 输入脚电压，将结果填写在表 7.7.1 中。

表 7.7.1　测试数据表

序号	温度/℃	传感器输出电压/V	ADC0804 输入电压/V
1			
2			
3			
4			
5			

7.7.4　项目总结

（1）项目的电路由哪几部分组成？

（2）传感器测量的温度与电压值之间的关系是怎样的？

（3）若电路放大倍数改为 4，应如何进行调整？LM35DZ 测量温度与 ADC0804 测量数值之间的关系是什么？

📚 项目拓展　多路数显温度测试仪

请思考在项目七的基础上实现多路温度测试，下列问题如何实现。

（1）ADC0804有几通道输入？如何实现多路温度检测信号输入？

（2）如何在数码管上显示多路温度数值？

本 章 小 结

A/D、D/A 转换器的种类有很多，随着时间的推移，还会不断地出现各种新型 A/D 和 D/A 转换器。本章着重讲解了 A/D、D/A 转换的基本思想和共性问题。

在 D/A 转换器当中，本章讲解了使用最多的倒 T 形电阻 D/A 转换器的基本原理，并以 DAC0832 芯片举例进行讲解。在 A/D 转换器中，介绍了逐次比较型 A/D 转换器的基本原理，并对芯片 ADC0804 展开讲解。为了更好地应用 A/D 转换器和 D/A 转换器，还要了解转换器各项性能指标的含义，这对芯片的选择和应用很有帮助。

习 　 题

1. 试说明在 A/D 转换器中，产生量化误差的原因及减小量化误差的方法。

2. 逐次比较型 A/D 转换器扩展到 10 位，时钟频率为 1MHz，试计算完成一次转换所需的时间。

3. 倒 T 形 D/A 转换器的突出特点是什么，为什么？如果在图 7.4.3 中，输入 $d_3d_2d_1d_0$= 1010，假定 V_{REF} = 10V，试计算输出电压 V_O 的数值。

4. 什么是最高有效位和最低有效位？

5. ADC0804 的时钟频率是多少，如何计算？

6. DAC0832 的输出方式有几种，如何实现？

附录 A　Multisim 软件介绍及应用实例

A.1　仿真的意义

在电路仿真问世之前，完成某个具体的电路构思没有足够的把握时，通常只能在万能板上用实际的电路元器件和一些导线去构建实验电路，然后根据预先设定好的方案去检测在一定的初始条件和给定输入下，该电路实际的输出信号是否和与预期的输出信号相吻合。这种方法工作量大，周期长，而且一旦出现问题，针对错误的排查对每个硬件工程师来说都是一项艰巨的任务。

电路仿真软件的问世解决了这样的困扰。电路仿真是指在计算机上实现设计，即将完成的电路（已经完成电路设计、电路参数和元器件选择），提供电路电源及输入信号，然后在计算机屏幕上模拟示波器，给出测试点波形或者绘出相应的曲线的过程。

仿真技术得以发展的主要原因是它所带来的巨大的社会效益和经济效益。

A.2　Multisim 仿真软件介绍

Multisim 是美国国家仪器公司（National Instruments，NI）推出的一款仿真软件，它主要用于电路开发和仿真，其前身是 EWB。两者的区别在于 EWB 主要用于一般的电子电路的虚拟仿真，而升级后的 Multisim 不再局限于电子电路的虚拟仿真，在虚拟仪器 LABVIEW 和单片机仿真等方面均有创新和提高。

Multisim 10 可以设计、测试和演示各种电子电路，包括电工学、模拟电路、数字电路、射频电路及微控制器和接口电路等；可以对被仿真电路中的元器件设置各种故障，如开路、短路和不同程度的漏电等，从而观察不同故障情况下的电路工作状况。在进行仿真的同时，软件还可以存储测试点的所有数据，列出被仿真电路的所有元器件清单，以及存储测试仪器的工作状态、显示波形和具体数据等。

利用 Multisim 10 可以实现计算机仿真设计与虚拟实验，与传统的电子电路设计与实验方法相比，具有如下特点。

① 设计与实验可以同步进行，可以边设计边实验，修改调试方便。

② 设计和实验用的元器件及测试仪器仪表齐全，可以完成各种类型的电路设计与实验。

③ 可方便地对电路参数进行测试和分析。

④ 可直接打印输出实验数据、测试参数、曲线和电路原理图。

⑤ 实验中不消耗实际的元器件，实验所需元器件的种类和数量不受限制，实验成本低。

⑥ 实验速度快，效率高。

A.3　Multisim 的基本界面

A.3.1　Multisim 的主窗口

单击 "开始" → "程序" → "National Instruments" → "Circuit Design Suite 10.0" → "Multisim" 选项，启动 Multisim 10，看到附图 A.3.1 所示的 Multisim 的主窗口。

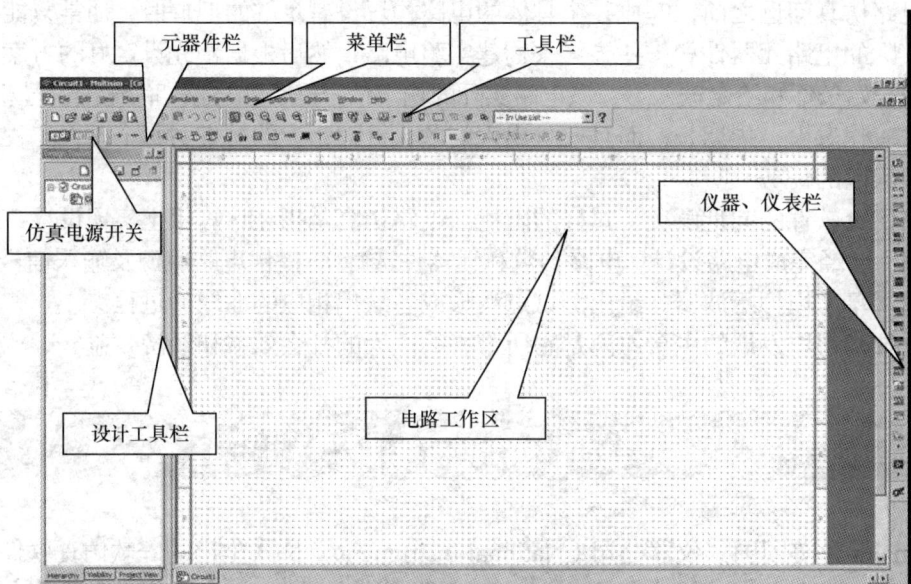

附图 A.3.1　Multisim 主窗口图

由附图 A.3.1 可见，Multisim 的主窗口如同一个实际的电子实验台。屏幕中央区域最大的窗口就是电路工作区，在电路工作区上可将各种电子元器件和测试仪器仪表连接成实验电路。电路工作区上方是菜单栏、工具栏。从菜单栏可以选择电路连接、实验所需的各种命令。工具栏包含了常用的操作命令按钮，通过鼠标操作即可方便地使用各种命令和实验设备。电路工作区两边是元器件栏和仪器、仪表栏。元器件栏存放着各种电子元器件，仪器、仪表栏存放着各种测试仪器、仪表，用鼠标操作可以很方便地从元器件和仪器库中，提取实验所需的各种元器件及仪器、仪表到电路工作区，并连接成实验电路。仿真电源开关、设计工具栏在此不做介绍。

A.3.2　Multisim 的菜单软件

1. 菜单栏

菜单栏如附图 A.3.2 所示，包含软件所有操作和功能，这里不详细介绍，读者可在使用过程中体会其作用。

File Edit View Place MCU Simulate Transfer Tools Reports Options Window Help

File —— 文件管理操作	Transfer —— 文件格式转换
Edit —— 文件编辑	Tools —— 各种工具
View —— 工作区域状态显示	Reports —— 电路状态列表
Place —— 元器件操作	Options —— 软件设置选项
MCU —— 微处理器	Window —— 视窗
Simulate —— 仿真方式选择	Help —— 帮助

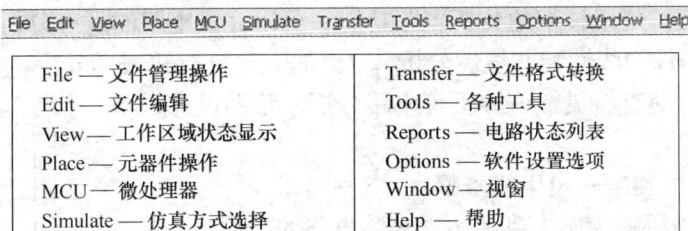

附图 A.3.2　Multisim 菜单栏

2. 元器件栏

Multisim 10 的元器件库提供数千种电路元器件供实验选用，同时也可以新建或扩充已有的元器件库。元器件库介绍如附图 A.3.3 所示，包括电源库、基本元件库、二极管库、三极管库、模拟器件库、TTL 库、CMOS 库、数字器件库、混合器件库、其他器件库等。

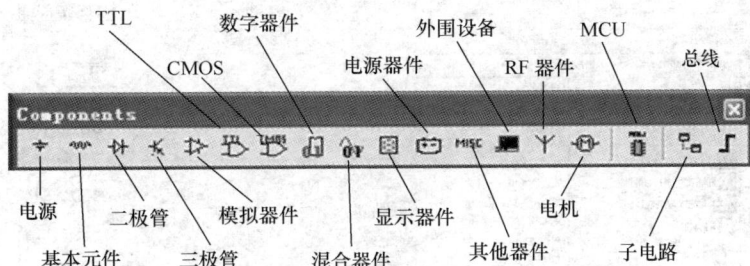

附图 A.3.3　Multisim 元器件库

3. 仪器、仪表栏

Multisim 10 的测试仪器、仪表种类齐全，有一般实验用的通用仪器，如万用表、信号发生器、双踪示波器等；还有一般实验室少有或没有的仪器，如波特仪、字符信号发生器、逻辑分析仪、逻辑转换仪、失真分析仪、频谱分析仪和网络分析仪等，具体如附图 A.3.4 所示。

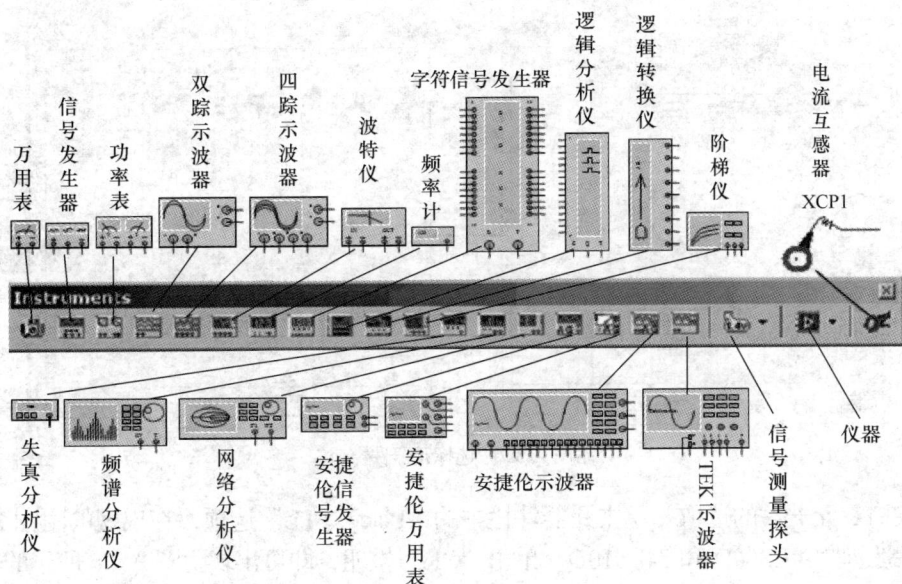

附图 A.3.4　Multisim 仪器、仪表栏

利用这些仪表，可以详细地分析电路功能，可以完成电路的瞬态分析和稳态分析、时域和频域分析、器件的线性和非线性分析、电路的噪声分析和失真分析、离散傅里叶分析、电路零极点分析、交直流灵敏度分析等电路分析，帮助设计人员分析电路的性能。

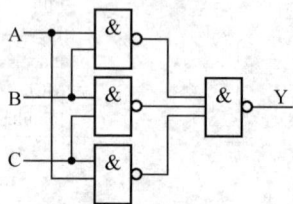

附图A.3.5　3人表决器电路

4. 仿真实验电路的一般生成步骤

下面以3人表决器为例来讲解仿真实验电路的步骤。3人表决器电路如附图A.3.5所示。

元器件的选取：3人表决器需要选出1片74LS00D、1片74LS10、3个开关、1个指示灯，以及电源和地的选择。

（1）选择开关：打开Multisim的主窗口，单击元器件栏中的"Place Basic"选项，出现附图A.3.6所示的窗口，选择3个输入端的开关，依次双击开关图标，将Label改为A、B、C，如附图A.3.7所示的界面，至此开关选择完成。

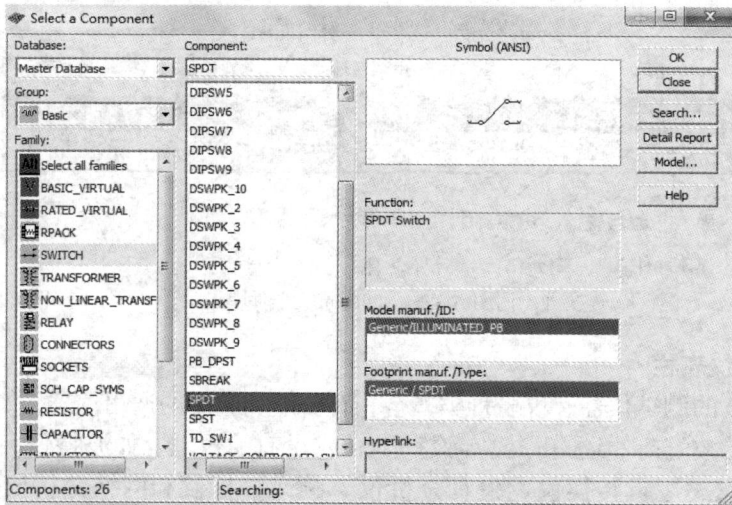

附图A.3.6　选择开关元器件窗口

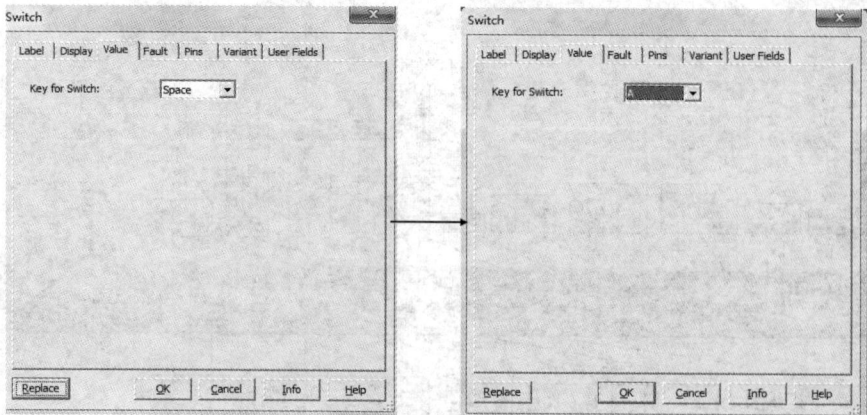

附图A.3.7　选择元器件窗口

（2）TTL元器件的选取。单击元器件栏中的"Place TTL"选项，在出现的附图A.3.8所示窗口分别选取74LS00D和74LS10D，单击"OK"按钮，即可出现附图A.3.8所示的界面。

（3）输出状态元器件的选取。用一个白炽灯来指示状态，单击元器件栏中的"Place

Indicator"选项，出现附图 A.3.9 所示的指示元器件窗口。

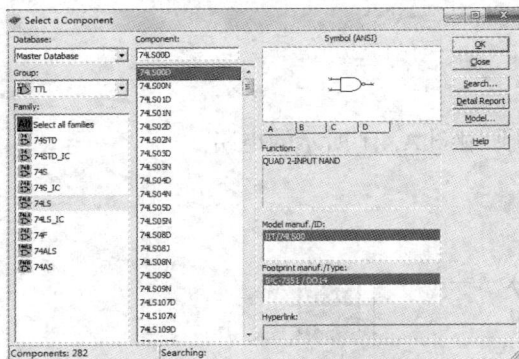

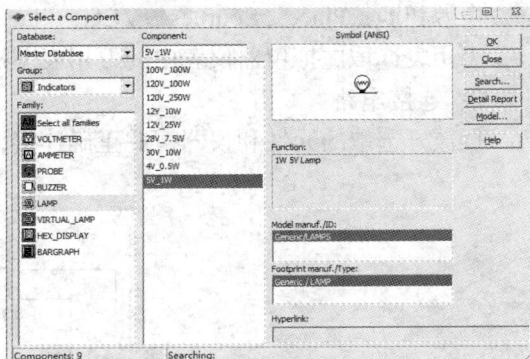

附图 A.3.8　选择 TTL 元器件窗口　　　　　　　附图 A.3.9　指示元器件窗口

（4）导线的连接。选择好元件后，再选择好电源和地（在本仿真软件中，没有地无法仿真），就可以对电路进行连线。在 Multisim 中元器件引脚连接线是自动产生的，当鼠标箭头在器件引脚（或某一节点）的上方附近时，会自动出现一个小十字节点标记，单击鼠标左键，连接线就产生了，将引线拖至另外一个引脚处，出现同样一个小十字节点标记时，再次单击鼠标左键就可以连接上了。连接好的电路如附图 A.3.10 所示。

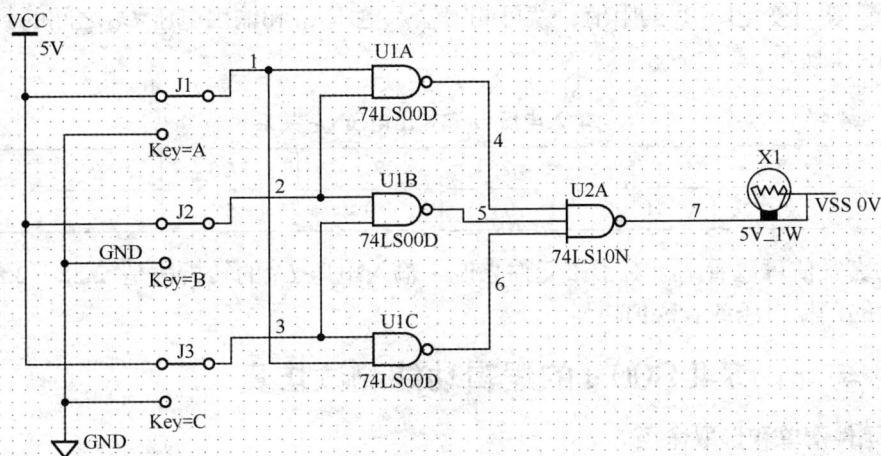

附图 A.3.10　3 人表决器仿真电路

（5）单击"仿真开始"按钮，开始仿真。在附图 A.3.10 中，输入 A、B、C 均为高电平"1"时，输出灯亮，表示输出为真，即"1"。其余状态可以依次类推。至此 3 人表决器的电路仿真完成。

A.4　门电路仿真实例

A.4.1　74LS00D 集成逻辑门传输特性仿真测试

1. 元件清单和选取途径
与非门：74LS00D　Place　TTL→74LS→74LS00D。

电阻 R_1：Place　Basic→POTENTIONMETER→10kΩ。

电源和地：Place　Sources→VCC；Place　Sources→VSS。

万用表选取虚拟仪器仪表中的万用表图标。

2. 连接电路

摆放好选取的元件和仪器，并正确连接，得到附图 A.4.1 所示的电路。

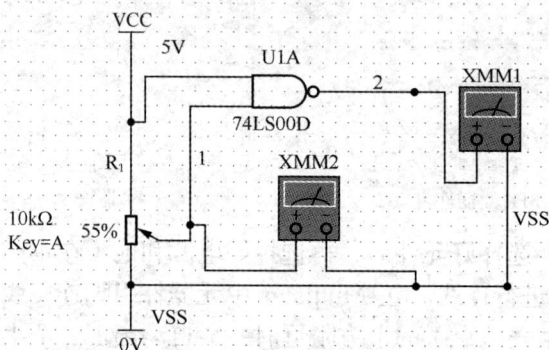

附图 A.4.1　74LS00 传输特性测试电路

3. 仿真结果分析

不断改变可变电阻 R_1 的阻值，就可测得输入电压 U_I 和输出电压 U_O 之间的数值关系，如附表 A.4.1 所示。

附表 A.4.1　　　　　　　　输入电压 U_I 和输出电压 U_O 关系

U_I/V	5	4.75	4.25	2.5	2.25	3	4.5
U_O/V	0	0	0	0	5	5	5

由仿真数值可以看出，对于该元件来说，输入电压 U_I 的转折段是 2.25~2.5V，2.5V 是该芯片的门槛电压或者阈值电压。

A.4.2　与非门 74LS00N 的逻辑功能测试仿真

1. 元件清单和选取途径

与非门 74LS00N：Place　TTL→74LS→74LS00N。

电源和地：Place　Sources→VCC；

　　　　　　Place　Sources→VEE。

单刀双掷开关：Place　Basic→SWITCH→SPDT。

由于有两个开关，分别命名设定为 A、B，方法是单击开关，并将开关对话框的 "Key for Switch" 栏设置成 "A" 和 "B" 即可。

2. 连接电路

将元件之间用导线连接好，并连接好仪器，得到附图 A.4.2 所示的电路。

3. 仿真结果分析

分别改变按键 "A" 和 "B" 的值，使与非门的两个输入端为附表 A.4.2 中的值，从虚拟万用表的放大面板上读出各种情况的直流电位，将读出的电压数值填入附表 A.4.2 内，电位转换成逻辑状态填入附表 A.4.3 内。

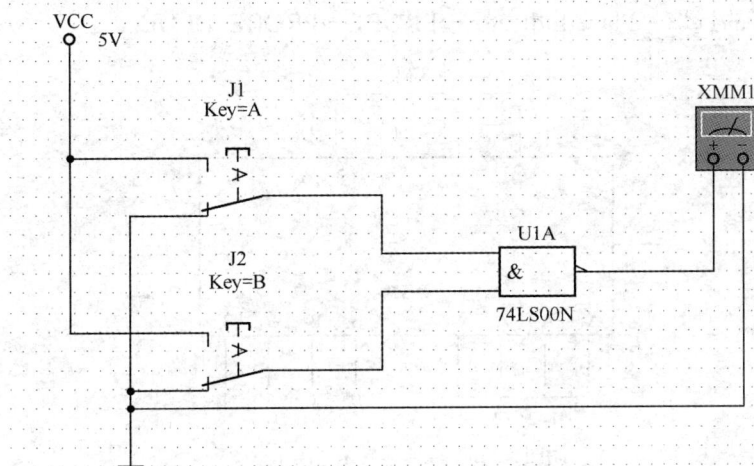

附图 A.4.2　74LS00N 与非门逻辑功能测试

附表 A.4.2		测试电压
输入电压		输出电压
A/V	B/V	电位/V
0	0	
0	5	
5	0	
5	5	

附表 A.4.3		转换后的逻辑关系
输入电平		输出
A	B	逻辑
0	0	
0	1	
1	0	
1	1	

A.4.3　仿真习题：用与非门组成其他功能门电路

（1）用与非门组成或门仿真测试。

（2）用与非门组成异或门仿真测试。

（3）用与非门组成同或门仿真测试。

A.5　组合逻辑电路仿真实例

A.5.1　加法器的仿真（8421 码转换成余 3 码的仿真）

实现方法分析：依据余 3 码的定义，其值比 8421 码刚好多 3，即多 0011，故用一个 4 位的加法器就可以实现转换，实现示意图如附图 A.5.1 所示。其中 $B_0 \sim B_3$ 输入常数 0011，$A_0 \sim A_3$ 输入 8421 码，进位端 C_i 为 0，则 $S_0 \sim S_3$ 输出余 3 码。

主要元器件选用 4 位集成 TTL 加法器 74LS283N，其引脚排列图如附图 A.5.2（a）所示。

1. 元件清单和选取途径

集成 4 位 TTL 加法器 74LS283N：Place　TTL→74LS→74LS283N。

电源和地：Place　Sources→VCC；Place　Sources→DGND。

单刀双掷开关：Place　Basic→SWITCH→SPDT。

输出指示灯的选取：Place Indicator→PROBE→PROBE_BLUE。

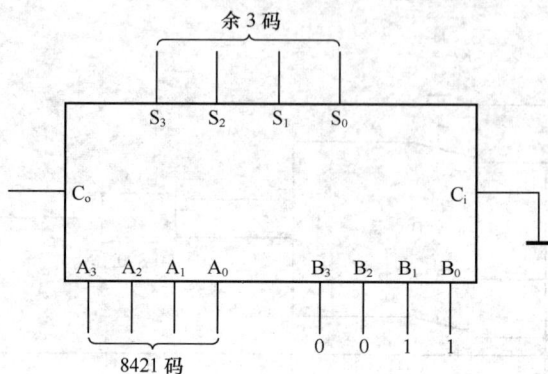

附图 A.5.1　8421 码转余 3 码示意图

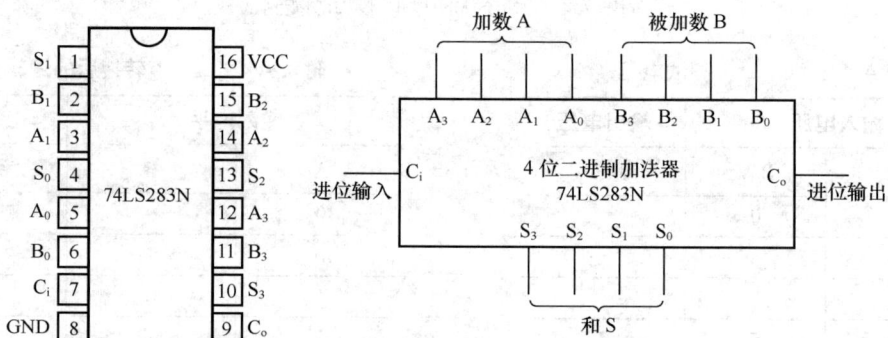

（a）74LS283N 引脚图　　　　　　（b）74LS283N 符号

附图 A.5.2　74LS283N 引脚图和符号

2. 连接电路

将元件之间用导线连接好，并连接好仪器，得到附图 A.5.3 所示的电路。

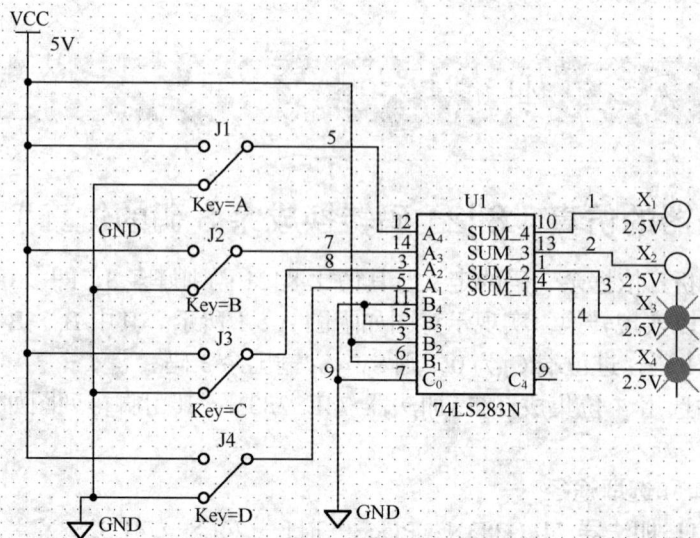

附图 A.5.3　8421 码转余 3 码电路图

3. 仿真结果分析

从附图 A.5.3 中可以看出，输入为"0000"，输出为"0011"，其他的状态可以单击开关来改变输入的值，从而得到对应的输出余 3 码值，如附表 A.5.1 所示，读者可以依次验证。

附表 A.5.1　　　　　　　　　　　　　8421 转余 3 码真值表

输入 ABCD	0000	0001	0010	0011	0100	0101	0110	0111	1000	1001
输出 $X_1X_2X_3X_4$	0011	0100	0101	0110	0111	1000	1001	1010	1011	1100

A.5.2　74LS138D 译码器真值表仿真及逻辑分析

74LS138D 译码器真值表的仿真测试可用附图 A.5.4 来实现，即输入部分用单刀双掷开关来改变输入信号的高、低电平，输出用指示灯的亮和灭来指示高低电平的状态，就可看出哪个通道处在译码状态。若该通道只输出低电平（唯一性），该通道对应的输出指示灯就会亮，也可以调用虚拟仪器工具栏中的字函数信号发生器 XWG1 和逻辑分析仪 XLA2，组成译码器的仿真电路。字函数信号发生器是一个最多能产生 32 位同步数字信号的多路逻辑信号源，也称为数字逻辑信号源。逻辑分析仪用于数字逻辑信号的高速采集和时序分析。

1. 元件清单、仪器和选取途径

集成 3-8 译码器 74LS138D：Place　TTL→74LS→74LS138D。

电源和地：Place　Sources→VCC；Place　Sources→DGND。

字函数信号发生器：单击虚拟仪器图标▥即可。

逻辑分析仪：单击虚拟仪器图标▦即可。

2. 连接电路

将元件与仪器之间用导线正确连接好，得到附图 A.5.4 所示的电路。

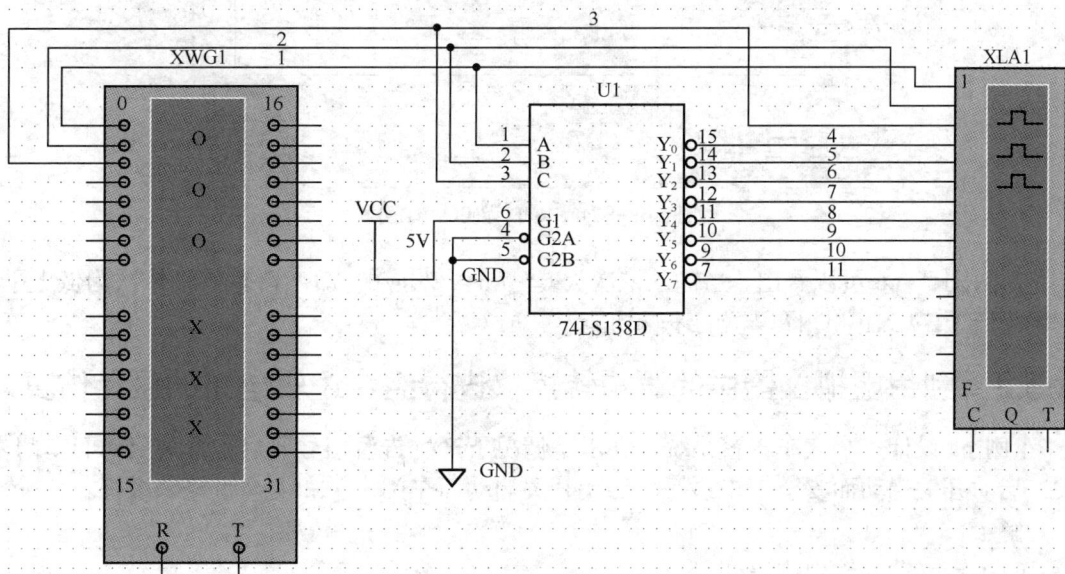

附图 A.5.4　74LS138D 译码器仿真电路图

3. 仿真分析

单击字函数信号发生器图标，得到对话框如附图 A.5.5（a），在"Controls"选项区域中单击"Cycle"按钮，在"Display"选项区域中选中"Dec"（十进制）单选按钮，在字信号编辑区输入"0～7"。单击"Set"按钮，出现附图 A.5.5（b）所示的对话框，将 Buffer Size 的值设置为"0008"。

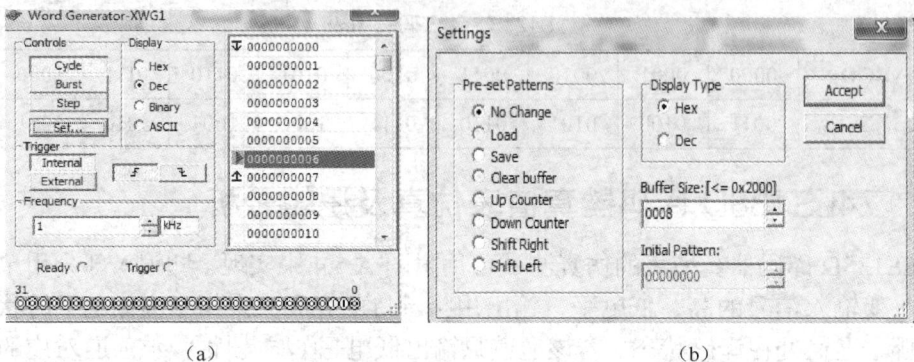

（a）   （b）

附图 A.5.5　字函数信号发生器的设置

双击逻辑分析仪图标，单击"仿真开始"按钮，得到附图 A.5.6 所示的仿真结果。

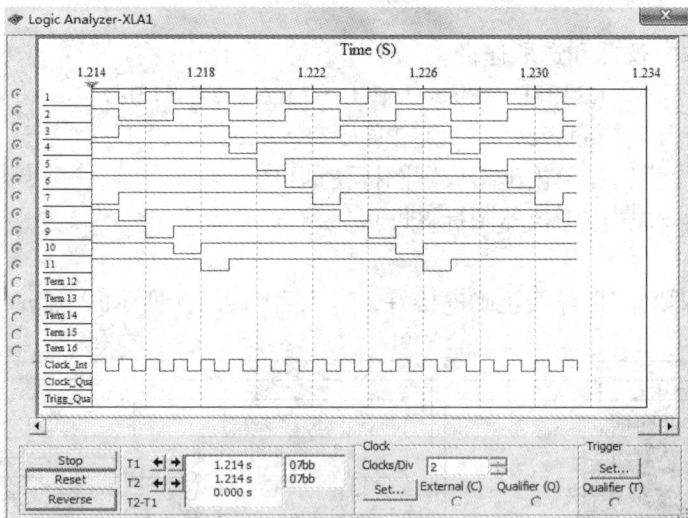

附图 A.5.6　74LS138D 译码器仿真分析

从附图 A.5.6 可以看出，当输入依次为 0～7 时，对应的 Y_0～Y_7 输出端依次为低电平，正确验证了 74LS138D 译码器的逻辑功能。

A.5.3　利用虚拟仪器中的逻辑转换仪进行组合逻辑电路的设计仿真

【例】 设计一个汽车告警系统，在以下情况下产生告警信号：启动开关启动而车门未关，启动开关启动而安全带未系好，启动开关启动而车门未关、安全带也未系好。

解：

（1）定义输入输出逻辑变量。

输入变量 3 个：启动开关设为"A"，其中启动为"1"，未启动为"0"；车门设为"B"，其中关为"1"，未关为"0"；安全带设为"C"，系好为"1"，未系好为"0"；

输出变量 1 个：告警信号设为"F"，产生为"1"，未产生为"0"。

（2）设定真值表（见附表 A.5.2）。

附表 A.5.2　　　　　　　　　　　　真值表

输　　　入			输　　　出
A	**B**	**C**	**F**
0	0	0	0
0	0	1	0
0	1	0	0
0	1	1	0
1	0	0	1
1	0	1	1
1	1	0	1
1	1	1	0

（3）列出真值表以后，可以利用 Multisim 中特有的虚拟仪器——逻辑转换仪 ▨，其面板和图标如附图 A.5.7 所示。逻辑转换仪的功能包括：将逻辑电路转换为真值表，将真值表转换为最小项之和，将真值表转换为最简与或表达式，将逻辑表转换成真值表，将表达式转换成逻辑电路，将表达式转换成与非-与非的逻辑电路，即能完成真值表、逻辑表达式和逻辑电路三者之间的相互转换。

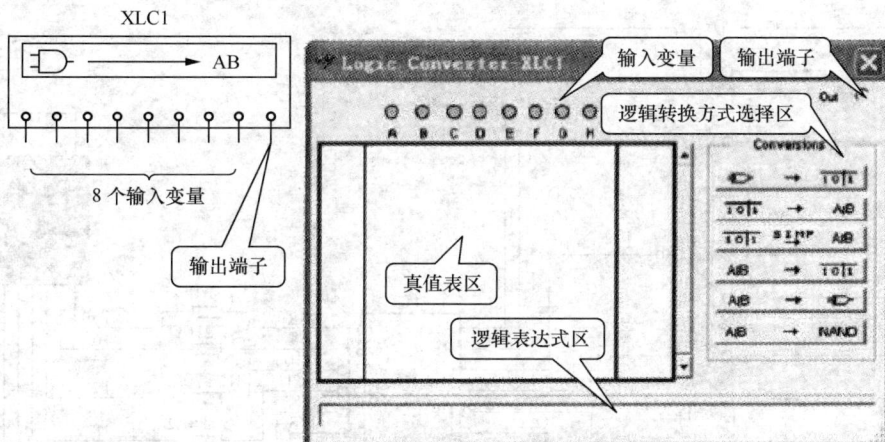

附图 A.5.7　逻辑转换仪的图标和面板

（4）在真值表区中按照附图 A.5.8（a）所示输入真值表，单击附图 A.5.8（a）中 ▨ → A|B 图标，得到表达式表 $Y=A\overline{B}\,\overline{C}+A\overline{B}C+AB\overline{C}$，如附图 A.5.8（b）所示。

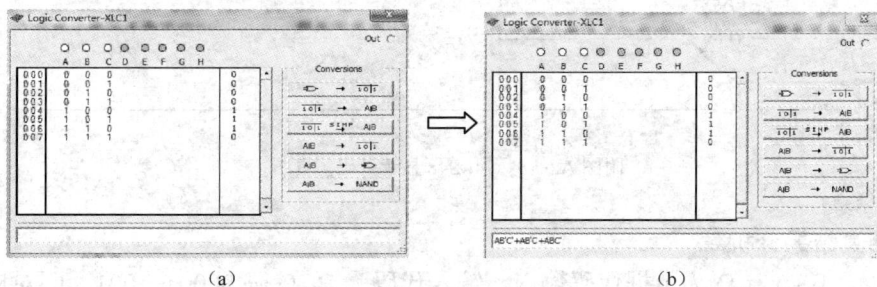

（a）　　　　　　　　　　　　　　　　（b）

附图 A.5.8　真值表转为表达式

再单击真值表转换为最简表达式图标 $\boxed{\overline{1}0\overline{1} \text{ SIMP } \text{AIB}}$，得到最简表达式 $Y=A\overline{B}+A\overline{C}$。

再单击表达式转为任意电路图标 $\boxed{\text{AIB} \rightarrow \text{⊡}}$，得到附图 A.5.9 所示的电路图。

A.5.4 编码器和数码显示电路仿真

1. 元件清单和选取途径

七段蓝色共阴数码管的选取：Place Indicator→
SEVEN_SEG_COM_K_BLUE（上方的 CK 表示共阴）。

电源和地：Place　Sources→VCC；

Place　Sources→DGND。

单刀双掷开关：Place　Basic→SWITCH→
SPDT（7 个）。

电阻：Place　Basic→RESISTOR→270Ω（7 个）。

共阴显示译码器 74LS48：Place　TTL→74LS→
74LS48。

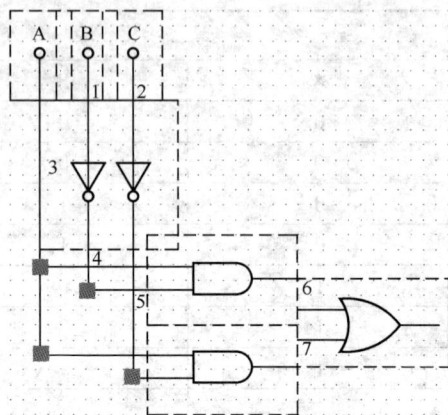

附图 A.5.9　单击表达式后得到的电路图

2. 连接电路

按照合适的原理图连线，如附图 A.5.10 所示。

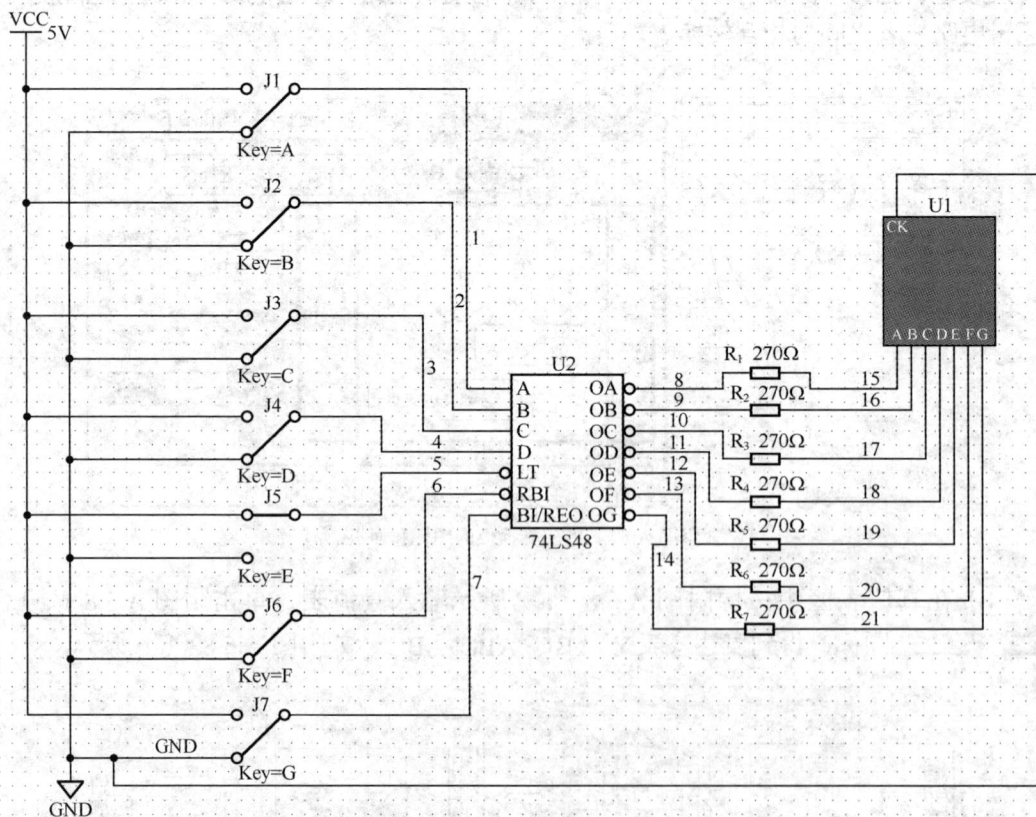

附图 A.5.10　74LS48 显示译码仿真图

3. 仿真结果分析

开关 A、B、C、D 为数据代码输入，输入代码为 BCD 码 0000～1001，即对应十进制数 0～9；开关 E、F、G 分别接 74LS48 的控制端，正常显示数字时，接高电平 VCC。附图 A.5.11（a）、附图 A.5.11（b）为仿真过程中显示的数字"0"和"7"，其他数字的仿真结果亦与真值表是一一对应的。

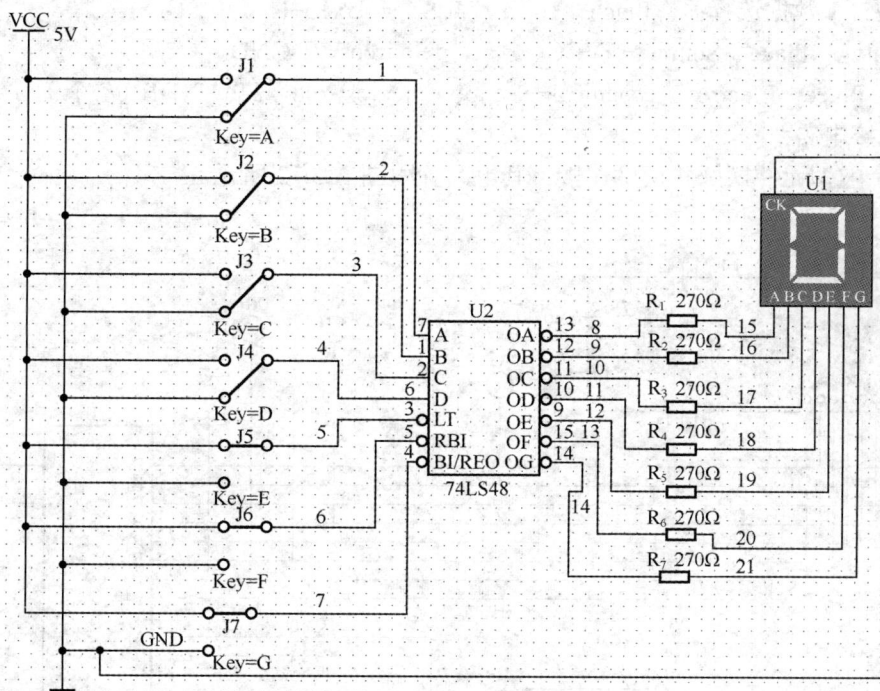

（a）数字"0"

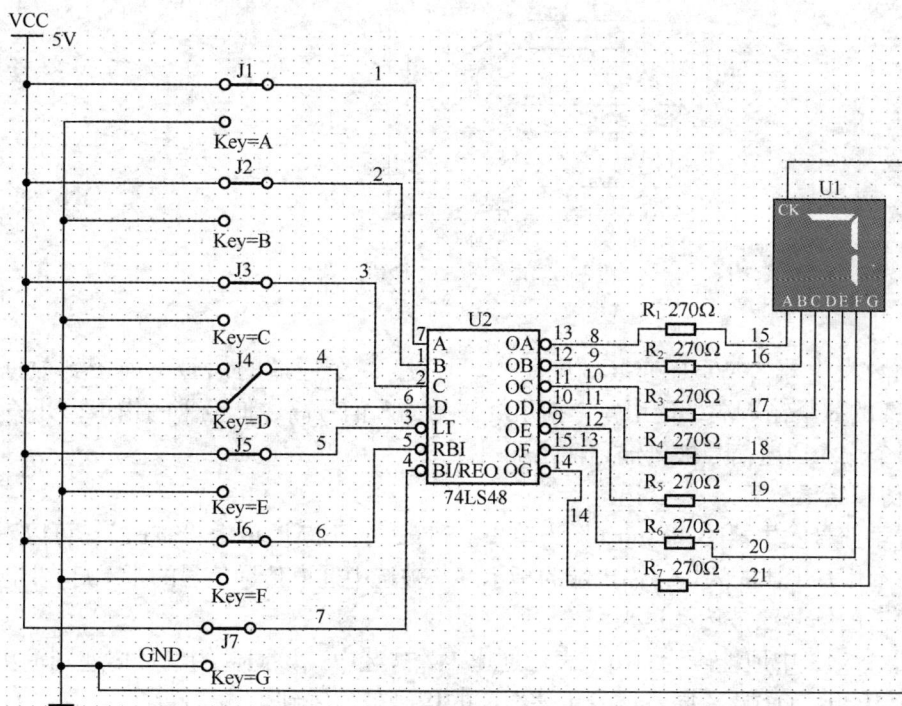

（b）数字"7"

附图 A.5.11　74LS48 仿真部分结果

A.5.5　数据选择器电路仿真

1. 元件清单和选取途径

74LS151N 数据选择器：Place　TTL→74LS→74LS151N。

电源和地：Place　Sources→VCC、Place　Sources→DGND。

开关：Place　Electro_Mechanical→SupplyEmentory_co→SPDT_DB（7个）。

2. 连接电路

将各个虚拟元件摆好并正确连接，其电路如附图 A.5.12 所示。

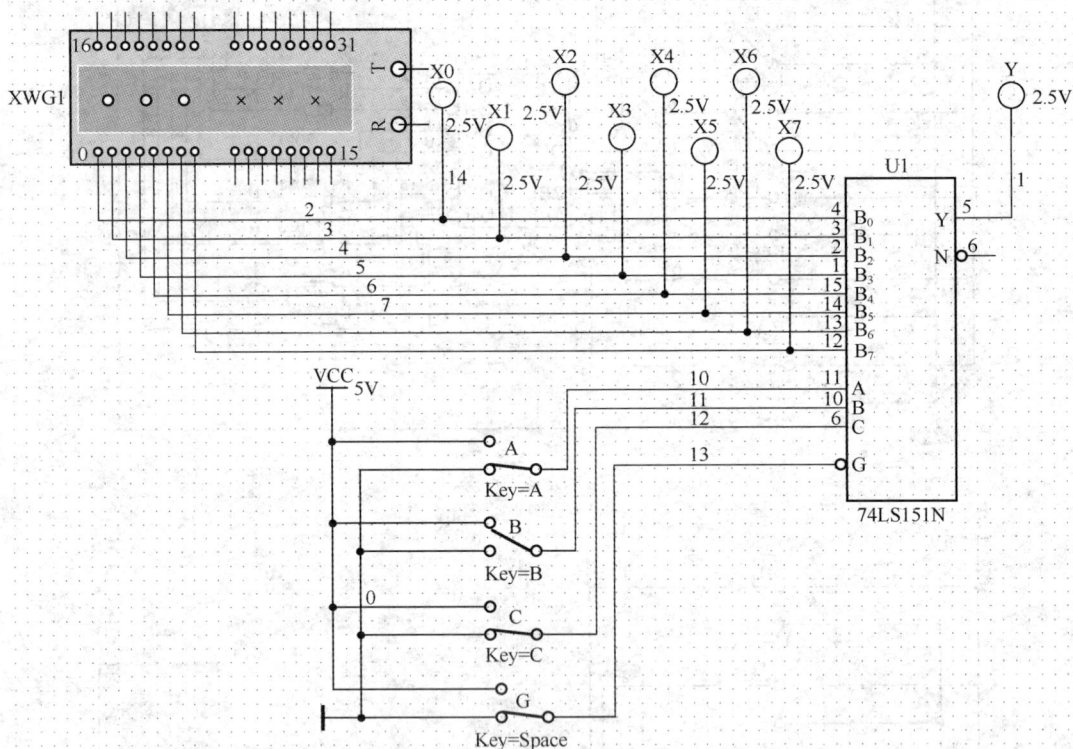

附图 A.5.12　74LS151N 仿真电路

字函数发生器 XWG1 连接到电路中，产生 8 个通道的信号，连接到数据选择器 74LS151N 的 8 个输入端，选用 8 个指示灯作为输入信号高、低电平的指示；开关 A、B、C 决定哪个输入通道信号被传输到输出端。

3. 仿真结果分析

设置字信号发生器中 "control" 为单步 "STEP"，不断地单击 "STEP"，可以看见输入端 8 个指示灯有规律的闪烁，输出端的指示灯与被选中通道传递信号的指示灯在同步闪烁，表明该通道的信号已被传递过来。

附图 A.5.13 中地址码为 010，表示通道 D2 被选中，该通道的信号传递到输出端，指示灯 X2 与输出指示端 Y 同步，表示该通道的信号被传输到了输出端。

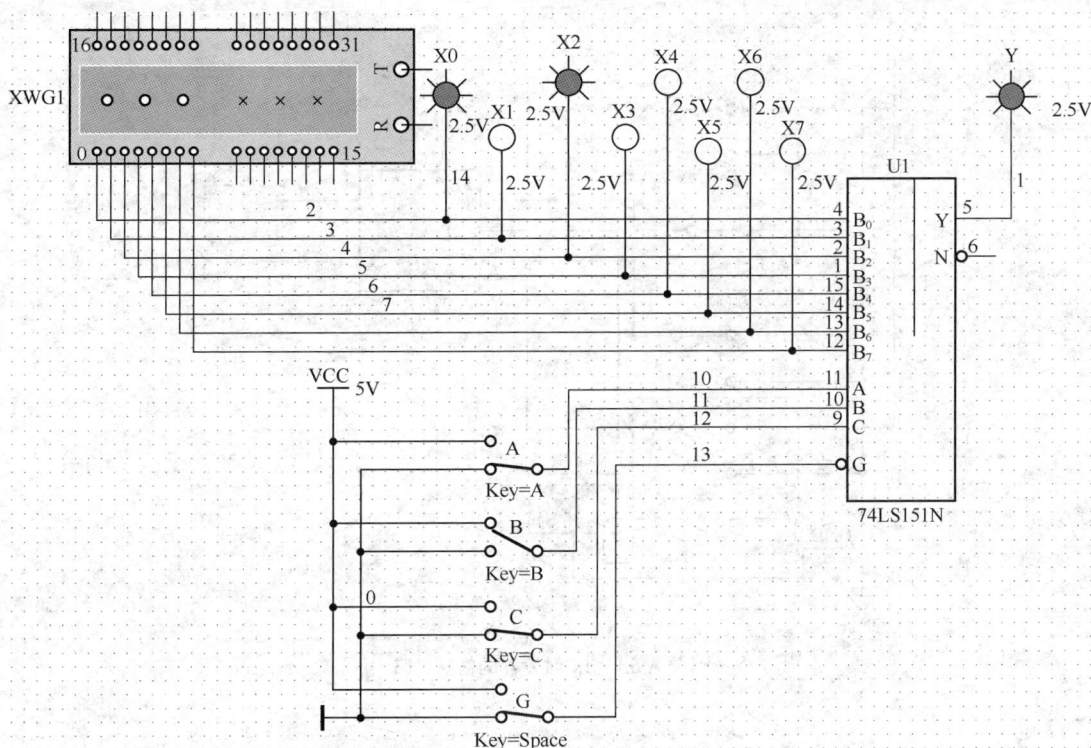

附图 A.5.13　74LS151N 仿真结果

A.6　触发器仿真实例

A.6.1　JK 触发器 CD4027 的功能仿真

1. 元件清单和选取途径

JK 触发器 CD4027：Place　CMOS→CMOS_5V→4027BT_5V。

电源和地：Place　Sources→VCC、Place　Sources→DGND。

单刀双掷开关：Place　Basic→SWITCH→SPDT。

输出指示灯的选取：Place Indicator→PROBE→PROBE_BLUE。

函数信号发生器：单击图虚拟仪器图标 ▦ 即可。

2. 连接电路

将各个元件摆放好，并连接好线路，如附图 A.6.1 所示。设置函数信号发生器产生频率为 1Hz 的方波信号。

3. 仿真结果分析

由附图 A.6.1 可以看出 JK 触发器的异步置位端 SD 为高电平"1"，异步复位端 RD 为低电平"0"时，异步置位有效，此时输出 Q 端为高电平，蓝色指示灯亮，即触发器为稳态 1，对照 JK 触发器的功能表，符合要求。其他状态的仿真可逐一改变开关的状态，即改变该触发器的输入状态，验证其功能。

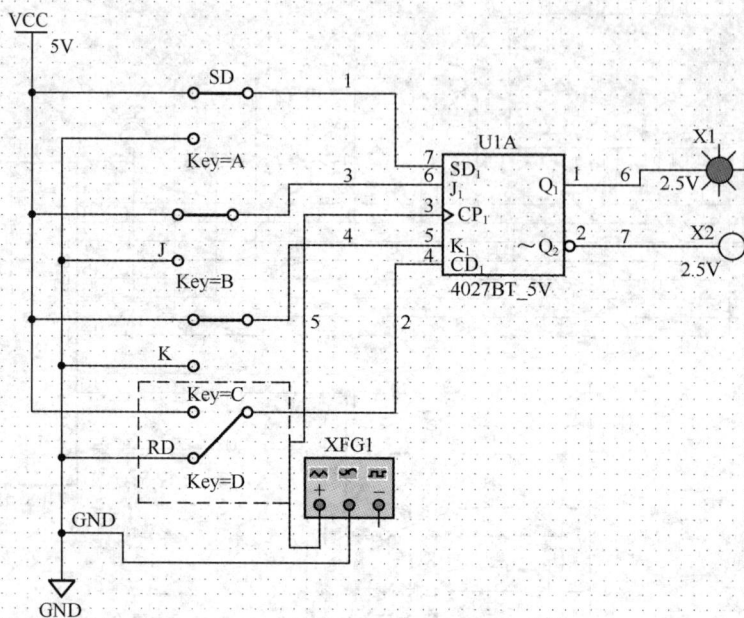

附图 A.6.1　JK 触发器的仿真电路

A.6.2　四路抢答器的仿真测试

1. 要求

设计一个四路抢答器，要求如下。

（1）接通电源以后，所有发光二极管都不亮。

（2）按下按键中的任意一个，对应的发光二极管亮。

（3）松开该按键，该发光二极管继续亮，这时按下其他按键，其他发光二极管不亮。

（4）再按下复位按键，则重新抢答开始。

2. 元件清单和选取途径

8D 锁存器 74LS373 N：Place　TTL→74LS→74LS373N。

2-4 输入与非门 74LS20：Place　TTL→74LS→74LS20N。

电源和地：Place　Sources→VCC；

　　　　　Place　Sources→DGND。

按键开关：Place　Electro_Mechanical→MOMENTARY_SWITCHES→PB _NO。

发光二极管的选取：Place　Diodes→LED→PROBE _BLUE。

电阻：Place　Basic→RESISTOR→1kΩ（4 个）。

电阻：Place　Basic→RESISTOR→10kΩ（1 个）。

电阻：Place　Basic→RESISTOR→360Ω（4 个）。

3. 连接电路

将各个元件按照正确的位置摆放好，并连接好线路，如附图 A.6.2 所示。

4. 仿真结果分析

附图 A.6.2 中 LED$_4$ 灯亮，是因为仿真时按下了按键 J4，表示有一路 J4 抢答成功，此时它对应的灯 LED₄ 亮。图中万用表的作用是辅助测试发光二极管阴极的电压值。此时测得电压值为 3.34V，而不亮时其阴极对应的电压为 4.5V。

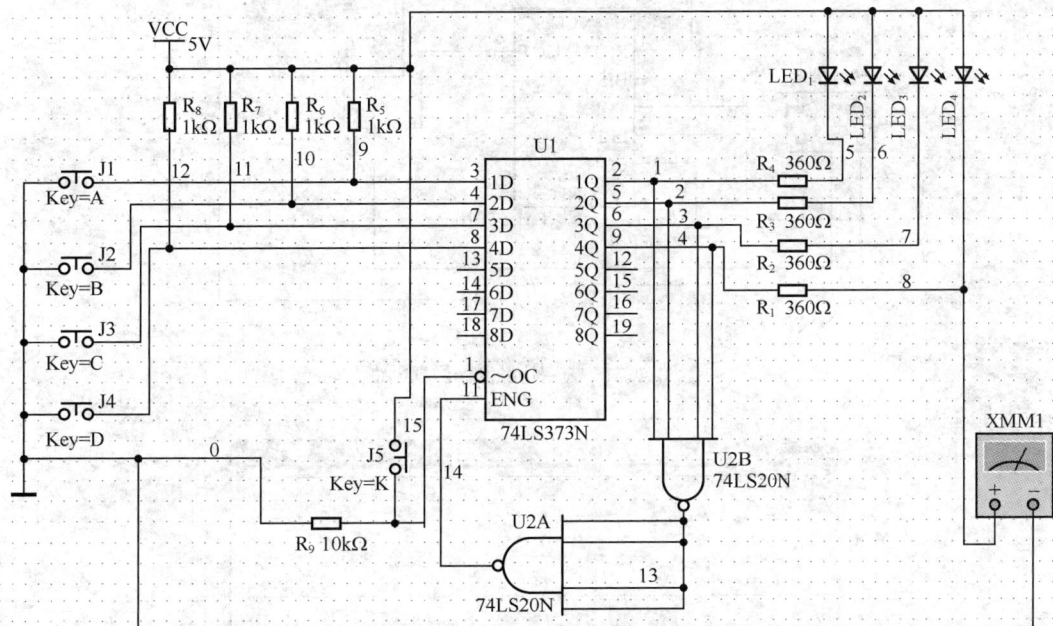

附图 A.6.2 四路抢答器仿真图

A.7 集成 555 定时器仿真实例

A.7.1 施密特触发器电路

1. 元件、仪器清单和选取途径

电源和地：Place Sources→VCC；

                Place Sources→GND。

电容：Place Basic→CAPACITOR→100nF（1 个）。

555 定时器的选取：Place Basic→Mixed→TIMER→LM555CN。

函数信号发生器（产生正弦波信号）：单击虚拟仪器中的函数信号发生器图标 ▦。

四通道示波器（用于观察电路的波形）：单击虚拟仪器中的四通道示波器图标 ▦。

2. 连接电路

将各个元件按照正确的位置摆放好，并连接好电路图，如附图 A.7.1 所示。

3. 仿真结果分析

仿真结果如附图 A.7.2 所示。从图中可以看出输入为三角波信号，输出即整形为矩形波。用示波器测得阈值电压 $U_+=3.29$V，$U_-=1.57$V，回差电压 $\Delta U=1.72$V。

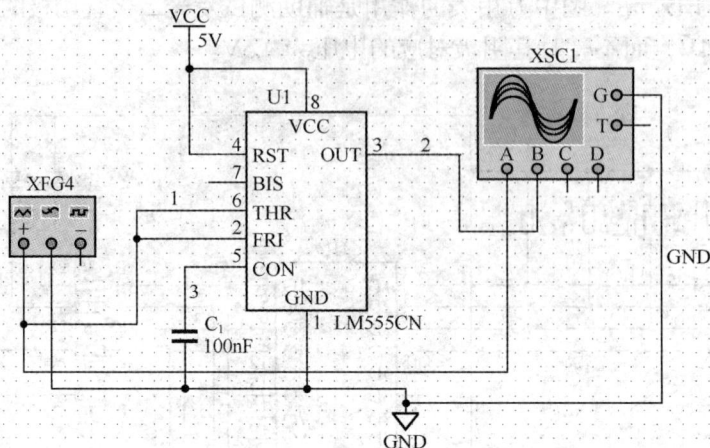

附图 A.7.1　施密特触发器仿真电路

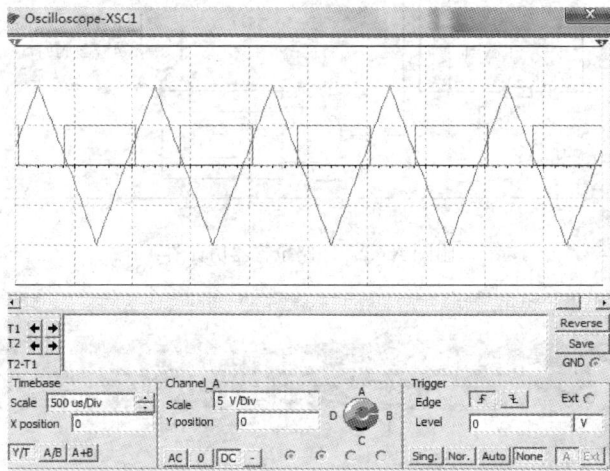

附图 A.7.2　施密特电路输出和输入仿真波形

A.7.2　单稳态电路仿真

接近开关以 555 定时器为核心组成单稳态触发电路。人体接近或触摸金属板电极时，由于感应信号，555 定时器被触发，输出一个单稳态脉冲，处于等待触发状态。本仿真中 555 定时器的触发端 2 脚接脉冲信号源，模拟人体触摸金属板，输出端用示波器来检测波形（也可用一个发光二极管来做指示元器件）。

1. 元件清单和选取途径

电源和地：Place　Sources→VCC；

　　　　　Place　Sources→GND。

电容：Place　Basic→CAPACITOR→10nF。

电阻：Place　Basic→RESISTOR→100Ω。

电阻：Place　Basic→RESISTOR→70.45kΩ。

555 定时器的选取：Place　Basic→Mixed→Mixed_VIRTUAL→555_VIRTUAL。

信号源的选取：Place　Sources→SIGNAL_VOLTAGE_SO→PULSE_VOLTAGE。

四通道示波器：单击虚拟仪器图标 ▦ 即可。

2. 连接电路

将各个元件按照正确的位置摆放好，并连接好线路。单击信号源周期为 "Period=1ms，pulse width=90μs，intial value=12V，pulse value=0V"，555 定时器的电源电压设置为 12V，四通道示波器的 A 通道获得 555 定时器的输出信号 u_o，B 通道获得信号源的信号 u_i，C 通道获得电容端的信号 u_c。仿真电路如附图 A.7.3 所示。

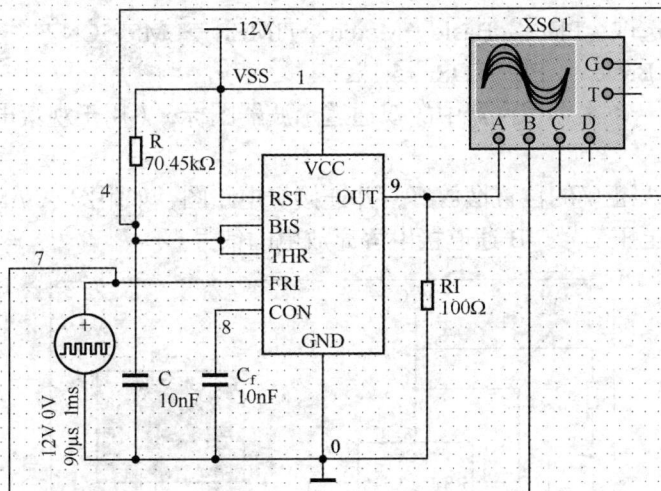

附图 A.7.3   单稳态仿真电路

3. 仿真结果分析

仿真电路的波形如附图 A.7.4 所示，从示波器的波形来看，输入信号 u_i 为负脉冲时，电容充电，此时 555 定时器输出为高电平，处于单稳态状态；电容放电结束时，555 定时器输出低电平，为稳定状态，等待再次的负脉冲触发。

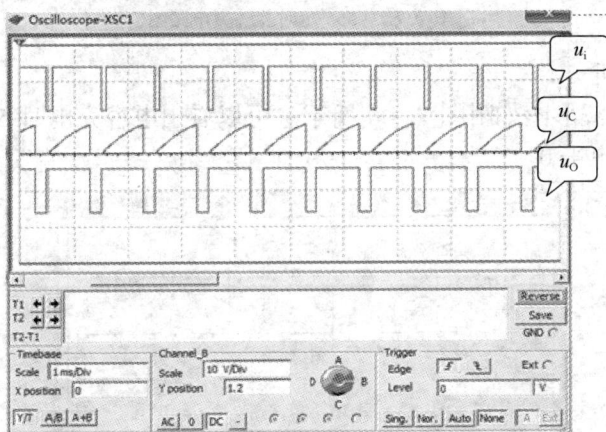

附图 A.7.4   仿真电路的波形

单稳态时间理论计算：

$$T_w=1.1RC=1.1R_2C_1=1.1 \times 70.45 \times 10μs =774.95μs。$$

从其仿真电路波形得到 $T_w =782.1μs$，两者数值基本一致。

A.7.3 多谐振荡器仿真

1. 元件、仪器清单和选取途径

电源和地：Place Sources→VCC；

Place Sources→GND。

电容：Place Basic→CAPACITOR→100nF（1个）；

Place Basic→CAPACITOR→10nF（1个）。

555定时器的选取：Place Basic→Mixed→TIMER→LM555CN。

电阻：Place Basic→RESISTOR→5.1kΩ。

双通道示波器：单击虚拟仪器中的双通道示波器图标（用于观察电路的波形）。

2. 连接电路

将各个元件按照正确的位置摆放好，并连接好电路图，如附图A.7.5所示。A通道接555定时器的输出电压信号，B通道接电容充放电的信号。

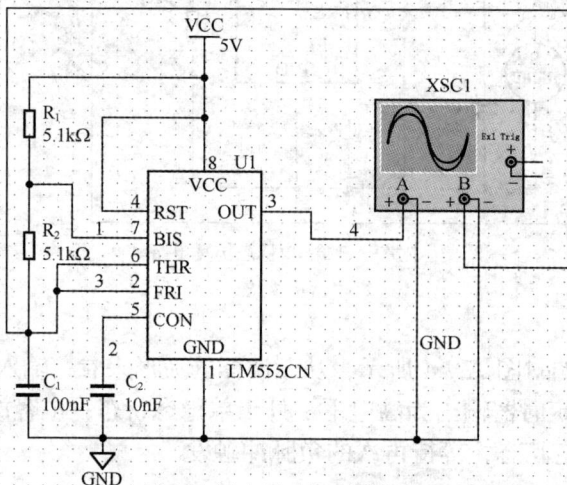

附图 A.7.5 555定时器仿真电路图

3. 仿真结果分析

仿真结果对应的波形图如附图A.7.6所示。可以看出电容充电时555定时器输出高电平1，放电时输出低电平0。

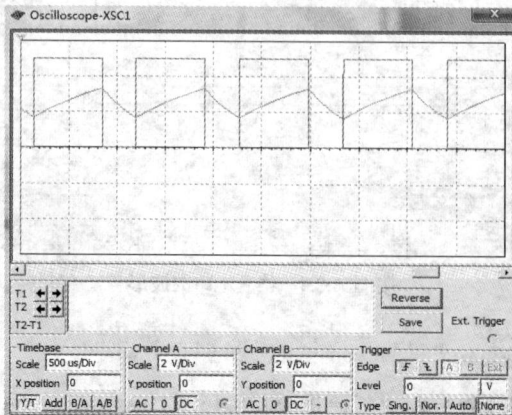

附图 A.7.6 多谐振荡电路输出仿真波形

设充电的时间为 T_1，放电的时间为 T_2。用示波器测得 T_1= 713μs，T_2=350μs；理论计算得到 T_1=714μs，T_2= 357μs。两者数字基本一致。

A.7.4　救护车警笛电路仿真

本仿真用 2 个 555 定时器构成多谐振荡器，其中一个 555 定时器产生低频信号，来调制另一个 555 定时器产生高频的救护车警笛电路。

1. 元件、仪器清单和选取途径

电源和地：Place　Sources→VCC；

Place　Sources→GND。

电容：Place　Basic→CAPACITOR→100nF（1 个）；

Place　Basic→CAPACITOR→10nF（1 个）。

Place　Basic→CAPACITOR→1nF（1 个）。

Place　Basic→CAPACITOR→2nF（1 个）。

电阻：Place　Basic→RESISTOR→5.1kΩ（3 个）。

Place　Basic→RESISTOR→10kΩ（1 个）。

555 定时器的选取：Place　Basic→Mixed→TIMER→LM555CN（2 个）。

双通道示波器（用于观察电路的波形）：单击虚拟仪器中的双通道示波器图标。

2. 连接电路

将各个元件按照正确的位置摆放好，并连接好电路图，如附图 A.7.7 所示。

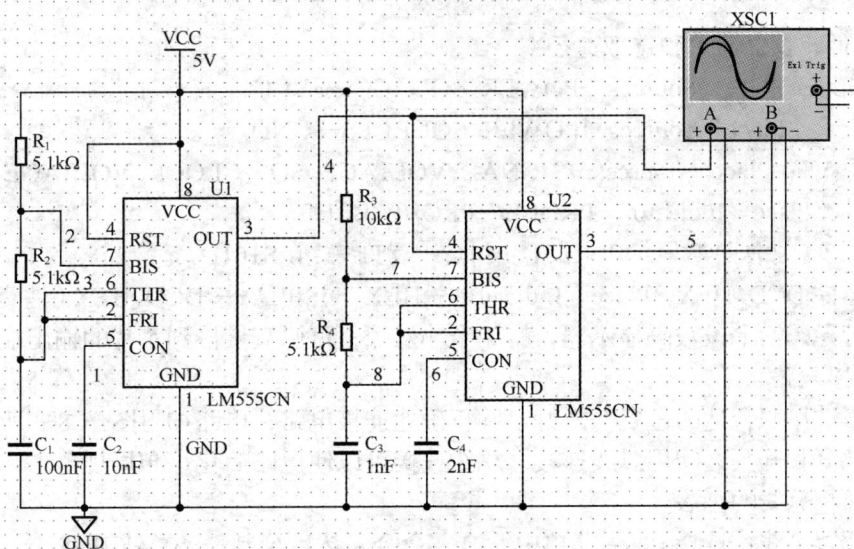

附图 A.7.7　救护车警笛仿真电路

调节定时元件 R_1、R_2、C_1 使第一个 555 定时器输出的振荡频率为低频，调节 R_3、R_4、C_2 使第二个 555 定时器输出的振荡频率为受第一个 555 定时器的调制。由于低频振荡器的输出端接到了高频振荡器的复位端，所以当 U1 的输出电压为高电平时，振荡器 U2 工作；而 U1 的输出电压为低电平时，振荡器 U2 停止工作；此时若输出接扬声器则会发出"呜……呜……"的响声。

3. 仿真结果分析

仿真结果如附图 A.7.8 所示，可见第一个 555 定时器输出高电平器件，第二个 555 定时器振荡；第一个 555 定时器输出低电平器件，第二个 555 定时器不工作为低电平，仿真结果符合预先的分析。

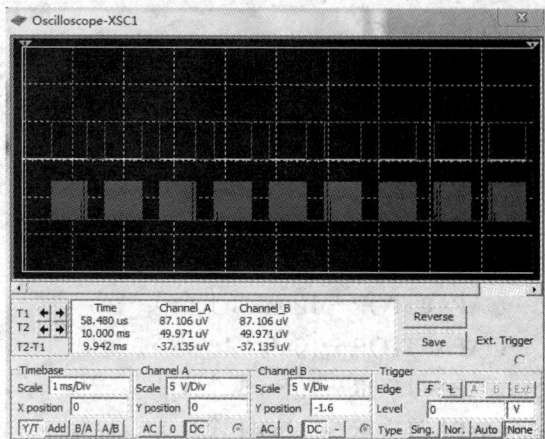

附图 A.7.8　报警器仿真波形

A.8　时序逻辑电路仿真实例

A.8.1　4 位二进制计数器 74LS161 的功能仿真

1. 元件、仪器清单和选取途径

电源和地：Place　Sources→POWER_SOURCES→VCC；

　　　　　　Place　Sources→POWER_SOURCES→GND。

信号源 V1：Place　Sources→SIGNAL_VOLTAGE_SO→CLOCK_VOLTAGE。

指示灯：Place　Indicator→PROBE→PROBE_BLUE。

4 位二进制加法计数器 74LS161D：Place　TTL→74LS161D。

显示器件 DCD_HEX：Place　Indicators→HEX_DISPLAY→DCD_HEX（注意：该显示器内部自带译码的七段数码显示器，有 4 个输入端，可以直接接到芯片的输出端）。

2. 连接电路

将元器件按照合适的位置摆放好，并正确地连接电路，电路如附图 A.8.1 所示。该电路中输入部分和开关之间用总线连接，总线连接可以使电路简化，布局规范。

下面介绍总线的画法。

（1）放置总线：选择 Place 菜单中的 Bus 命令，然后绘制一条总线 BUS。

（2）再将电源 VCC 和地 GND 接至总线，出现总线设置对话框，将连接值总线的导线分别命令为 VCC 和 GND。

（3）再分别将开关对应的端子接至总线上，在对应的端子上选择 VCC 或者 GND，则电路图上就会出现连接好的标注符号。

3. 仿真结果分析

从附图 A.8.1 看出仿真结果显示为"C"，对应二进制数为 1100，即十进制数值 12，此时计数器 74LS161D 处于正常计数状态，可计数范围为 0～F 的数值。1Hz 方波信号脉冲接在 CLK 端，下降沿有效。

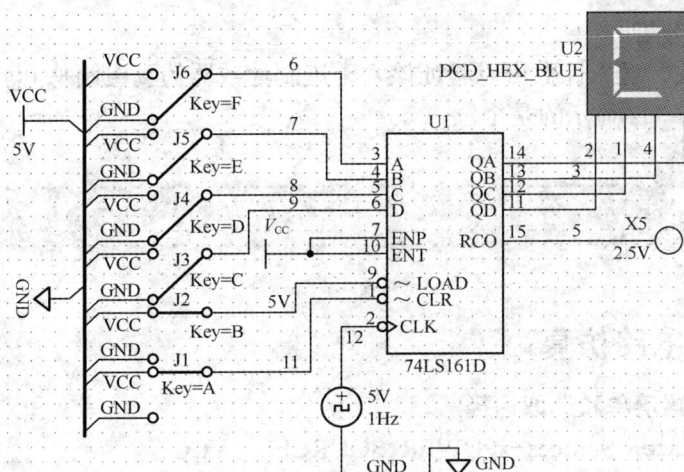

附图 A.8.1　74LS161D 功能仿真图

A.8.2　六十进制计数器的仿真电路

六十进制计数器的构成可以用一个六进制和一个十进制级联，串联构成六十进制计数器，计数范围为 00～59。

1．元器件清单

电源和地：Place　Sources→POWER_SOURCES→VCC；

Place　Sources→POWER_SOURCES→GND。

8421BCD 码十进制计数器芯片：Place　CMOS→CMOS_5V—4518BD_5V。

与门芯片 74LS04D：Place　TTL—74LS—74LS08D。

信号源 V1：Place　Sources→SIGNAL_VOLTAGE_SO→CLOCK_VOLTAGE。

2．连接电路

将元器件按照合适的位置摆放好，并正确地连接电路，电路如附图 A.8.2 所示。电路中 U2A 做十位计数器，U2B 做个位计数器。

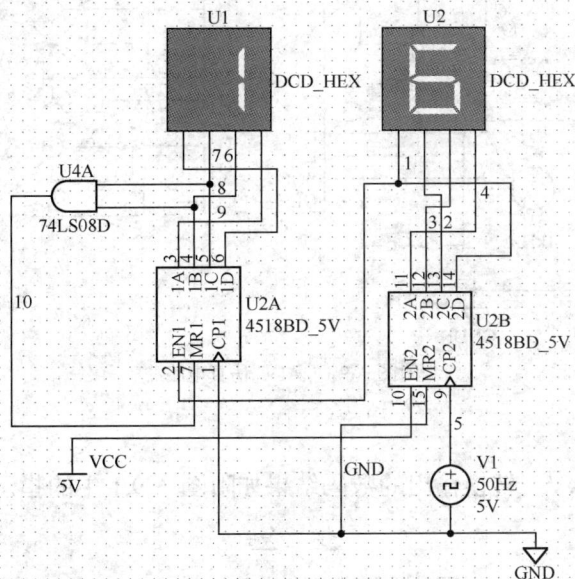

附图 A.8.2　六十进制仿真电路

3. 仿真结果分析

打开仿真开关，送入计数可以验证该六十进制计数器仿真电路从 00～59 循环计数。U1 显示的是十位，U2 显示的是个位。

A.9 模/数、数/模转换器仿真实例

A.9.1 ADC 电路仿真

1. 元件、仪器清单和选取途径

电源和地：Place　Sources→POWER_SOURCES→VCC；

　　　　　　Place　Sources→POWER_SOURCES→GND。

信号源 V1：Place　Sources→SIGNAL_VOLTAGE_SO→CLOCK_VOLTAGE。

电位器 R1：Place　Basic→POTENTIONMETER→1kΩ。

8 位 ADC：Place　Mixed→ADC_DAC→ADC。

指示灯：Place　Indicator→PROBE→PROBE_BLUE。

单刀双掷开关：Place　Electro_Mechanical→SupplyEmentory_co→SPDT_DB。

2. 连接电路

将元器件按照合适的位置摆放好，并正确地连接电路，电路如附图 A.9.1 所示。该仿真电路中的 8 位 ADC 中对应引脚的含义如下：V_{REF}^{+} 和 V_{REF}^{-} 的差是 ADC 的满度电压，V_{IN} 是通过电位器 R1 调节的模拟电压端，SOC 是时钟脉冲端，OE 是使能端，当 OE 由低至高，发出转换命令，就可以通过指示灯的亮灭来看见数码的转换。

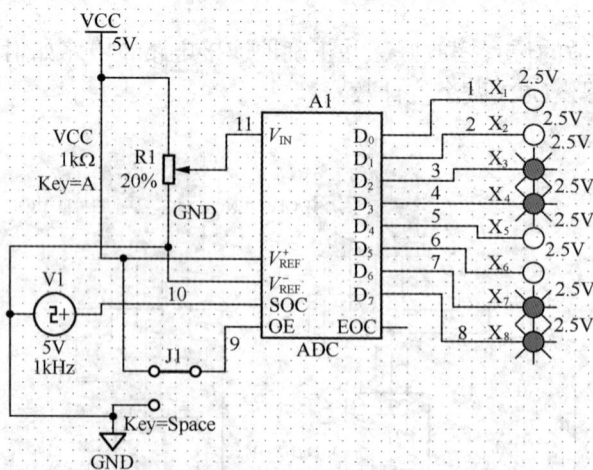

附图 A.9.1　ADC 仿真电路

3. 仿真结果分析

当前输入电压为 4V，转换输出的数码结果如附图 A.9.1 中的指示灯指示，则

$$\frac{U_{\text{in}}}{U_{\text{m}}} = \frac{C_{\text{in}}}{C_{\text{m}}}$$

其中 $U_{\text{m}}=5V$，U_{in} 代表输入的模拟电压，U_{m} 代表输满度电压，C_{m} 代表该 ADC 能够转化的

最大数码，C_{in} 代表该 ADC 输入电压转化的最大数码。

代入则：

$$\frac{4}{5} = \frac{C_{in}}{255}$$

$$C_{in} = 204$$

十进制数 204 转换为二进制数为 11001100，与附图 A.9.1 的指示灯的结果一致。

A.9.2 D/A 仿真

倒 T 型电阻网络 DAC 电路仿真。

1. 元件、仪器清单和选取途径

电源和地：Place　Sources→POWER_SOURCES→VCC；

　　　　　　　Place　Sources→POWER_SOURCES→GND。

电位器：Place　Basic→POTENTIONMETER→1kΩ。

电位器：Place　Basic→POTENTIONMETER→2kΩ。

单刀双掷开关：Place　Electro_Mechanical→SupplyEmentory_co→SPDT_DB。

虚拟运放：Place　Analog→Analog_VIRTUCAL→OPAMP_3T_VIRTUAL。

直流电压表 U1：Place　Indicators→VOLTMETER_H。

直流电流表 U2 等：Place　Indicators→AMMETER_H。

2. 连接电路

将元器件按照合适的位置摆放好，并正确地连接电路，如附图 A.9.2 所示。分别改变模拟开关的状态，进行仿真实验，将仿真数据填在附表 A.9.1 中。

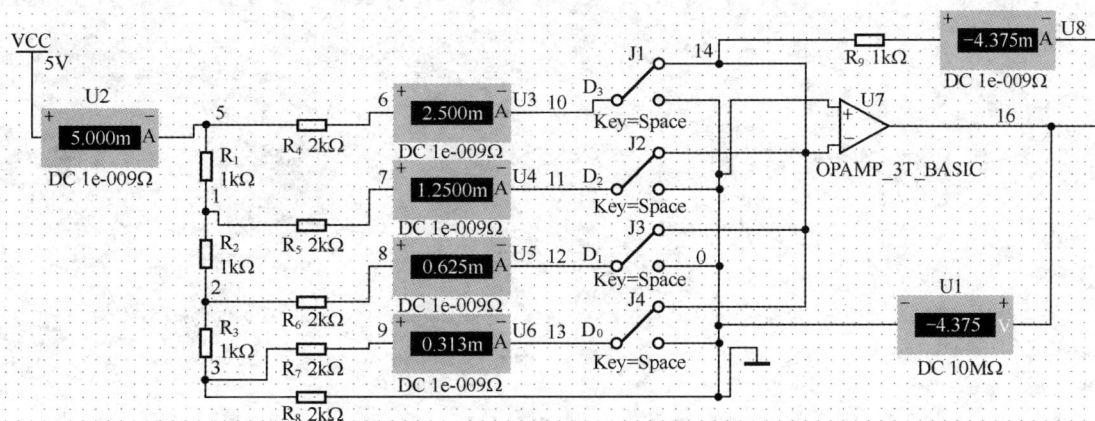

附图 A.9.2　4 位倒 T 型电阻网络 DAC

3. 仿真结果

分析电路的原理得到输出电压的表达式：

$$U = -\frac{U_{REF}}{2^n}\left(2^3 D_3 + 2^2 D_2 + 2^1 D_1 + 2^0 D_0\right)$$

其中参考电压 $U_{REF}=5V$，改变 D_3、D_2、D_1、D_0 的值就可以改变输出电压的值，在附表 A.9.1 列出了仿真时改变 4 个开关状态时对应输出电压的数值，可以看出仿真的结果和上式的理论值是一一对应的。

附表 A.9.1 　　　　　　　　　　　DAC 仿真测试数据

开关状态				输出电压 U/V	开关状态				输出电压 U/V
D_3	D_2	D_1	D_0		D_3	D_2	D_1	D_0	
0	0	0	0	0	1	0	0	0	2.500
0	0	0	1	0.312	1	0	0	1	2.813
0	0	1	0	0.625	1	0	1	0	3.125
0	0	1	1	0.936	1	0	1	1	3.438
0	1	0	0	1.250	1	1	0	0	3.750
0	1	0	1	1.563	1	1	0	1	4.063
0	1	1	0	1.875	1	1	1	0	4.375
0	1	1	1	2.188	1	1	1	1	4.688

附录 B 课程习题库

一、填空题

1. 二进制数的基数是（ ），二进制数的码元为（ ）和（ ），其进位关系是（ ）进一。

2. BCD 码是用（ ）位二进制数码来表示（ ）位十进制数。

3. 在计算机内部，只处理二进制数，二进制数的数码有（ ）、（ ）两个，写出从（00）$_B$、依次加 1 的所有 2 位二进制数（ ）。

4. （B1）$_H$ = （ ）$_B$ = （ ）$_O$ = （ ）$_{8421BCD}$ = （ ）$_D$

（A6）$_H$ = （ ）$_B$ = （ ）$_O$ = （ ）$_D$

（3A）$_H$ = （ ）$_B$ = （ ）$_D$

（127）$_{10}$ = （ ）$_2$ = （ ）$_{8421BCD}$

（1101）$_B$ = （ ）$_H$ = （ ）$_O$ = （ ）$_D$

= （ ）$_{8421BCD}$

（4A）$_H$ = （ ）$_B$ = （ ）$_O$ = （ ）$_D$

= （ ）$_{8421BCD}$

5. （317）$_O$ = （ ）$_H$ = （ ）$_B$ = （ ）$_D$。

6. 已知逻辑函数 $Y = \overline{\overline{AB} \cdot \overline{CD}}$，不变换逻辑表达式，用（ ）个（ ）门可以实现其逻辑功能；$Y = \overline{\overline{A+B} + \overline{C+D}}$，不变换逻辑表达式，用（ ）个（ ）门可以实现其逻辑功能。

7. 逻辑函数的表达方式有（ ）、（ ）、（ ）。

8. 三种基本逻辑关系是（ ）逻辑、（ ）逻辑和（ ）逻辑。完成"有 0 出 0，全 1 出 1"的逻辑关系是（ ）。

9. 请补充以下逻辑代数法则：

$A \cdot 1 = $（ ） $A \cdot \overline{A} = $（ ） $\overline{\overline{A}} = $（ ）

$A + \overline{A}B = $（ ） $\overline{A + B + C} = $（ ） $\overline{ABC} = $（ ）

$\overline{AB + \overline{AB}} = $（ ） $A \cdot 0 = $（ ） $A + 0 = $（ ）

$A \cdot A = $（ ）

10. 5 个变量可构成（ ）个最小项，全体最小项之和为（ ）。

11. 4 个变量可构成（ ）个最小项，全体最小项之和为（ ）。

12. 逻辑函数 $F = \overline{A}B + BC$ 的最小项之和表达式为（ ）。

13. 使函数 $Y = A \cdot \overline{B} \cdot \overline{C}$ 为 1 的 A、B、C 的值分别为（ 、 、 ）。

14. 完成下列逻辑运算：

$1 + 0 + \overline{0} \cdot 1 = $（ ）； $\overline{0 \cdot 1} + \overline{1} \cdot 0 + 1 \cdot 1 = $（ ）

$(0+\overline{0}) \cdot (1+\overline{0 \cdot \overline{1}}) = ($ $)$; $1 \cdot \overline{1} \cdot (0+\overline{0}) = ($ $)$

15. 请写出附表 B.1 中所示门电路符号对应的表达式及门电路名称。

附表 B.1   填空题 15 表

电 路 符 号	表 达 式	名 称
A B —&— Y		
A B —≥1— Y		
A B —&∘— Y		
A B —≥1∘— Y		
A B —1∘— Y		
A B —=1— Y		
A B —=1∘— Y		

16. 电路逻辑符号如下所示。

（1）若附图 B.1（a）和附图 B.1（b）为 CMOS 集成门电路。欲将其作为非门使用，实现 $Y = \overline{A}$ 功能，则附图 B.1（a）中引脚 B 的处理方法有（   ），附图 B.1（b）中引脚 B 的处理方法有（   ）。

（2）附图 B.1（c）所示逻辑门电路为（   ），其表达式为（   ）。

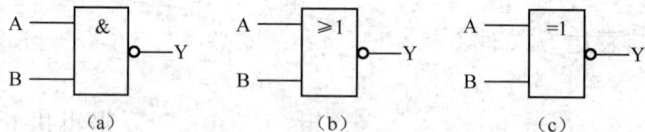

附图 B.1   填空题 16 图

17. 已知逻辑函数 $Y = \overline{AB} + \overline{CD}$，不变换逻辑表达式，用（   ）个（   ）门可以实现其逻辑功能。

18. 2004 个 1 异或起来得到的结果是（   ），2014 个 1 同或起来得到的结果是（   ）。

19. 三态门电路的输出有（   ）、（   ）、（   ）3 种状态。

20.（   ）是构成组合逻辑电路的基本单元，（   ）是构成时序逻辑电路的基本单元。（   ）电路的输出状态不仅取决于当前的输入，还与电路原来的状态有关，即具有记忆功能。

21. 写出下列触发器的特性方程：

D 触发器（   ）；JK 触发器（   ）；

T 触发器（   ）；基本 RS 触发器（   ）。

22. RS 触发器具有（   ）、（   ）和（   ）逻辑功能；D 触

发器具有（　　　　）和（　　　　　）逻辑功能；JK 触发器具有（　　　　）、（　　　　）、（　　　　）和（　　　　）等逻辑功能；T 触发器具有（　　　）和（　　　　）等逻辑功能。

23. （　　　　　　）是构成组合逻辑电路的基本单元，（　　　　　　）是构成时序逻辑电路的基本单元。

24. 常用的半导体数码管有两种接法：共（　　　　）接法和共（　　　　）接法。

25. 一个 JK 触发器有（　　　　）个稳态，它可存储（　　　　）二进制数。

26. 3 位二进制加法计数器最多能累计（　　　）个脉冲。若要记录 6 个脉冲，需要（　　　）个触发器。

27. 3 位二进制加法计数器最多能累计（　　　　）个脉冲；若要记录 20 个脉冲，至少需要（　　　　）个触发器。

28. 施密特触发器有（　　　）个稳态，单稳态触发器有（　　　）个稳态，多谐振荡器有（　　　）个稳态。其中，不需要外接输入信号，加上直流电源就能自动产生矩形脉冲的电路是（　　　　　　）。

29. 555 定时器正常工作时，4 脚（$\overline{R}$）必须接（　　　　）电平。

30. 若对 36 个字符数进行编码，至少需要（　　　　）位二进制数。

31. （　　　　　）是构成组合逻辑电路的基本单元，（　　　　　）是构成时序逻辑电路的基本单元。（　　　　　）电路的输出状态不仅取决于当前的输入，还与电路原来的状态有关，即具有记忆功能。

32. 4 位二进制加法计数器最多能累计（　　　　）个脉冲；若要记录 17 个脉冲，至少需要（　　　）个触发器。

33. 边沿触发器分为（　　　）沿触发和（　　　　）沿触发两种。当 CP 从 1 到 0 跳变时触发器输出状态发生改变的是（　　　　）沿触发型触发器；当 CP 从 0 到 1 跳变时触发器输出状态发生改变的是（　　　　）沿触发型触发器。

34. 3 位二进制加法计数器最多能累计（　　　）个脉冲。若要记录 12 个脉冲，需要（　　　）个触发器。

35. 一个 JK 触发器有（　　　　）个稳态，它可存储（　　　　）二进制数。

36. 2 位二进制加法计数器最多能累计（　　　）个脉冲。若要记录 6 个脉冲，需要（　　　）个触发器。

37. 555 定时器电路是一种中规模集成定时器，外接一些阻容元件就可构成各种不同用途的脉冲电路。其中（　　　　）有一个稳定状态和一个暂稳态，（　　　　）有两个稳定状态、有两个不同的触发电平、具有回差特性，（　　　　　）没有稳定状态，只有两个暂稳态。

38. 555 定时器电路是一种中规模集成定时器，外接一些阻容元件就可构成各种不同用途的脉冲电路，如（　　　　）、（　　　　）和（　　　　）。

39. 555 集成定时器有（　　　）个触发输入端，（　　　）个输出端，当输出端为低电平时，说明高电平触发端电位（　　　）于 $\frac{2}{3}V_{cc}$，低电平触发端电位（　　　）于 $\frac{1}{3}V_{cc}$。

40. 用 555 定时器可以构成（　　　　）、（　　　　）和（　　　　）。

41. 施密特触发器可用于将三角波、正弦波及其他不规则信号变换成（　　　　）。

42. 在计算机内部，只处理二进制数，二进制数的数码有（　　　）、（　　　）两个，写出从（000）$_B$、依次加 1 的所有 3 位二进制数（　　　　　　）。

43. 数字电子电路通常分为（　　　　　　）和（　　　　　　）两大类，含有触发器的数字电路属于（　　　　　　）。

44. 常用逻辑门电路的真值表如附图 B.2 所示，则 F_1、F_2、F_3 分别属于何种常用逻辑门。则 F_1（　　　　　　）、F_2（　　　　　　）、F_3（　　　　　　）。

45. 触发器有（　　　　　　）个稳态，存储 8 位二进制信息需要（　　　　　　）个触发器。

46. 对于 JK 触发器的两个输入端，当输入信号相反构成时（　　　　　　）触发器，当输入信号相同构成时（　　　　　　）触发器。

47. 如果某计数器中触发器的状态是同时翻转的，这种计数器称为（　　　　　　）计数器，

48. n 进制计数器中的 n 表示计数器的（　　　　　　），最大计数值是（　　　　　　）。

49. 施密特触发器可用于将三角波、正弦波及其他不规则信号变换成（　　　　　　）。

50. 555 定时器电路是一种中规模集成定时器，外接一些阻容元件就可构成各种不同用途的脉冲电路。其中（　　　　　　）有一个稳定状态和一个暂稳态，（　　　　　　）有两个稳定状态、有两个不同的触发电平、具有回差特性，（　　　　　　）没有稳定状态，只有两个暂稳态。

A	B	F_1	F_2	F_3
0	0	1	1	0
0	1	0	1	1
1	0	0	1	1
1	1	1	0	1

附图 B.2　填空题 44 图

二、判断题

1. 在时间和幅值上都不连续的信号是数字信号，语音信号是数字信号。（　　　）

2. 二进制数整数的最低位后加一个 0，则加 0 后的二进制数是原数的 2^n 倍。（　　　）

3. 在数字电路中，用"1"和"0"表示两种状态，二者无大小之分。（　　　）

4. 因为逻辑表达式 $AB+C=AB+D$ 成立，所以 $C=D$ 成立。（　　　）

5. 一个 n 位的二进制数，其最高位的权是 2^{n-1}。（　　　）

6. 在数字电路中，逻辑"1"只表示高电平，逻辑"0"只表示低电平。（　　　）

7. 8421BCD、2421BCD、5421BCD 码中不全是属有权码。（　　　）

8. BCD 码即 8421 码。（　　　）

9. 在数字电路中，逻辑值 1 只表示高电平，0 只表示低电平。（　　　）

10. 逻辑变量的取值，1 比 0 大。（　　　）

11. 因为 $A(A+B)=A$，所以 $A+B=1$。（　　　）

12. 逻辑 0 只表示 0 V 电位，逻辑 1 只表示+5 V 电位。（　　　）

13. 因为 $A+AB=A$，所以 $AB=0$。（　　　）

14. 若两个函数具有不同的逻辑卡诺图，则两个逻辑函数必然不相等。（　　　）

15. 一个逻辑函数的真值表只有唯一的表示方式。（　　　）

16. 若两个函数具有不同的真值表，则两个逻辑函数必然不相等。（　　　）

17. 一个逻辑函数的最小项之和表达式及真值表都只有唯一的表示方式。（　　　）

18. 若两个函数具有不同的逻辑表达式，则两个逻辑函数必然不相等。（　　　）

19. 若两个函数具有相同的逻辑表达式，则两个逻辑函数必然相等。（　　　）

20. 异或函数和同或函数在逻辑上互为反函数。（　　　）

21. 三态门的 3 种状态分别为：高电平、低电平、低组态。（　　　）

22. 把与门的所有输入端连接在一起，把或门的所有输入端也连接在一起，所得到的两个门电路的输入、输出关系是一样的。　　　　　　　　　　　　　　　　　（　　）

23. 高、低电平是一个相对的概念，它和某点的电位不是一回事。　　　　　（　　）

24. 编码器是一种能将具有特定意义的信号编成二进制代码输出的组合逻辑电路。
　　　　　　　　　　　　　　　　　　　　　　　　　　　　　　　　　（　　）

25. 优先编码器的编码信号是相互排斥的，不允许多个编码信号同时输入。　（　　）

26. 二进制译码器相当于是一个最小项发生器，便于实现时序逻辑电路。　　（　　）

27. 对于任何一个确定的逻辑函数，其函数表达式和逻辑图的形式是唯一的。（　　）

28. 与非门的输入端加有低电平时，其输出端恒为高电平。　　　　　　　　（　　）

29. 优先编码器能对同时输入的两个或两个以上的信号按优先级别进行编码。（　　）

30. 当 TTL 与非门的输入端悬空时相当于输入为逻辑 1。　　　　　　　　　（　　）

31. D 触发器的特性方程为 $Q^{n+1}=D$，与 Q_n 无关，所以它没有记忆功能。　（　　）

32. 一个逻辑函数的最小项之和表达式及真值表都只有唯一的表示方式。　　（　　）

33. 通常将触发器"$Q=1,\overline{Q}=0$"的状态称为触发器的"1"态。　　　　　（　　）

34. 译码器是一种能将具有特定意义的信号编成二进制代码输出的组合逻辑电路。
　　　　　　　　　　　　　　　　　　　　　　　　　　　　　　　　　（　　）

35. D 触发器的特性方程为 $Q^{n+1}=D$，与 Q^n 无关，所以它没有记忆功能。（　　）

36. 组合逻辑电路任一时刻的输出不仅与该时刻输入有关，还取决于该时刻以前的状态。　　　　　　　　　　　　　　　　　　　　　　　　　　　　　　　　（　　）

37. 通常将触发器"$\overline{Q}=1,Q=0$"的状态称为触发器的"1"态。　　　　　（　　）

38. D 触发器的特性方程为 $Q^{n+1}=D$，与 Q^n 无关，所以它没有记忆功能。（　　）

39. 时序电路任一时刻的输出不仅与该时刻输入有关，还取决于该时刻以前的状态。
　　　　　　　　　　　　　　　　　　　　　　　　　　　　　　　　　（　　）

40. 对边沿 JK 触发器，在时钟信号为高电平期间，当 J=K=1 时，状态会翻转一次。
　　　　　　　　　　　　　　　　　　　　　　　　　　　　　　　　　（　　）

41. 全加器就是两个半加器的组合。　　　　　　　　　　　　　　　　　　（　　）

42. 对边沿 JK 触发器，在时钟信号上升沿或者下降沿的时刻，当 J=K=1 时，状态会翻转一次。　　　　　　　　　　　　　　　　　　　　　　　　　　　　　　（　　）

43. 组合电路不含有记忆功能的器件。　　　　　　　　　　　　　　　　　（　　）

44. 时序电路不含有记忆功能的器件。　　　　　　　　　　　　　　　　　（　　）

45. 同步时序电路由组合逻辑电路和存储器两部分组成。　　　　　　　　　（　　）

46. 各种触发器之间不能相互转换。　　　　　　　　　　　　　　　　　　（　　）

47. 触发器有两个状态，一个是稳态，一个是暂稳态。　　　　　　　　　　（　　）

48. 同步 RS 触发器只有在 CP=1 期间，才依据 R、S 信号的变化来改变输出的状态。
　　　　　　　　　　　　　　　　　　　　　　　　　　　　　　　　　（　　）

49. 异步和同步加法计数器的计数脉冲都是从最低位触发器的 CP 脉冲输入端输入的。
　　　　　　　　　　　　　　　　　　　　　　　　　　　　　　　　　（　　）

50. 用 555 定时器构成的多谐振荡器的占空比不能调节。　　　　　　　　　（　　）

51. D 触发器的特性方程为 $Q^{n+1}=D$，与 Q^n 无关，所以它没有记忆功能。（　　）

52. 555 定时器有两个阈值，分别为 $\frac{1}{2}V_{CC}$ 和 $\frac{2}{3}V_{CC}$。　　　　　　　　　（　　）

53. 多谐振荡器不需要外界输入信号也可以产生矩形脉冲信号。（　　）

54. 全加器就是两个半加器的组合。（　　）

55. 通常调节多谐振荡器电路中 R、C 的大小，可直接改变多谐振荡器的振荡频率。（　　）

56. 时序逻辑电路的特点是任意时刻电路的输出只取决于该时刻电路的输入。（　　）

57. 只要是同步结构的触发器都有可能存在空翻现象。（　　）

58. 通常将 Q=1 端称作触发器的 1 状态。（　　）

59. 用 555 定时器构成的施密特触发器的回差电压不能调节。（　　）

60. 555 定时器的电压控制端无论是否外加控制电压，都不会改变定时器内部电压比较器的参考电压值。（　　）

61. 计数器除了能对输入脉冲进行计数，还能作为分频器用。（　　）

62. 优先编码器只对同时输入的信号中优先级别最高的一个信号编码。（　　）

63. 改变施密特触发器的回差电压，输出脉冲宽度不受影响。（　　）

64. 用 555 定时器构成的施密特触发器的回差电压不能调节。（　　）

三、选择题

1. 数字信号的特点是（　　）。
   A. 在时间上和幅值上都是连续的
   B. 在时间上是连续的，在幅值上是离散的
   C. 在时间上和幅值上都是离散的
   D. 在时间上是离散的，在幅值上是连续的

2. $(82)_D$ 所对应的二进制数和 8421BCD 码为（　　）。
   A. $(1010010)_B$，(1000 0010)8421BCD
   B. $(0100101)_B$，(1000 0010)8421BCD
   C. $(1010010)_B$，(1000 10)8421BCD
   D. $(0100101)_B$，(1000 0100)8421BCD

3. 指出下列各式中哪个是四变量 A，B，C，D 的最小项（　　）。
   A. ABCD
   B. A+B+C+D
   C. APCD
   D. AC+BD

4. 对于附图 B.3 中白炽灯亮来说，开关 A、B、C、D 的关系是（　　）
   A. $Y = ABCD$
   B. $Y = \overline{A}B + C\overline{D}$
   C. $Y = AB + \overline{C} \cdot \overline{D}$
   D. $Y = AB + CD$

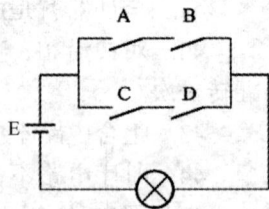

附图 B.3　选择题 4 图

5. 如附图 B.4 电路，开关断开为 1，接通为 0，灯 L 亮为 1，灭为 0，则灯 L 与开关 A、B 的逻辑关系为（　　）。
   A. F=AB
   C. F=A+B
   B. $F = \overline{A}\,\overline{B}$
   D. $F = \overline{A} + \overline{B}$

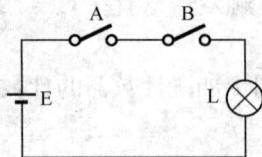

附图 B.4　选择题 5 图

6. 下列等式成立的是（　　）。
   A. A+1=1
   B. $A \cdot B + 0 = 0$
   C. $A \cdot 0 + 1 = 0$
   D. A+A=2A

7. 附图 B.5 所示电路中二极管导通时压降为 0.7V。若 $U_A = 3V$，$U_B = 0V$，则 $U_O =$（ ）。

    A. 0.7V   B. 3.7 V   C. 0 V   D. 5V

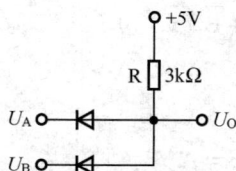

附图 B.5 选择题 7 图

8. 附图 B.6 所示电路中二极管导通时压降为 0.7V。若 $U_A = 3V$，$U_B = 3V$，则 $U_O =$（ ）。

    A. 0.7V   B. 3.7V   C. 2.3V   D. 5V

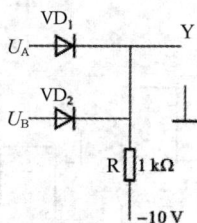

附图 B.6 选择题 8 图

9. 已知某电路的真值表如附表 B.2 所示，则该电路的逻辑表达式为（ ）。

    A. $Y = C$ B. $Y = ABC$ C. $Y = AB + C$ D. $Y = B\overline{C} + C$

附表 B.2   选择题 9 表

A	B	C	Y	A	B	C	Y
0	0	0	0	1	0	0	0
0	0	1	1	1	0	1	1
0	1	0	0	1	1	0	1
0	1	1	1	1	1	1	1

10. 逻辑函数 $Y = A\overline{B} + \overline{A}B$ 的反函数为（ ）。

    A. $\overline{Y} = \left(A + \overline{B}\right) \cdot \left(\overline{A} + B\right)$ B. $\overline{Y} = \overline{AB + \overline{A}\,\overline{B}}$

    C. $\overline{Y} = \left(\overline{A + \overline{B}}\right) \cdot \left(\overline{\overline{A} + B}\right)$ D. $\overline{Y} = \left(A + \overline{B}\right) + \left(\overline{A} + B\right)$

11. 逻辑函数式 $Y = \left(\overline{A} + \overline{B} + \overline{C}\right) \cdot ABC$ 的函数值为（ ）。

    A. 0   B. 1   C. ABC D. $\overline{ABC}$

12. 以下电路中能实现 $Y = \overline{A}$ 功能的是（ ）。

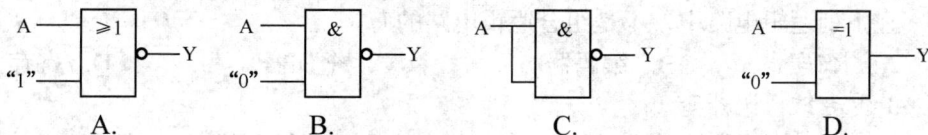

    A.   B.   C.   D.

13. 以下电路中不能实现 $Y = \overline{A}$ 功能的是（ ）。

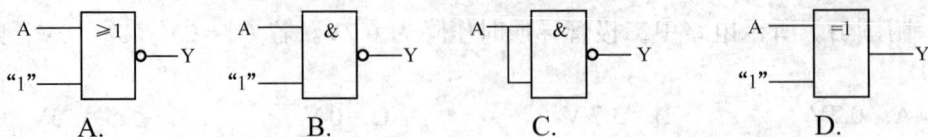

14. 逻辑函数式 $Y = ABC + (\overline{A} + \overline{B} + \overline{C})$ 为（　　　）。

  A. ABC   B. 0   C. 1   D. $\overline{A} + \overline{B} + \overline{C}$

15. 下列逻辑等式中成立的是（　　　）。

  A. $\overline{A+B} = \overline{A}\,\overline{B}$ B. $\overline{A+B} = \overline{A} + \overline{B}$ C. $\overline{A} + AB = A + B$ D. $A + AB = A$

16. 逻辑函数式 $Y = AB + (\overline{A} + \overline{B})$ 为（　　　）。

  A. AB   B. 0   C. 1   D. $\overline{A} + \overline{B}$

17. 附图 B.7 所示电路的逻辑表达式为（　　　）。

  A. Y=ACD   B. $Y = \overline{A}D + C\overline{D}$

  C. $Y = AD + \overline{A} \cdot \overline{D}$ D. $Y = AD + CD$

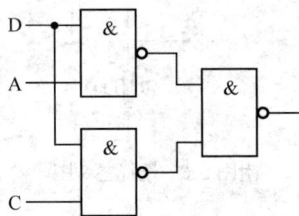

附图 B.7　选择题 17 图

18. 附图 B.8 所示电路的逻辑表达式为（　　　）。

  A. $Y = AB$ B. $Y = \overline{A}B + A\overline{B}$ C. $Y = AB + \overline{A} \cdot \overline{B}$ D. $Y = A + B$

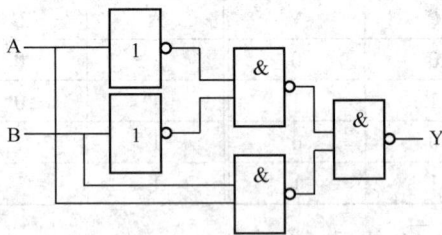

附图 B.8　选择题 18 图

19. 下列逻辑等式成立的是（　　　）。

  A. $A + A = 2A$ B. $A \cdot A = A^2$ C. $A + 1 = 1$ D. $A \cdot 1 = 1$

20. 一个确定的逻辑函数，其真值表的形式有（　　　）。

  A. 多种   B. 一种

21. 要使与门输出恒为 0，可将与门的一个输入始终接（　　　）。

  A. 0   B. 1   C. 0、1 都可以   D. 输入端并联

22. 在下列逻辑电路中，不是组合逻辑电路的有（　　　）。

  A. 译码器   B. 编码器   C. 全加器   D. 寄存器

23. 3 线-8 线译码器有（　　　）。

  A. 3 条输入线，8 条输出线   B. 8 条输入线，3 条输出线

  C. 2 条输入线，8 条输出线   D. 3 条输入线，4 条输出线

24. 半加器的加数与被加数本位求和的逻辑关系是（　　　）。

  A. 与非   B. 与   C. 异或   D. 同或

25. 逻辑函数式 $Y=AB+BC$，使 $Y=1$ 的输入 ABC 组合为（　　　）。

  A. $ABC=000$ B. $ABC=010$ C. $ABC=101$ D. $ABC=110$

26. 附图 B.9 所示 TTL 门电路输入与输出之间逻辑关系正确的是（　　　）。

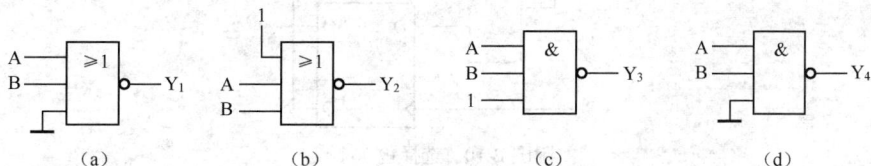

附图 B.9 选择题 26 图

  A. $Y_1=\overline{A+B}$ B. $Y_2=\overline{A+B}$ C. $Y_3=1$ D. $Y_4=0$

27. 要使异或门输出端 Y 的状态为 0，A 端应该（　　　）。

  A. 接 B   B. 接 0   C. 接 1   D. 什么也不接

28. 两输入或门输入端之一作为控制端，接低电平，另一输入端作为数字信号输入端，则输出与另一输入是（　　　）的。

  A. 相同   B. 相反   C. 高电平   D. 低电平

29. 完成二进制代码转换为十进制数应选择（　　　）。

  A. 译码器   B. 编码器   C. 一般组合逻辑电路

30. 有一半加器 $\Sigma 1$，两个全加器 $\Sigma 2$ 和 $\Sigma 3$，将其连成 3 位二进制加法器时，应选（　　　）。

  A. $\Sigma 1$ 作为最低位，$\Sigma 2$，$\Sigma 3$ 作为前面两个高位

  B. $\Sigma 2$ 作为最低位，$\Sigma 1$、$\Sigma 3$ 作为前面两个高位

  C. $\Sigma 3$ 作为最低位，$\Sigma 1$、$\Sigma 2$ 作为前面两个高位

31. 十六路数据选择器的地址输入（选择控制）端有（　　　）个。

  A. 16   B. 2   C. 4   D. 8

32. N 个触发器可以构成最大计数长度（进制数）为（　　　）的计数器。

  A. N B. $2N$ C. N^2 D. 2^N

33. 已知某触发器的特性表如附表 B.3 所示（A、B 为触发器的输入），其输出信号的表达式为（　　　）。

附表 B.3   选择题 33 表

A	B	Q^{n+1}	说明
0	0	Q^n	保持
0	1	0	置0
1	0	1	置1
1	1	$\overline{Q}^n$	翻转

  A. $Q^{n+1}=A$ B. $Q^{n+1}=\overline{A}Q^n+A\overline{Q}^n$

  C. $Q^{n+1}=A\overline{Q}^n+\overline{B}Q^n$ D. $Q^{n+1}=B$

34. 译码器的输出（　　　）。

  A. 表示二进制代码   B. 表示二进制数

  C. 是特定含义的逻辑信号

35. 一个全加器应由两个半加器和一个（　　　）构成。

    A. 与非门　　　　　B. 与门　　　　　C. 或门　　　　　D. 或非门

36. 为实现 D 触发器转换为 T 触发器，附图 B.10 所示的虚线框内应是（　　　）。

    A. 或非门　　　　　B. 与非门　　　　　C. 异或门　　　　　D. 同或门

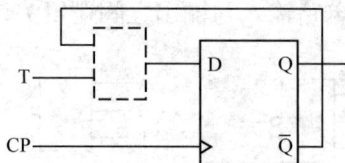

附图 B.10　选择题 36 图

37. 逻辑符号如附图 B.11 所示，当输入 A= "0"，输入 B 为方波时，则输出 F 应为（　　　）。

    A. 1　　　　　　　B. 0　　　　　　　C. 方波

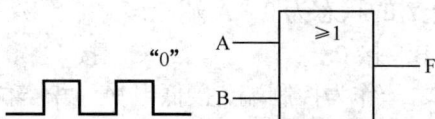

附图 B.11　选择题 37 图

38. 若在编码器中有 50 个编码对象，则要求输出二进制代码位数为（　　　）位。

    A. 5　　　　　　　B. 6　　　　　　　C. 10　　　　　　　D. 50

39. 存储 8 位二进制信息需要（　　　）个触发器。

    A. 2　　　　　　　B. 3　　　　　　　C. 4　　　　　　　D. 8

40. 对于 JK 触发器，若 J=K，则可完成（　　　）触发器的逻辑功能。

    A. RS　　　　　　B. D　　　　　　　C. T　　　　　　　D. T

41. 触发器的记忆功能是指触发器在触发信号撤除后，能保持（　　　）。

    A. 触发信号不变　　　　　　　　　　B. 初始状态不变

    C. 输出状态不变

42. 与非门构成的基本 RS 触发器如附图 B.12 所示。当 $\overline{S}$ =0 & $\overline{R}$ =1 时，电路输出的状态为（　　　）。

    A. $Q=0$, $\overline{Q}=1$　　　　　　　　　　B. $Q=1$, $\overline{Q}=0$

    C. $Q=0$, $\overline{Q}=0$　　　　　　　　　　D. $Q=1$, $\overline{Q}=1$

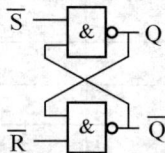

附图 B.12　选择题 42 图

43. 以下各种触发器中，抗干扰能力最强的是（　　　）。

    A. 基本 RS 触发器　　　　　　　　　B. 电平触发型 D 触发器

    C. 下降沿触发型 JK 触发器　　　　　D. 电平触发型 JK 触发器

44. 一个触发器可记录一位二进制代码，它有（　　　）个稳态。

    A. 0　　　　　　　B. 1　　　　　　　C. 2　　　　　　　D. 3

45. 一个触发器能记录 2 个脉冲，3 个触发器能记录多少脉冲？（　　　）。

    A. $2 \times 3 = 6$　　　　B. $2^3 - 1 = 7$　　　　C. $2^3 = 8$

46. 下列逻辑电路中为时序逻辑电路的是（　　　）。

    A. 译码器　　　　B. 加法器　　　　C. 数码寄存器　　　　D. 数据选择器

47. 同步时序电路和异步时序电路比较，其差异在于后者（　　　）。

    A. 没有触发器　　　　　　　　　　B. 没有统一的时钟脉冲控制

    C. 没有稳定状态　　　　　　　　　　D. 输出只与内部状态有关

48. 如附图 B.13 电路中，只有（　　　）不能实现 $Q^{n+1} = \overline{Q}^n$。

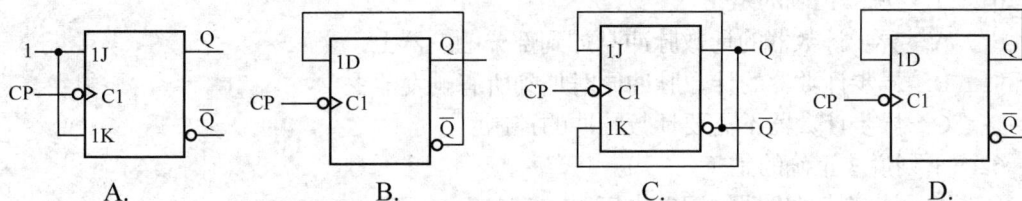

附图 B.13　选择题 48 图

49. 在附图 B.14 所示的各电路中，完成 $Q^{n+1} = \overline{Q}^n$ 功能的电路是（　　　）。

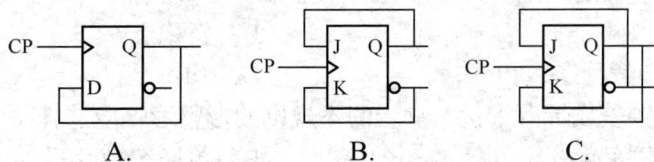

附图 B.14　选择题 49 图

50. 基本 RS 触发器具有约束条件：$RS = 0$，在 $\overline{R} = \overline{S} = 0$ 的信号同时撤销后，触发的状态（　　　）。

    A. 保持　　　　B. 置 1　　　　C. 置 0　　　　D. 不确定

51. 以下各种触发器中，抗干扰能力最强的是（　　　）。

    A. 基本 RS 触发器　　　　　　　　B. 电平触发型 D 触发器

    C. 下降沿触发型 JK 触发器　　　　D. 电平触发型 JK 触发器

52. 下列逻辑电路中不是组合逻辑电路的是（　　　）。

    A. 译码器　　　　B. 加法器　　　　C. 计数器　　　　D. 数据选择器

53. 同步触发器的"同步"是指（　　　）。

    A. RS 两个信号同步　　　　　　　　B. Q^{n+1} 与 S 同步

    C. Q^{n+1} 与 R 同步　　　　　　　　D. Q^{n+1} 与 CP 同步

54. 边沿 JK 触发器输出状态转换发生在时钟信号的（　　　）。

    A. 上升沿或者下降沿　　　　　　　B. CP=1 脉冲期间

    C. CP=0 脉冲期间　　　　　　　　D. 任意时刻

55. JK 触发器要实现 $Q^{n+1} = 1$ 时，J、K 端的取值为（　　　）。

    A. J=0,K=1　　　　B. J=0,K=0　　　　C. J=1,K=1　　　　D. J=1,K=0

56. 下列逻辑电路中不是组合逻辑电路的是（　　　）。

    A. 编码器　　　　B. 加法器　　　　C. 计数器　　　　D. 数据选择器

57. 在 N 进制中，字符 N 的取值范围为（　　）。

    A. 0 到 N　　　　　B. 1 到 N　　　　　C. 0 到 $N-1$　　　　　D. 1 到 $N-1$

58. 把一个五进制计数器与一个四进制计数器串联可得到（　　）进制计数器。

    A. 4　　　　　B. 5　　　　　C. 9　　　　　D. 20

59. JK 触发器要实现 $Q^{n+1}=1$ 时，J、K 端的取值为（　　）。

    A. J=0,K=1　　　　　B. J=0,K=0　　　　　C. J=1,K=1　　　　　D. J=1,K=0

60. 触发器的记忆功能是指触发器在触发信号撤除后，能保持（　　）。

    A. 触发信号不变　B. 初始状态不变　　C. 输出状态

61. 下列说法正确的是（　　）。

    A. 异步计数器的计数脉冲只加到部分触发器上

    B. 异步计数器的计数脉冲同时加到所有触发器上

    C. 异步计数器不需要计数脉冲的控制

62. 下列说法正确的是（　　）。

    A. 施密特触发器的回差电压 $\Delta U = U_{T+} - U_{T-}$

    B. 施密特触发器的回差电压越小，电路的抗干扰能力越强

    C. 施密特触发器的回差电压越大，电路的抗干扰能力越弱

63. 单稳态触发器的输出脉冲宽度在时间上等于（　　）。

    A. 稳态　　　　　　　　　　　　B. 暂稳态

    C. 稳态和暂稳态之和　　　　　　D. 均不是

64. 欲将边沿较差或带有干扰、噪音的不规则波形整形，应选择（　　）。

    A. 多谐振荡器　　　　　　　　　B. 单稳态触发器

    C. 施密特触发器　　　　　　　　D. 不确定

65. 555 定时器为了提高振荡频率，对外接元件 R、C 的改变应该是（　　）。

    A. 增大 R、C 的取值　　　　　　B. 减小 R、C 的取值

    C. 增大 R、减小 C 的取值　　　　D. 减小 R、增大 C 的取值

66. 用 555 定时器构成的施密特触发器，调节⑤脚所外接的控制电压时，可以改变（　　）。

    A. 输出电压幅度　　　　　　　　B. 回差电压大小

    C. 带负载能力　　　　　　　　　D. 什么也不能改变

67. 能够实现脉冲延时电路的是（　　）。

    A. 多谐振荡器　　　　　　　　　B. 单稳态触发器

    C. 施密特触发器　　　　　　　　D. 都不行

四、计算、分析与设计题

1. 将以下逻辑代数化成最简与-或式。

（1）$Y = (A + B)\bar{B} + \bar{B} + BC$　　　　　　　（2）$Y = \overline{ABC + \overline{AB}}$

（3）$Y = A\overline{BC} + ABC + \overline{AC}$　　　　　　（4）$Y = \overline{A\bar{C}B + A\bar{C}} + B + BC$

（5）$Y = \overline{\bar{A}BC} + \bar{A}BC + A\bar{B}C + ABC$　　　（6）$Y = A\bar{B} + \bar{B}C + A\bar{C}$

（7）$Y = A(\bar{A} + B) + B(\overline{\bar{B} + C}) + B$　　　（8）$Y = (A + BC)(B + \overline{CD})$

（9）$Y=\overline{ABC}+AB+\overline{A}\left(\overline{BC}+AC\right)$　　　（10）$Y=\overline{ABC}+B\overline{C}+A\overline{C}$

（11）$Y=A\overline{B}\left(A+B\right)$　　　（12）$Y=A\overline{B}+B+\overline{AB}$

（13）$Y=\overline{AC}+A\left(\overline{C}+A\overline{B}C\right)+AB\overline{C}$　　　（14）$Y=\overline{AC}+\overline{AB}+BC+\overline{A}CD$

2. 如附图 B.15 所示，若规定开关 S 闭合为 1、断开为 0，A、B 两点接通时为 1、断开时为 0，写出图中开关 S_1 到 S_4 的状态与 A、B 间导通的函数关系。

$$Y_{AB}=(S_1+S_2)\cdot S_3+S_4$$

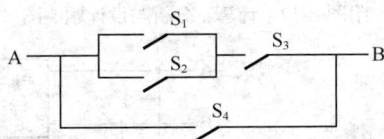

附图 B.15　计算、分析与设计题 2 图

3. 已知某逻辑函数的真值表如附表 B.4 所示，表中 A、B、C、D 为输入逻辑变量，F 为输出逻辑变量，试用与非门实现，要求所用门及输入端数最少。

附表 B.4　　　　　计算、分析与设计题 3 表

A	B	C	D	F
0	1	1	0	1
0	1	1	1	0
1	0	0	0	0
1	0	0	1	0
1	0	1	0	1
1	0	1	1	0
1	1	0	0	1
1	1	0	1	1
1	1	1	0	1
1	1	1	1	1

4. 根据组合逻辑电路的分析方法与步骤，分析如附图 B.16 所示的组合逻辑电路。

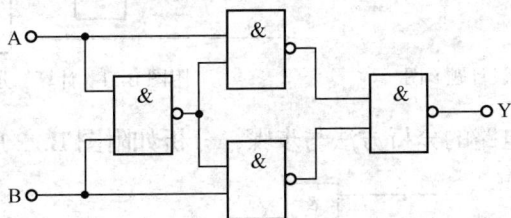

附图 B.16　计算、分析与设计题 4 图

5. 根据组合逻辑电路的分析方法与步骤，分析如附图 B.17 所示的组合逻辑电路。

6. 根据组合逻辑电路的分析方法与步骤，分析如附图 B.18 所示的组合逻辑电路。

7. 已知下列组合逻辑电路如附图 B.19 所示。

（1）分别写出 Y、Z 与 A、B、C 表示的逻辑式。

（2）化简 Y、Z 的逻辑表达式，并概括逻辑功能。

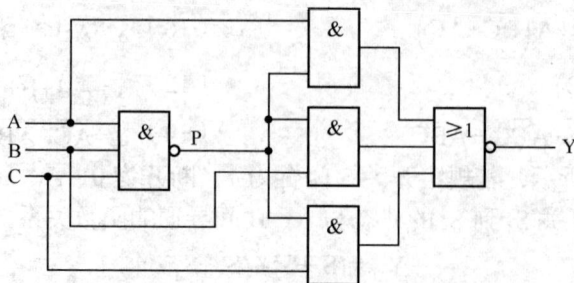

附图 B.17　计算、分析与设计题 5 图

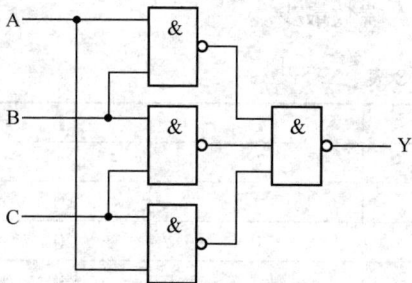

附图 B.18　计算、分析与设计题 6 图

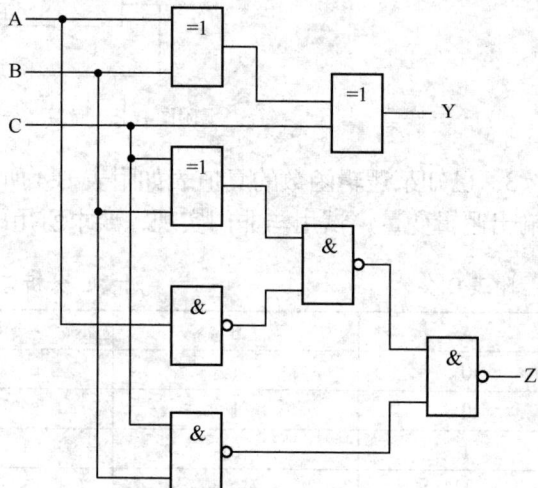

附图 B.19　计算、分析与设计题 7 图

8.　分析如附图 B.20 所示的组合逻辑电路的逻辑功能。

9.　根据组合逻辑电路的分析方法与步骤，分析如附图 B.21 所示的组合逻辑电路。

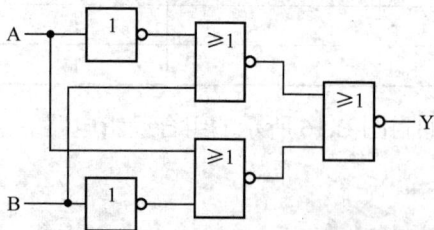

附图 B.20　计算、分析与设计题 8 图

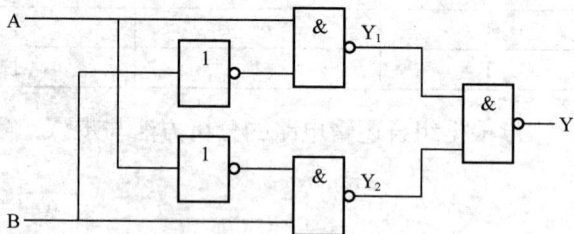

附图 B.21　计算、分析与设计题 9 图

10.　根据组合逻辑电路的分析方法与步骤，分析如附图 B.22 所示的组合逻辑电路。

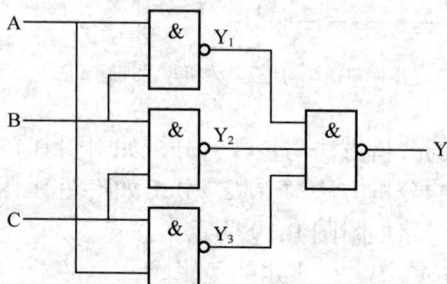

附图 B.22　计算、分析与设计题 10 图

11. 根据组合逻辑电路的分析方法与步骤，分析如附图 B.23 所示的组合逻辑电路。

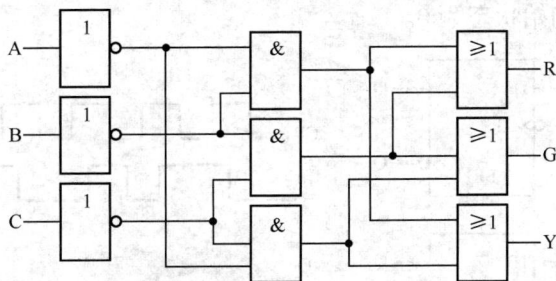

附图 B.23　计算、分析与设计题 11 图

12. D 触发器构成的电路如附图 B.24 所示，请回答以下问题。

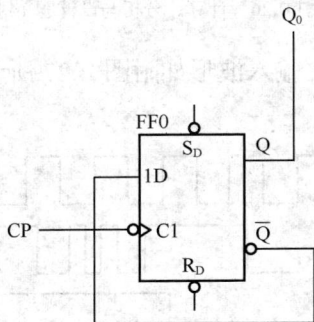

附图 B.24　计算、分析与设计题 12 图

（1）D 触发器的特性方程为：＿＿＿＿＿＿＿＿＿＿＿＿＿。

附图 B.24 中所示 D 触发器的触发方式为＿＿＿＿＿＿＿触发。其中 S_D 称为＿＿＿＿＿端，R_D 称为＿＿＿＿＿＿端。若给 S_D 端输入低电平，触发器的输出被立即置＿＿＿＿。

（2）请写出附图 B.24 中 D 触发器的输出方程：＿＿＿＿＿＿＿＿＿＿＿＿。

（3）若时钟信号的波形如下所示，设 Q_0 的初态为 0，请绘制 Q_0 的波形。

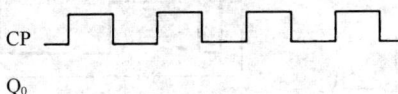

13. 已知触发器的连接图如附图 B.25 所示，试画出触发器输出信号的波形（设初始状态为 0 态）。

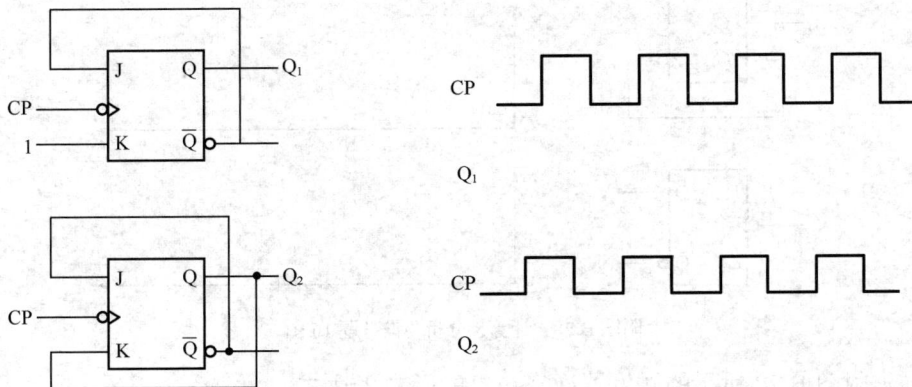

附图 B.25　计算、分析与设计题 13 图

14. 根据触发器的类型、CP 和 D 的输入波形，如附图 B.26 所示，画出 Q_1、Q_2 的输出波形，设触发器的初始状态为 0。

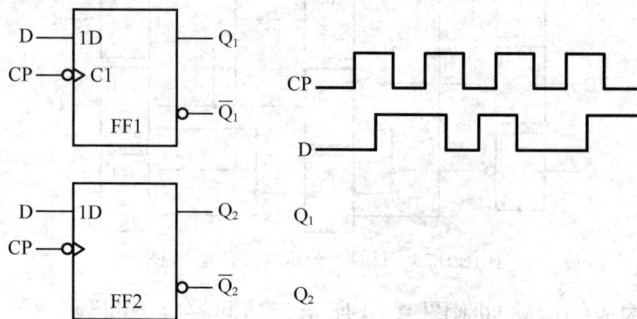

附图 B.26　计算、分析与设计题 14 图

15. 下降沿触发的 JK 触发器输入波形如附图 B.27 所示，画出 Q 端的波形。设触发器的初始状态为 "1"。

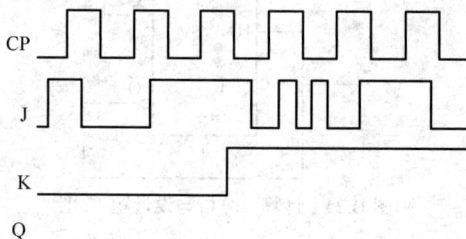

附图 B.27　计算、分析与设计题 15 图

16. 逻辑单元电路符号和具有 "0" "1" 逻辑电平输入信号 X_1，如附图 B.28 所示，试分别画出各单元电路相应的电压输出信号波形 Y_1、Y_2、Y_3。设触发器初始状态为 "0" 态。

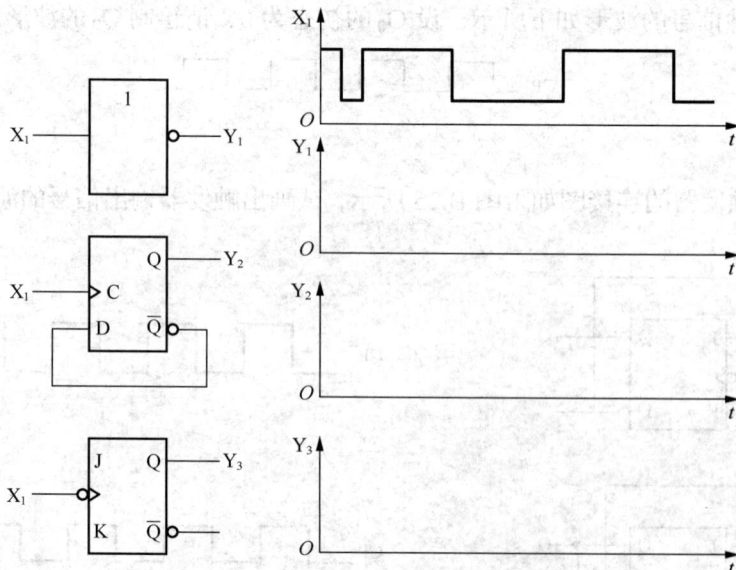

附图 B.28　计算、分析与设计题 16 图

17. 求附图 B.29 所示的触发器次态 Q^{n+1} 的函数表达式。

18. 分析如附图 B.30 所示的时序逻辑电路的逻辑功能。

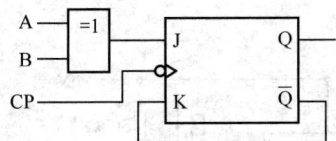

附图 B.29　计算、分析与设计题 17 图

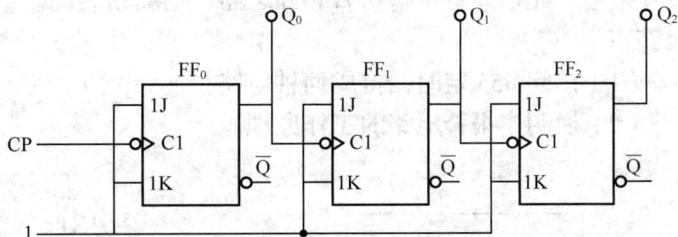

附图 B.30　计算、分析与设计题 18 图

19. 由 555 定时器构成的应用电路如附图 B.31 所示，请回答以下问题。

（1）555 定时器的特性是"同高出_____，同低出_____，不同_____"；其 4 脚是_____脚，为了让 555 定时器正常工作，4 脚应接_____电平。

（2）试分析电路的工作原理。

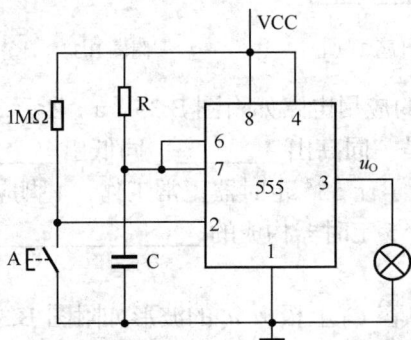

附图 B.31　计算、分析与设计题 19 图

20. 由 555 定时器构成的应用电路如附图 B.32 所示，请回答以下问题。

（1）555 定时器的特性是"同高出_____，同低出_____，不同_____"；其 4 脚是_____脚，为了让 555 定时器正常工作，4 脚应接_____电平。

（2）试分析电路的工作原理。

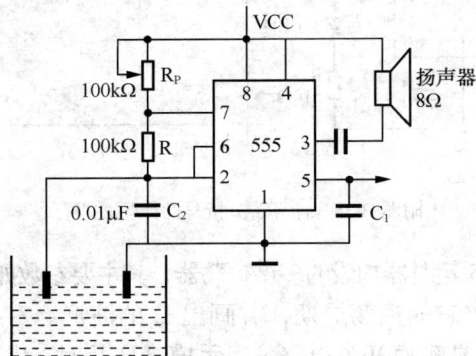

附图 B.32　计算、分析与设计题 20 图

21. 由 555 定时器构成的应用电路如附图 B.33 所示，请回答以下问题。

（1）试分析电路的工作原理。

（2）如果 $R = 39\text{k}\Omega$ ，开关按下后白炽灯发亮时间为 20 秒，求电容 C 的值。

22. 如附图 B.34 所示是一个由 555 定时器构成的防盗报警电路，a、b 两端被一根细铜丝接通，此铜丝置于盗窃者必经之路，当盗窃者闯入室内将铜丝碰断后，扬声器即发出报警声。

（1）试问 555 定时器接成何种电路？

（2）说明本报警电路的工作原理。

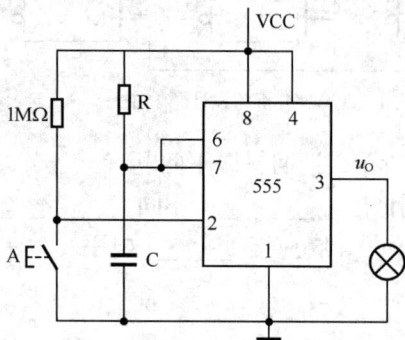

附图 B.33 计算、分析与设计题 21 图

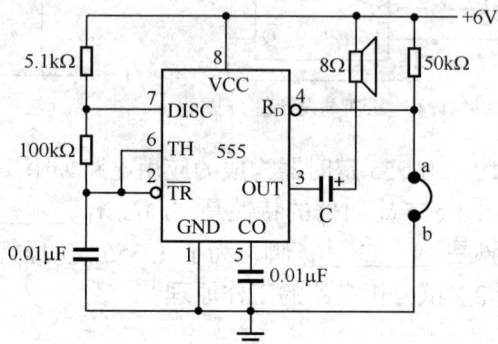

附图 B.34 计算、分析与设计题 22 图

23. 由 555 定时器构成的应用电路如附图 B.35（a）所示，请回答以下问题。

（1）555 定时器的特性是"同高出_____，同低出_____，不同_____"；其 4 脚是_____脚，为了让 555 定时器正常工作，4 脚应接_____电平。

（2）附图 B.35（a）为 555 定时器构成的_____电路，其输出矩形脉冲的周期 T=_____。

（3）若 V_{CC}=6V，测得电容 C_1 上极板 u_c 的波形如附图 B.35（b）所示。请在图中标示虚线对应的 u_c 电压值，并绘制对应的 u_o 波形图，并计算的 u_o 周期。

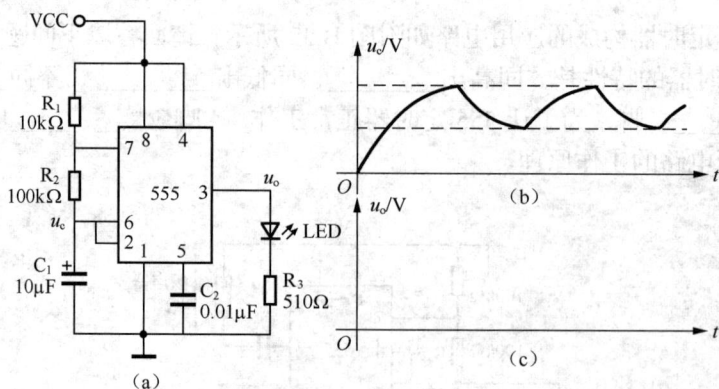

附图 B.35 计算、分析与设计题 23 图

24. 附图 B.36 为用 555 定时器构成的多谐振荡器，其主要参数如下：V_{CC}=6 V，C=0.1μF，R_A=20 kΩ，R_B=80 kΩ。求它的振荡周期，并画出 u_o 的波形。

25. 附图 B.37 是一简易触摸开关电路，当手摸金属片时，发光二极管亮，经过一定时间，发光二极管熄灭，试说明其工作原理，并计算发光二极管能亮多长时间。

26. 由 555 定时器构成的应用电路如附图 B.38（a）所示，请回答以下问题。

（1）555 定时器的特性是"同高出_____，同低出_____，不同_____"；其 4 脚是_____脚，为了让 555 定时器正常工作，4 脚应接_____电平。

（2）如果已知其输入电压 u_i 的波形，试画出输出电压 u_o 的波形。

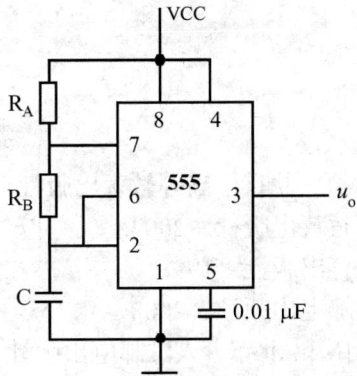

附图 B.36　计算、分析与设计题 24 图

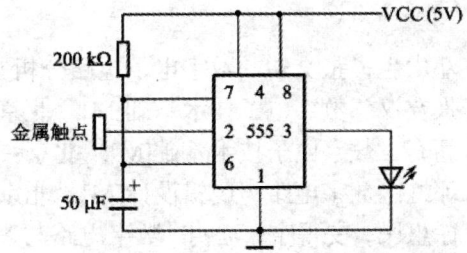

附图 B.37　计算、分析与设计题 25 图

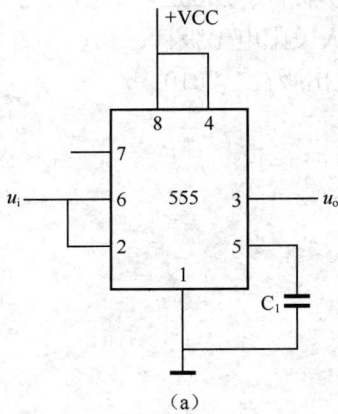

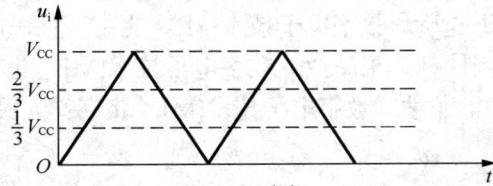

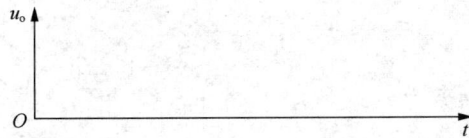

附图 B.38　计算、分析与设计题 26 图

27. 由 555 定时器构成的多谐振荡器如附图 B.39（a）所示，请回答以下问题。

（1）对应画出图中 V_C、V_O 的波形（要求标出对应电压值）。

（2）设图中二极管为理想二极管，计算 V_O 波形的周期 T 及占空比 q（%）。

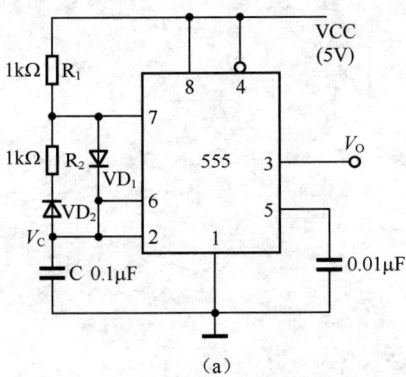

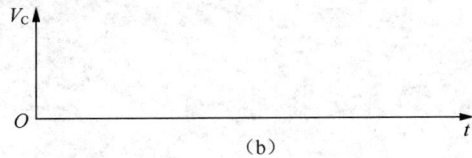

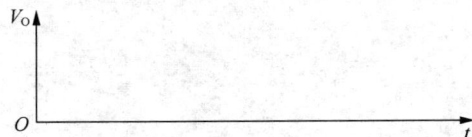

附图 B.39　计算、分析与设计题 27 图

参考文献

[1] 邓木生，张文初. 数字电子电路分析与应用[M]. 北京：高等教育出版社，2008.

[2] 张友汉. 数字电子技术基础[M]. 北京：高等教育出版社，2004.

[3] 闫石. 数字电子技术基础[M]. 北京：高等教育出版社，1998.

[4] 邹虹. 数字电路与逻辑设计[M]. 北京：人民邮电出版社，2008.

[5] 徐惠民，安得宁，延明. 数字电路与逻辑设计[M]. 北京：人民邮电出版社，2009.

[6] 欧阳星明. 数字电路逻辑设计[M]. 北京：人民邮电出版社，2011.

[7] 张亮. 数字电路设计与 Verilog HDL[M]. 北京：人民邮电出版社，2000.

[8] 王建珍. 数字电子技术[M]. 北京：人民邮电出版社，2005.

[9] 张伟林，王翠兰. 数字电子技术[M]. 北京：人民邮电出版社，2010.

[10] 梁龙学. 数字电子技术[M]. 北京：人民邮电出版社，2010.